Karine Ferrand

Altération des verres nucléaires

.

Karine Ferrand

Altération des verres nucléaires

Effet de la diffusion de l'eau et de la radiolyse alpha et gamma

Presses Académiques Francophones

Impressum / Mentions légales
Bibliografische Information der Deutschen Nationalbibliothek: Die Deutsche Nationalbibliothek verzeichnet diese Publikation in der Deutschen Nationalbibliografie; detaillierte bibliografische Daten sind im Internet über http://dnb.d-nb.de abrufbar.
Alle in diesem Buch genannten Marken und Produktnamen unterliegen warenzeichen-, marken- oder patentrechtlichem Schutz bzw. sind Warenzeichen oder eingetragene Warenzeichen der jeweiligen Inhaber. Die Wiedergabe von Marken, Produktnamen, Gebrauchsnamen, Handelsnamen, Warenbezeichnungen u.s.w. in diesem Werk berechtigt auch ohne besondere Kennzeichnung nicht zu der Annahme, dass solche Namen im Sinne der Warenzeichen- und Markenschutzgesetzgebung als frei zu betrachten wären und daher von jedermann benutzt werden dürften.

Information bibliographique publiée par la Deutsche Nationalbibliothek: La Deutsche Nationalbibliothek inscrit cette publication à la Deutsche Nationalbibliografie; des données bibliographiques détaillées sont disponibles sur internet à l'adresse http://dnb.d-nb.de.
Toutes marques et noms de produits mentionnés dans ce livre demeurent sous la protection des marques, des marques déposées et des brevets, et sont des marques ou des marques déposées de leurs détenteurs respectifs. L'utilisation des marques, noms de produits, noms communs, noms commerciaux, descriptions de produits, etc, même sans qu'ils soient mentionnés de façon particulière dans ce livre ne signifie en aucune façon que ces noms peuvent être utilisés sans restriction à l'égard de la législation pour la protection des marques et des marques déposées et pourraient donc être utilisés par quiconque.

Coverbild / Photo de couverture: www.ingimage.com

Verlag / Editeur:
Presses Académiques Francophones
ist ein Imprint der / est une marque déposée de
OmniScriptum GmbH & Co. KG
Heinrich-Böcking-Str. 6-8, 66121 Saarbrücken, Deutschland / Allemagne
Email: info@presses-academiques.com

Herstellung: siehe letzte Seite /
Impression: voir la dernière page
ISBN: 978-3-8416-2761-2

Copyright / Droit d'auteur © 2013 OmniScriptum GmbH & Co. KG
Alle Rechte vorbehalten. / Tous droits réservés. Saarbrücken 2013

UNIVERSITE DE NANTES

ECOLE DOCTORALE SCIENCES ET TECHNOLOGIES
DE L'INFORMATION ET DES MATERIAUX

Année : 2004

Thèse de Doctorat de l'Université de Nantes

Spécialité : Radiochimie

Présentée et soutenue publiquement par

Karine FERRAND

Le 26 mars 2004 à l'Ecole des Mines de Nantes

Effet de la diffusion d'eau et de la radiolyse alpha et gamma

sur la corrosion des verres type SON 68 en solutions

aqueuses riches en silicium

JURY

Président :
  M. Marcel GANNE, Professeur émérite, Université de Nantes
Rapporteurs :
  M. Jean-Louis CROVISIER, Chargé de Recherches, Université de Strasbourg
  M. Pierre VAN ISEGHEM, Directeur de Recherches, SCK-CEN (Belgique)
Examinateurs :
  M. Bernard Bonin, Directeur scientifique, CEA Saclay
  MME. Stéphanie LECLERQ, Ingénieur-chercheur, EDF Moret/Loing
Invité :
  M. Abdesselam ABDELOUAS, Chargé de Recherches, Ecole des Mines de
Nantes

Directeur de thèse :
  M. Bernd GRAMBOW, Professeur, Ecole des Mines de Nantes
  Laboratoire SUBATECH – Groupe Radiochimie
Composante de rattachement du directeur de thèse : faculté des Sciences

N° ED 03366-138

i

Remerciements

Cette thèse a été réalisée à l'Ecole des Mines de Nantes, au département SUBATECH, plus particulièrement au sein du groupe Radiochimie, sous la direction du professeur Grambow responsable du pôle radiochimie. Je le remercie de m'avoir accueillie au sein du laboratoire et je lui suis très reconnaissante de m'avoir apporté ses connaissances dans le domaine des verres nucléaires mais également de m'avoir intégrée au sein du projet européen GLASTAB, me donnant ainsi l'opportunité de rencontrer d'autres spécialistes du verre mais aussi de présenter régulièrement l'avancée de ce travail.

J'exprime toute ma reconnaissance à M. Ganne, professeur émérite à l'Université de Nantes, pour avoir accepté de présider la soutenance de cette thèse. Que Mme Leclercq, ingénieur-chercheur au sein du groupe EDF et M. Bonnin, directeur scientifique au CEA Saclay reçoivent l'expression de ma gratitude pour avoir accepté de siéger au sein de ce jury.

Je remercie sincèrement M. Crovisier, chargé de recherches à l'Université de Strasbourg et M. Van Iseghem, directeur de recherches au SCK CEN (Belgique) pour avoir accepté de juger le contenu de cette thèse.

J'exprime ma profonde gratitude à M. Abdelouas, responsable scientifique de cette thèse. Qu'il trouve ici le témoignage de ma reconnaissance pour sa disponibilité, ses nombreux conseils au cours de ces trois années mais également pour ses nombreuses conversations amicales.

Je remercie également Mme. Chevarier, sans qui, je n'aurai peut-être pas eu connaissance du sujet de cette thèse. Je garde en mémoire la convivialité de ces cours de radiochimie et son énergie débordante.

Je remercie chaleureusement tous les scientifiques de l'Institut des Matériaux Jean Rouxel qui ont apporté leur contribution à ce travail : M. Grolleau pour les analyses thermogravimétriques et les déterminations de surface spécifique, M. Mevellec pour la déconvolution des spectres IRTF, M. Gautier pour la microscopie électronique à transmission. Une pensée particulière pour M. Barreau et ses larges compétences pour la microscopie électronique à balayage ainsi que sa grande gentillesse. Merci également à M. LeBotlan de l'Université de Nantes pour nous avoir procuré le verre VYCOR et l'eau deutérée.

Je remercie également M. Morvan de l'université de Strasbourg pour son savoir-faire dans les coupes ultramicrotomiques.

Toute ma reconnaissance à l'équipe du laboratoire d'étude du comportement à long terme du CEA de Marcoule et plus particulièrement à M. Jollivet qui nous a fourni le verre SON 68 et à Mlle Rebiscoul pour la réalisation des analyses par réflectivité.

Je remercie M. Blondiaux, directeur du CERI à Orléans et Mme Houée-Lévin, Professeur de l'Université de Paris XI ainsi que leur équipe, pour nous avoir donnée l'opportunité de faire des irradiations alpha et gamma au sein de leur laboratoire.

Je remercie sincèrement Sandra que j'ai submergé d'échantillons pour l'analyse par ICP/MS et je lui souhaite plein de bonheur dans sa nouvelle vie montagnarde. La relève est maintenant assurée par Blanche, qui je pense a déjà trouvé sa place au sein de notre équipe.

Je tiens également à remercier mes acolytes de bureau :
Aude, ma 'sœur siamoise de la pensée', pour nos jacassements quelque fois interminables (c'est l'inconvénient d'un bureau bien rempli !!)
Nathalie, dernière recrue du bureau, qu'elle n'oublie pas le proverbe « après la pluie, vient le beau temps »
Fréderic, drôle de personnage, qui semble vivre dans un autre monde mais qui nous fait bien rire dans ses moments de délires.

Benoît, le roi de la recherche internet, qui j'espère, s'épanouira dans sa vie professionnelle.

Thierry, le roi de l'informatique, que je remercie de sa patience pour résoudre mes problèmes informatiques (comme ils ont été nombreux!) et surtout pour sa présence quotidienne.

Un petit clin d'œil à tous les membres du pôle Radiochimie qui contribue à sa dynamique sans oublier Muriel, sa super secrétaire.

Merci à tous ceux qui me sont proches et connaissent mon 'fort caractère' mais surtout un grand merci à mes parents pour leur soutien et leur encouragement.

TABLE DES MATIERES

INTRODUCTION

La production d'énergie à partir de l'exploitation des centrales nucléaires génère des déchets radioactifs. En France, les déchets de haute activité sont, dans un premier temps, retraités afin de recycler l'essentiel de l'uranium et du plutonium. Ensuite, la partie non valorisable, qui se présente sous la forme d'une solution acide hautement radioactive, dite solution de produits de fission (PF), est solidifiée par vitrification. Cette technique de conditionnement sous forme solide a été élaborée par le Commissariat à l'Energie Atomique (CEA) et est employée industriellement par la COGEMA. Elle consiste à fusionner, à haute température, la solution de produits de fission avec de la silice et divers adjuvants. Les atomes radioactifs deviennent alors une partie intégrante (chimiquement liés et pas enrobés) d'un verre aluminoborosilicaté. Ce verre contient environ 13% en poids d'oxydes de produits de fission et d'actinides.

En vue d'un éventuel stockage en formation géologique profonde, de nombreuses études sont menées sous l'égide de l'Agence nationale pour la gestion des déchets radioactifs (ANDRA). Ces études devront permettre au parlement de décider en 2006 du devenir de ces déchets.

Malgré le concept de barrières multiples, cet éventuel stockage en profondeur nécessite une bonne connaissance du comportement à long terme (10^4 - 10^6 ans) des blocs de verre, première barrière de confinement, en cas de contact avec les eaux souterraines. Les choix technologiques de gestion de ces déchets ne sont acceptables que s'ils sont capables de faire la preuve de leur sûreté et de leur fiabilité pour préserver l'environnement et limiter les contraintes aux générations futures.

De nombreux travaux ont été entrepris et ont permis de déterminer les mécanismes de dissolution aqueuse pour les verres de confinement des déchets nucléaires de haute activité. La figure 1 représente les mécanismes prédominants ainsi que leur influence sur le relâchement des principaux éléments constitutifs du verre : le silicium, le bore et le sodium. Trois phases, dont l'importance dépend de la composition du verre et des conditions d'altération, peuvent être distinguées :

1

- la première phase est une phase au cours de laquelle le verre se dissout à une vitesse maximale (r_0).

- la seconde phase est caractérisée par une chute de la vitesse.

- la troisième phase est une phase durant laquelle la vitesse d'altération (r_f) reste inférieure de plusieurs ordres de grandeur à la vitesse initiale (r_0).

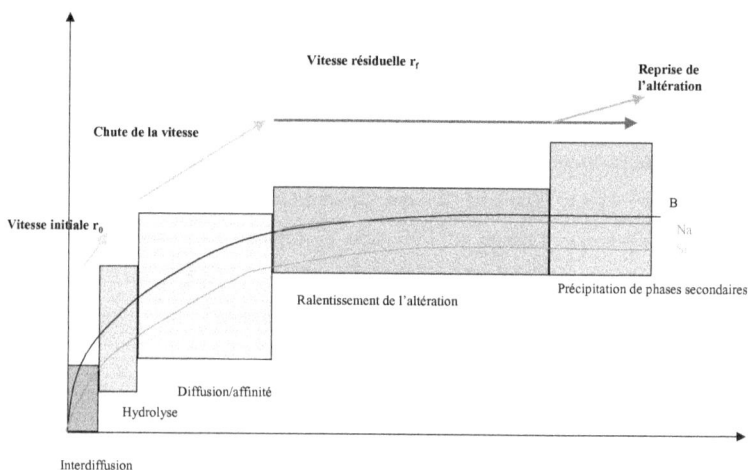

Figure 1 : *Représentation schématique des mécanismes prédominants et de leur influence sur la vitesse de relâchement du B, Na et Si lors de la dissolution aqueuse des verres de confinement des déchets de haute activité (CEA).*

Les deux principaux mécanismes décrivant cette dissolution sont l'interdiffusion, caractéristique d'un échange d'éléments, et les réactions de surface qui sont associées aux réactions d'hydrolyse des différentes liaisons du réseau vitreux. Ces deux phénomènes sont compétitifs et conduisent à un état stationnaire où la vitesse finale r_f est atteinte. L'altération des verres nucléaires conduit également à la formation d'une pellicule d'altération qui contient les éléments peu solubles du verre et une partie de la silice du réseau vitreux.

Selon Grambow (1985) et Advocat (1991), pour les verres aluminoborosilicatés, la chute de leur vitesse de dissolution dans un volume d'eau limité peut être décrite par un effet d'accumulation de silice en solution. Une loi cinétique de dissolution du premier ordre ne dépendant que du pH et de l'activité en acide silicique H_4SiO_4 a été proposée. Cette loi a été intégrée dans de nombreux modèles de comportements à long terme des verres nucléaires ainsi que dans des codes géochimiques. Toutefois, plusieurs cas expérimentaux l'ont remise en cause. Il a été mis en avant que le devenir du verre dépend de l'effet protecteur du gel formé au cours de l'altération. L'allure de la dissolution d'un verre nucléaire aluminoborosilicaté pourrait donc être attribuée à deux causes principales : la saturation en silice et / ou la protection du gel formé.

Objectif

L'étude du comportement à long terme du verre nucléaire nécessite le développement d'une modélisation qui intègre les mécanismes contrôlant la cinétique d'altération. Le processus d'échange ionique a été largement ignoré pour expliquer la diminution de la vitesse de plusieurs ordres de grandeur au cours de l'altération. Or, d'après Grambow et Müller (2001), une diminution de l'affinité chimique peut expliquer la diminution de la vitesse et quand cette affinité tend vers zéro, l'interdiffusion (échange ionique et diffusion de l'eau) pourrait être l'étape limitante à long terme. Notre travail s'inscrit dans ce contexte et consiste à déterminer le rôle de l'eau dans les processus d'altération à long terme du verre SON 68 dans des conditions de saturation. Les conditions de saturation sont simulées par une solution synthétique enrichie en silicium, bore et sodium. La composition de cette solution est similaire à celle obtenue après 189 jours d'altération du verre SON 68 en mode statique à 90°C dans de l'eau pure (Tovena, 1995). Des coefficients de diffusion de l'eau seront déterminés à partir de la modélisation des expériences menées sous différentes conditions d'altération.

Au cours de cette thèse, une étude préliminaire sur la cinétique d'altération après irradiation alpha ou gamma du système constitué par la solution synthétique enrichie en Si, B, Na et le verre SON 68 (sous forme de poudre) a également été réalisée.

Plan du mémoire

La partie bibliographique est scindée en cinq chapitres.

♦ Le premier chapitre concerne les déchets nucléaires, le processus de vitrification ainsi que les différents axes de recherches déterminés par la loi Bataille de 1991.

♦ Le second chapitre est consacré à l'état vitreux, à la composition et aux propriétés physiques et thermiques du verre SON 68 mais également à sa structure qui joue un rôle essentiel dans son comportement vis-à-vis de la corrosion aqueuse.

♦ Le troisième chapitre aborde les interactions "verres silicatés et solutions aqueuses"

♦ Le quatrième chapitre présente les deux modèles actuels (modèles r(t) et GM2001) utilisés pour simuler le comportement du verre à long terme.

♦ Le cinquième chapitre rappelle les interactions "rayonnement / matière", les effets de l'irradiation sur les verres ainsi que la radiolyse de l'eau et de l'air.

La seconde partie est constituée de trois chapitres.

♦ Le sixième chapitre aborde les méthodes expérimentales et les techniques analytiques. Dans notre étude, la spectroscopie de vibration infrarouge est la principale méthode de caractérisation du solide. Pour cela, des rappels bibliographiques sont faits sur cette technique ainsi que sur les études antérieures menées sur les verres.

♦ Le septième chapitre présente les résultats des expériences d'altération du verre SON 68 en mode dynamique (0,6 mL.h^{-1}) à 50°C et 90°C par une solution synthétique enrichie en Si, B et Na. Ce chapitre présente également les résultats des expériences d'irradiation alpha et gamma.

♦ Le huitième chapitre est consacré à la simulation de nos expériences avec le modèle GM2001.

Pour finir, le mémoire se termine par une conclusion générale

CHAPITRE I : LES DECHETS NUCLEAIRES

I.1. CLASSEMENT DES DECHETS

La production d'énergie à partir de l'exploitation des centrales nucléaires génère des déchets radioactifs (Tableau I-1).

Elément	Période (années)	Quantité en kg /an
Uranium		
^{235}U	$7,08.10^8$	221
^{236}U	$2,34.10^7$	88
^{238}U	$4,47.10^9$	20204
Plutonium		
^{239}Pu	24119	123,1
^{240}Pu	6569	47,5
Actinides mineurs		
^{237}Np	$2,14.10^4$	8,8
^{241}Am	432,2	4,4
^{243}Am	7380	2,2
^{245}Cm	8500	0,06
Produits de Fission à Vie Moyenne		
^{90}Sr	28	10,5
^{137}Cs	30	24,3
Produits de Fission à Vie Longue		
^{79}Se	7.10^4	0,11
^{93}Zr	$1,5.10^4$	15,5
^{99}Tc	$2,1.10^5$	17,7
^{107}Pd	$6,5.10^4$	4,4
^{126}Sn	10^5	0,44
^{129}I	$1,57.10^7$	3,9
^{135}Cs	2.10^4	7,7

Tableau I-1 : *Les principaux déchets des centrales : cas d'un Réacteur à Eau Pressurisée à un taux de combustion de 33000 MWj/t et à 3,5 % d'enrichissement (d'après 'La recherche').*

Les déchets sont classés selon deux critères :

- le niveau d'activité c'est à dire l'intensité du rayonnement qui conditionne l'importance des protections à utiliser pour se protéger de la radioactivité.
- la période radioactive qui permet de définir la durée de la nuisance potentielle des déchets.

Trois catégories A, B, C sont distinguées (Tableau I-2).

Catégorie A	A vie courte (période moins de 30 ans) de faible et moyenne activité Radioactivité comparable à la radioactivité naturelle d'ici à 300 ans Rayonnement bêta et gamma Origine : laboratoires, médecine nucléaire, industrie (agroalimentaire, métallurgique...), usines nucléaires (objets contaminés : gants, filtres, résines...)
Catégorie B	A vie longue (plusieurs dizaines de milliers d'années) de faible et moyenne activité Rayonnement alpha
Catégorie C	A haute activité et dégagement de chaleur pendant plusieurs centaines d'années Rayonnement alpha, bêta et gamma Origine : retraitement des combustibles usés issus des centrales nucléaires (cendres de la combustion)

Tableau I-2 : Les différentes catégories des déchets nucléaires (document CEA).

L'industrie électronucléaire française produit 1 kg de déchets par an et par habitant dont 900 g de déchets de catégorie A, 80 g de catégorie B et 20 g de catégorie C ; les deux dernières catégories représentant 95% de la radioactivité totale. Le volume des déchets à vie courte est d'environ 25000 m^3 par an. Les déchets à vie longue représentent chaque année un volume de 4000 m^3 dont 200 m^3 de déchets hautement radioactifs (livret 'informations utiles' du CEA, site internet de l'ANDRA).

Les déchets de la catégorie A sont triés, traités, conditionnés dans des fûts spéciaux et stockés dans des cases en béton soit dans le centre de la Manche (près de la Hague) soit dans le centre de l'Aube (près de Troyes). Pour les déchets 'B', les techniques de traitement et de conditionnement sont les mêmes que pour les déchets de type A.

Pour les déchets hautement radioactifs, le retraitement est l'option choisie en France. Il permet de recycler l'uranium et le plutonium en tant que combustible, de séparer les actinides mineurs des produits de fission et enfin de diminuer le tonnage et de les confiner avant de les stocker. Le retraitement consiste, dans un premier temps, à dissoudre le combustible usé par de l'acide nitrique 4M pour le séparer de la gaine. Lors de cette opération, des gaz tels que le krypton ou l'iode s'échappent, ce dernier pouvant être récupéré par des 'pièges'. Ensuite, les éléments du combustible dissous sont séparés grâce au procédé PUREX (Plutonium Uranium Recovery by EXtraction). Enfin, la solution de produits de fission, partie non valorisable, est solidifiée par vitrification.

I.2. LA VITRIFICATION : LE VERRE SON 68

Le verre de confinement doit répondre au compromis durabilité chimique / faisabilité technologique (Bonniaud, 1958). La durabilité chimique est basée sur les trois critères que sont :

- l'adaptabilité des compositions de verre aux quantités et compositions variables des solutions de produits de fission
- la stabilité chimique de la matrice vitreuse
- la stabilité thermique et mécanique des colis de verre

Le matériau retenu pour le confinement des solutions nitriques hautement radioactives est le verre SON 68 18 17 L1C1A2Z2 appelé communément R7T7 du nom des deux ateliers de vitrification des installations UP2-800 (R7) et UP3 (T7) de la Hague où il est produit par la COGEMA depuis juin 1989. Pour vitrifier la solution de produits de fission, celle-ci est placée dans un calcinateur et est portée à haute température. Elle s'évapore alors en laissant une poudre radioactive qui est ensuite introduite dans un four de fusion mélangée à de la fritte de verre. L'ensemble est porté à 1100°C, ce procédé de fusion garantissant l'incorporation complète des produits de fission dans la matrice vitreuse. En effet, la structure apériodique du verre SON 68 peut s'accommoder des différentes valences des radioéléments : une seule phase d'accueil pour 50 éléments chimiques. Cette matrice de confinement assure donc la réduction du volume des déchets avec l'incorporation du taux de PF le plus élevé possible, variable de 9 à 25 % pondéral, selon la valeur du gradient thermique. Après un contrôle de non contamination sur la surface des conteneurs en acier inoxydable, les déchets vitrifiés sont transférés vers des puits ventilés au sein d'un bâtiment d'entreposage sur le lieu de retraitement, ce qui permet une diminution de la chaleur et de la radioactivité.

I.3. LE DEVENIR DES DECHETS

La très longue durée de vie de certains radioéléments pose un véritable problème. La loi Bataille du 30 décembre 1991 prévoit des recherches sur 15 ans destinées à apporter, au pouvoir politique en 2006, les éléments scientifiques, techniques et socio-économiques permettant l'évaluation des solutions envisageables à court et à long terme. En 2006, le gouvernement et le Parlement pourront se prononcer sur un ensemble de solutions scientifiques ; cette année sera-t-elle décisive quant à l'avenir des déchets nucléaires ?

Actuellement, les recherches sont menées dans les trois directions définies par la loi Bataille :

- la séparation des éléments à très longue durée de vie, suivie des procédés de confinement et / ou d'une opération de transmutation
- l'étude de l'option de stockage réversible ou irréversible de déchets dans des formations géologiques profondes et la création des laboratoires souterrains
- le conditionnement et l'entreposage de longue durée en surface

L'étape finale envisagée est l'évacuation dans des formations géologiques (structure d'accueil) choisies pour leur capacité à isoler les déchets de la biosphère pour des centaines de milliers d'années. L'évacuation des déchets en formation géologique fait l'objet d'un consensus international. En France, les études menées sur l'argilite ont montré qu'elle présente de nombreux avantages. En effet, elle est homogène à l'échelle de centaines de mètres, présente une stabilité géologique pour des millions d'années, une faible perméabilité pour l'eau souterraine, une grande stabilité thermomécanique et géochimique, et une rétention élevée pour les radioéléments. De plus, des techniques existent pour maximiser la sûreté des déchets à long terme : la multiplication des barrières ouvragées autour des déchets et l'utilisation de matrices d'immobilisation d'une durabilité étendue. En cas de stockage géologique, le verre borosilicaté assure la fonction d'immobiliser des radioéléments dans une structure stable et constitue ainsi la première barrière contre la dispersion de la radioactivité dans le site de stockage. Toutefois, les différents matériaux de ces barrières restent soumis aux interactions géochimiques avec l'eau du site géologique ; aux effets de l'irradiation et aux effets thermiques liés aux dépôts d'énergie.

I.4. CONDITIONS DE STOCKAGE ET EVOLUTION DES DECHETS A LONG TERME

La première barrière est donc le colis (verre, conteneur et surconteneur), la seconde est constituée de matériaux argileux désignés sous le terme de barrières ouvragées et enfin, la roche d'accueil constitue la troisième barrière. L'évolution des déchets vitrifiés peut être séparée en trois phases. La première phase est un entreposage assez long, pour laisser l'activité et le dégagement de chaleur décroître, suivi par l'emplacement des déchets dans leur site de stockage et la resaturation des barrières ouvragées par l'eau souterraine. Cette première phase est une phase d'évolution à sec des déchets vitrifiés durant laquelle, les propriétés du verre seraient peu modifiées.

Dans la seconde phase, longue de quelques milliers d'années, le site de stockage voit le retour aux conditions environnementales de la formation géologique. La corrosion du surconteneur et conteneur autour du verre commence. Le surconteneur doit assurer qu'il n'y a pas d'attaque du verre par l'eau pendant la phase thermique. Finalement, dans la troisième phase, les conteneurs cessent d'être une barrière efficace. Il faut donc considérer la corrosion du verre et ensuite la migration des radioéléments lors d'un processus de transferts par les eaux (Figure I-1).

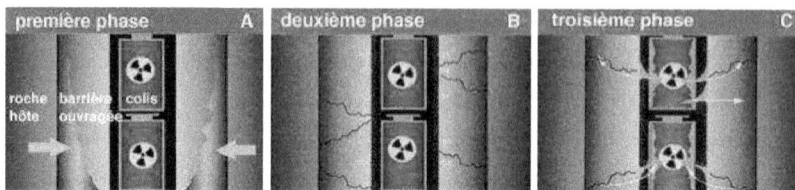

Figure I-1 : Les trois phases, schématisées, de l'évolution tardive des colis de déchets en champ proche dans un stockage en formation géologique : (A) resaturation en eau, (B) évolution physico-chimique de la barrière ouvragée et corrosion du conteneur et du surconteneur ; (C) altération du verre et migration des radioéléments (document CEA).

CHAPITRE II : LE VERRE : MATRICE DE CONFINEMENT DES RADIONUCLEIDES

II.1. L'ETAT VITREUX

On dit qu'un liquide vitrifie quand il se fige sans se cristalliser. Le passage de l'état liquide à l'état solide est alors progressif et continu avec une augmentation progressive de la viscosité. Quand cette dernière est trop élevée, le liquide se fige quelle que soit sa composition. La température à laquelle cette transition se produit est appelée température de transition vitreuse, elle est notée T_g. Le liquide et le verre obtenus ont une structure voisine et désordonnée, dépourvue d'ordre à longue distance. Toutefois, un ordre à courte distance a été mis en évidence. Un verre est donc un solide non cristallin présentant le phénomène de transition vitreuse (Zarzycki, 1982). D'un point de vue thermodynamique, le verre stabilisé est à l'état métastable c'est à dire une phase solide non cristallisée ayant un contenu énergétique supérieur à celui des phases cristallines parentes.

II.2. LES CONDITIONS DE VITRIFICATION

Les conditions de vitrification ont été interprétées par des théories structurales basées sur des concepts cristallographiques. C'est ainsi qu'en 1926, Goldschimdt suppose qu'un oxyde simple M_xO_y peut donner facilement un verre si le rapport des rayons du cation et de l'oxygène r_M / r_O est compris entre 0,2 et 0,4. Puis, en 1932, Zachariasen a poursuivi ces travaux en se basant sur deux considérations :

- les forces de liaison interatomique dans le verre et dans le cristal doivent être semblables car ils présentent des propriétés mécaniques voisines.
- les verres doivent être formés par un réseau tridimensionnel comme les cristaux mais le caractère diffus des spectres de diffraction X montre que le réseau n'est pas symétrique et périodique ; il n'y a pas d'ordre à longue distance.

Des règles très importantes pour l'industrie verrière ont donc pu être établies :

1- le nombre d'oxygène entourant le cation doit être petit (3 ou 4).

2- aucun oxygène ne doit être lié à plus de deux cations.

3- les polyèdres peuvent avoir des sommets communs mais pas d'arêtes ni de faces communes.

4- au moins trois sommets de chaque polyèdre doivent être partagés avec d'autres polyèdres.

Zachariesen s'est ensuite intéressé à des verres d'oxydes plus complexes pour lesquels il a ajouté des règles :

- l'échantillon doit contenir un pourcentage suffisant de cations entourés par des tétraèdres ou par des triangles d'oxygène.

- les tétraèdres ou les triangles ne doivent avoir en commun que des sommets.

- certains atomes d'oxygène ne sont liés qu'à deux de ces cations et ne forment pas de nouvelles liaisons avec d'autres cations.

Par des études de diffraction X, Warren (1941) appuie les règles de Zachariasen sans toutefois constituer une preuve définitive. D'autres théories ont vu le jour comme la théorie des cristallites de Lebedev (1940) qui suppose la présence de très petits domaines ordonnés reliés par des domaines désordonnés ou celle du paracristal de Zarzycki (1982) qui assimile la structure du verre au passage progressif d'une structure entièrement désordonnée à une structure localement ordonnée.

Des corrélations entre l'aptitude à la vitrification et le type de liaison ont été mises en évidence. En effet, Smekal a montré que la présence de liaisons mixtes est nécessaire pour édifier un arrangement désordonné. Quant à Stanworth (1952), il a mis en avant la corrélation entre le degré de covalence de la liaison cation / oxygène et l'aptitude de l'oxyde à vitrifier. Pour établir cette classification, la valeur de l'électronégativité de l'oxygène est de 3,5.

Sun (1947) et Rawson (1956) ont également corrélé l'aptitude à la vitrification et la force de liaison. Le critère de Sun est basé sur la force de la liaison M-O dans un oxyde MO_x. Elle est calculée en divisant l'énergie de dissociation E_d de l'oxyde cristallin en ses éléments à l'état de vapeur par le nombre d'atomes d'oxygène entourant M dans le cristal. Pour Rawson, le critère de formation est la force de liaison divisée par la température de fusion en degré Kelvin.

II.3. CLASSIFICATION DES ELEMENTS

Dans tous ces modèles, de nombreuses exceptions existent mais ils ont permis d'établir et de classer les différents éléments en trois catégories en fonction du nombre de coordination, des forces de liaison et de l'électronégativité par rapport à l'oxygène (Tableau II-1).

La première catégorie est celle des éléments formateurs de réseau tels que, par exemple, le silicium, le bore ou encore le phosphore ; leurs oxydes sont capables à eux seuls de créer un réseau vitreux par la formation de liaison constituant des polyèdres.

La seconde catégorie est celle des éléments modificateurs tels que certains alcalins et alcalino-terreux ; ils affaiblissent le réseau vitreux par la rupture des liaisons pontantes, créant des oxygènes non pontants neutralisés électriquement par une liaison ionique avec l'élément modificateur.

La troisième catégorie est celle des éléments intermédiaires tels que l'aluminium, le zirconium, le titane ; ils peuvent être formateurs ou modificateurs selon la composition du verre.

Pour les oxydes formateurs, la quantité d'énergie nécessaire pour rompre la liaison est supérieure à 377 kJ.mol^{-1}, pour les modificateurs < 251 kJ.mol^{-1} et pour les intermédiaires entre 251 et 306 kJ.mol^{-1}.

Elément	Valence	E_d en kJ.mol^{-1}	Coordinence	Force de liaison en kJ.mol^{-1}	Electronégativité
Formateurs					
B	3	1490	3	498	2
Si	4	1775	4	444	1,8
Ge	4	1809	4	452	1,8
Al	3	1323-1691	4	331-423	
B	3	1490	4	373	
P	5	1474-1859	4	169-465	2,1
V	5	1507-1876	4	377-469	
As	5	1172-1457	4	293-364	2
Sb	5	1139-1423	4	285-356	1,8
Zr	4	2035	6	339	
Intermédiaires					
Ti	4	1834	6	306	1,6
Zn	2	603	2	301	
Pb	2	611	2	306	
Al	3	1331-1683	6	222-281	1,5
Th	4	2144	8	268	1,5
Be	2	1055	4	264	
Zr	4	2043	8	255	
Cd	2	502	2	251	
Modificateurs					
Sc	3	1507	6	251	
La	3	1700	7	243	
Y	3	1675	8	209	
Ga	3	1130	6	188	
In	3	1080	6	180	
Th	4	2160	12	180	
Pb	4	980	6	163	
Mg	2	929	6	155	
Li	1	603	4	151	
Pb	2	603	4	151	
Zn	2	603	4	151	
Ba	2	1105	8	138	0,9
Ca	2	1072	8	134	1
Sr	2	1072	8	134	1
Cd	2	502	4	126	
Na	1	502	6	84	0,9
Cd	2	502	6	84	
K	1	490	9	54	0,8
Rb	1	502	10	50	0,8
Hg	2	276	6	46	
Cs	1	502	12	42	0,7

Tableau II-1 : *Classification de quelques éléments selon leur aptitude à la vitrification (d'après SUN, 1947). E_d correspond à l'énergie de dissociation*

II.4. LE VERRE SON 68 OU R7T7

II.4.1. Composition et propriétés physiques et thermiques

Un verre SON 68 inactif de référence dont la composition est donnée dans le tableau II-2 est utilisé afin de déterminer les mécanismes d'altération et modéliser le comportement à long terme dans le cadre d'un stockage géologique profond. Le manganèse, le cobalt et le nickel sont utilisés pour simuler les platinoïdes (ruthénium, rhodium et palladium), le thorium simule l'ensemble des actinides à l'exception de l'uranium. Les propriétés physiques et thermiques de ce verre sont indiquées dans le tableau II-3 (Pacaud, 1990).

Oxyde	% massique	Oxyde	% massique
SiO	45,48	MnO_2	0,72
Al_2O_3	4,91	CoO	0,12
B_2O_3	14,02	Ag_2O	0,03
Na_2O	9,86	CdO	0,03
CaO	4,04	SnO_2	0,02
Fe_2O_3	2,91	SbO_2	0,01
NiO	0,74	TeO_2	0,23
Cr_2O_3	0,51	Cs_2O	1,42
P_2O_5	0,28	BaO	0,60
ZrO_2	2,65	La_2O	0,90
Li_2O	1,98	Ce_2O_3	0,93
ZnO	2,50	Pr_2O_3	0,44
SrO	0,33	Nd_2O_3	1,59
Y_2O_3	0,20	UO_2	0,52
MoO_3	1,70	ThO_2	0,33

Tableau II-2 : Composition du verre inactif SON 68.

Viscosité à 1100°C	9 ± 2 N.m^{-2}.s^{-1}
Température de transition vitreuse	502 ± 5°C
Résistivité électrique à 1100°C	5,09 Ω.cm
Masse volumique	$2,75.10^{-3}$ kg.m^{-3}
Conductibilité électrique	1,1 W.m^{-1}.K^{-1}

Tableau II-3 : Propriétés physiques et thermiques du verre SON 68.

II.4.2. Hypothèses structurales des principaux oxydes constituant le verre SON 68

Dans le contexte des études sur les verres nucléaires, des verres simples binaires ou ternaires sont étudiés pour faire des hypothèses structurales sur ces verres complexes. Dans le cas du verre SON 68, les oxydes de silicium, bore et sodium représentent presque 70% de la composition massique, c'est pourquoi, les verres borosilicatés sodiques sont utilisés.

A partir d'études de RMN du ^{11}B sur de tels verres, il a été mis en évidence que le bore peut être incorporé dans le réseau vitreux en coordinence 3 ou 4, cette coordinence 4 nécessitant la présence de compensateurs de charge. Un modèle a été établi par Dell et al. (1983) donnant les fractions molaires du bore présent dans les sites anioniques tétraédriques et du bore trigonal en fonction des rapports molaires R = Na$_2$O / B$_2$O$_3$ et K = SiO$_2$ / B$_2$O$_3$. Nous présentons ici brièvement les résultats de ce modèle :

- En absence de sodium, le bore est en coordinence 3.
- Pour R < 0,5 ; c'est à dire dans un domaine où la teneur en sodium est faible, le bore est soit en site trigonal symétrique soit en site tétragonal. La quantité de bore tétragonal est proportionnelle à la teneur en sodium. Dans la matrice purement boratée, tous les ions sodium compensent les charges négatives des

16

sites tétraédriques du bore. Un réseau boraté de sodium et un réseau de silice pure coexistent. Il n'existe donc pas d'oxygène non pontants sur la silice.

- Pour $0,5 < R < R_1 = 0,5 + K / 16$; la proportion totale en bore tétravalent reste égale à la teneur en sodium du verre. Toutefois, le sodium en excès par rapport à la composition diborate Na_2O, $2B_2O_3$ (Figure II-1) obtenue pour $R = 0,5$, peut entrer dans le réseau silicaté avec un bore tétracoordiné pour former des unités reedmergnerite $BSi_4O_{10}^-$ (Figure II-2). Le sodium vient donc compenser la charge de ces unités jusqu'à ce que la teneur en bore qui s'intègre au réseau silicaté soit assez importante pour que tous les oxygènes pontants formant les sites tétraèdriques du bore ne puissent plus être liés à des tétraèdres de silice.

- Pour $R_1 < R < R_2 = 0,5 + K / 4$; le sodium en excès par rapport à R_1 s'associe dans les tétraèdres de silice à des oxygènes non pontants. La mobilité du sodium est accrue ce qui favorise l'échange ionique au contact de solutions aqueuses.

- Pour $R_2 < R < R_3 = 2 + K$; quand le réseau est saturé en oxygènes non pontants dans les unités ($BSi_4O_{10}^-$) et saturé en bore tétracoordiné, le sodium supplémentaire est supposé compenser les oxygènes non pontants du bore trigonal asymétrique du bore contenant un ou deux oxygènes non pontants. Ces nouvelles unités seraient formées par l'élimination des bores tétracoordinés jusqu'à ce que la teneur en sodium excède R_3, point où tous les sites tétraédriques ont disparu.

Des spectres de vibration obtenus par spectroscopie Raman sont en accord qualitativement avec ce modèle (Furukawa et White, 1981). Les données spectroscopiques de RMN du ^{29}Si, ^{17}O, ^{23}Na et ^{11}B ont montré que le mélange des unités boratées et silicatées se produirait pour des valeurs de R inférieures à 0,5 (Bunker et al., 1990 ; Loshagin et Sosnin, 1994 ; Bhasin et al., 1998 ; Fleet et Muthupari, 1999). Un groupe structural supplémentaire nommé danburite ($BSiO_4^-$), composé d'un atome de bore tétracoordiné lié à un tétraèdre SiO_4, existerait. Sa présence dans un domaine de composition où $R > 0,5$ induirait donc une augmentation de la fraction de bore tétracoordiné.

L'extrapolation de cette caractérisation structurale à un verre plus complexe tel que le verre SON 68 reste toutefois délicate. En effet, par exemple, l'ajout de Al_2O_3 dans le système ternaire SiO_2-B_2O_3-Na_2O augmente la polymérisation du réseau et diminue la proportion de bore tétracoordiné par la substitution du sodium par l'aluminium (El-Damrawi et al., 1993). Toutefois, en se basant sur ce modèle, une fraction de bore en coordinence 4 de presque 70% serait obtenu pour le verre SON 68 et laisse supposer qu'il est constitué d'un réseau mixte constitué en particulier d'unités $BSi_4O_{10}^-$ (Ricol, 1995). La figure II-3 représente le diagramme ternaire Na_2O-SiO_2-B_2O_3 et indique les entités constituant le verre SON 68. Pour la structure du bore, les notations N_3 et N_4 correspondent au bore trigonal et tétragonal. Quant au silicium, des études de RMN du ^{29}Si ont mis en évidence cinq environnements locaux distincts autour du Si (Grimmer et al., 1984 ; Dupnee et al., 1984 ; Stebbins, 1988 ; Engelhardt et Michel, 1988 ; Emerson, 1989). Ils sont notés Q_n où Q désigne le tétraèdre et n le nombre d'oxygène pontants.

De nombreuses techniques spectroscopiques ont permis de préciser la structure du verre SON 68. La coordinence tétraédrique de l'aluminium a été vérifiée par RMN, ce qui confirme son rôle de formateur de réseau (Ricol, 1995 ; Tovena, 1995 ; Delorme, 1998). Le rôle formateur du zirconium avec une coordinence 6 en degré d'oxydation + 4 a été mis en évidence par spectroscopie d'absorption X. La spectroscopie Mössbauer a montré que le fer en valence 3 se trouve dans les sites tétraédriques (Ricol, 1995). Le zinc, étudié par EXAFS, se trouve dans des sites tétraédriques liés aux tétraèdres SiO_4 par des sommets. (Le Grand, 1999). Tous les cations intermédiaires contenus dans le verre SON 68 sont donc formateurs de réseau.

Petit-Maire (1988) a étudié les environnements de l'uranium, du thorium et du neptunium, éléments présentant un danger à long terme. Quand ils sont en valence 6, un mélange de sites de coordinence 6 et de coordinence plus élevée est observé. Lorsque la taille du cation diminue, la proportion de site en coordinence 6 augmente.

Toutes ces informations structurales sont essentielles pour une meilleure compréhension des mécanismes de dissolution du verre SON 68. Les éléments alcalins et le bore étant les plus facilement lixiviables, on peut estimer que leur environnement dans le verre sain est corrélé à la morphologie de la couche altérée.

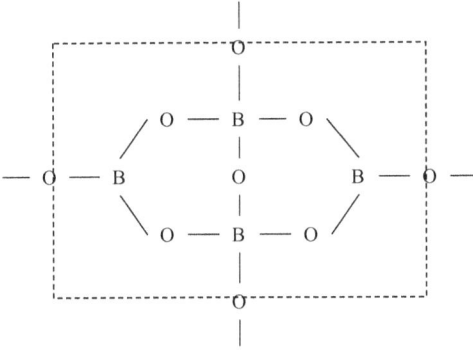

Figure II-1 : *Groupement diborate $(B_4O_7)^{2-}$.*

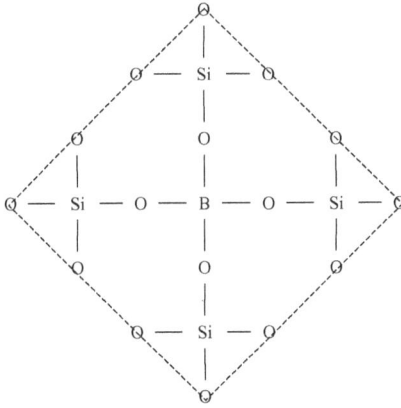

Figure II-2 : *Groupement reedmergnérite $(BSi_4O_{10})^-$.*

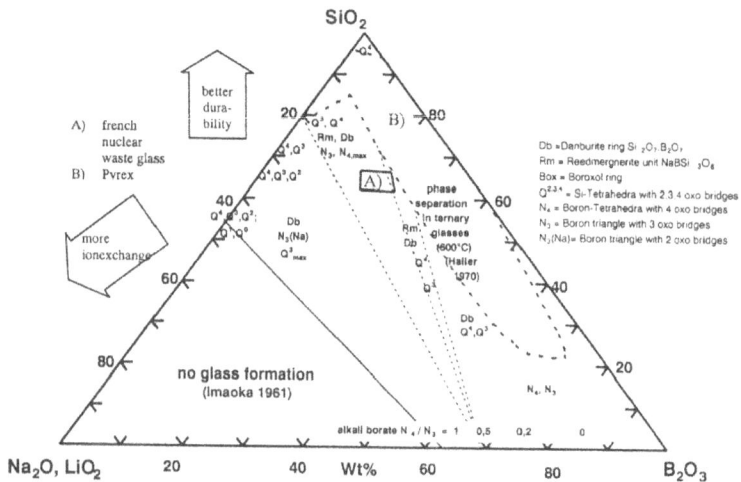

Figure II-3 : *Diagramme de phases du ternaire Na₂O-B₂O₃-SiO₂ (Grambow, 2000).*

CHAPITRE III : COMPORTEMENT DES VERRES ET DES MINERAUX SILICATES AU CONTACT DE SOLUTIONS AQUEUSES

III.1. ASPECTS MECANISTIQUES DE LA DISSOLUTION DES VERRES ET DES MINERAUX SILICATES

III.1.1. Les modes de dissolution

Comme toute réaction de dissolution, la réaction entre un verre et une solution peut être décomposée en cinq étapes élémentaires caractéristiques des transformations chimiques et de la distribution spatiale des espèces (Figure III-1) :

1 / transport des réactifs de la solution vers l'interface réactionnelle
2 / adsorption des réactifs sur les sites réactionnels de la surface
3 / réaction de surface
4 / désorption des produits de la réaction de surface
5 / transport des produits loin de la surface

Les étapes 1 et 5 correspondent au phénomène de diffusion tandis que les étapes 2, 3, 4 caractérisent une réaction de surface. Les cinq étapes sont des processus en série, ce qui implique que l'étape limitante est la plus lente et contrôle la cinétique de dissolution du verre.

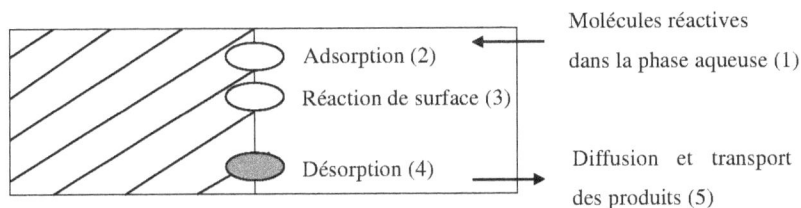

Figure III-1 : Les 5 étapes élémentaires d'une réaction chimique hétérogène.

Il existe deux modes de dissolution :

- la dissolution est dite congruente ou stoechiométrique quand tous les éléments du verre passent en solution à la même vitesse. L'évolution des concentrations élémentaires en fonction du temps est alors similaire pour tous les composants. Les rapports des concentrations sont égaux aux rapports des éléments dans le verre sain.

- la dissolution est dite incongruente quand les rapports stoechiométriques de la solution diffèrent de ceux du verre : l'incongruence peut être due à une dissolution sélective quand une extraction préférentielle des éléments les plus mobiles se produit ; l'incongruence peut également se produire lors de la rétention préférentielle d'un élément peu mobile.

III.1.2. Interdiffusion et dissolution du réseau

De nombreux travaux sur l'altération des verres ont mis en évidence une première étape lors de la dissolution dans laquelle le relâchement des alcalins est proportionnel à la racine carrée du temps. Elle correspond à un mécanisme d'échange entre les cations modificateurs du réseau vitreux (alcalins, alcalino-terreux) et les protons de la solution lixiviante (réaction 1). Toutefois, un dilemme existe quant aux espèces diffusantes. En effet, selon Doremus (1975) et Tsong et al. (1981), le processus d'interdiffusion mettrait en jeu les ions H_3O^+ (réaction 2) alors que selon Ernsberger (1986) ce serait les ions H_3O^+ et les molécules d'eau qui diffuseraient (réactions 2 et 3). En 1981, Smets et Lommen ont proposé une nouvelle théorie appelée théorie des 'espèces neutres' dans laquelle le contrôle de la diffusion se ferait par les molécules d'eau (réaction 3).

L'échange ionique a été observé grâce à l'utilisation de nombreuses techniques d'analyse de surface telles que la réaction nucléaire résonnante, la rétrodiffusion d'ions, la spectrométrie de masse des ions secondaires (Lanford et al., 1979 ; Bunker et al., 1983 ; Petit et al., 1987, 1989, 1990 ; Dran et al., 1988, 1989).

Les trois types de réactions susceptibles de se produire sont donc :

$$[(\equiv\text{Si-O}^-)\text{Na}^+] + \text{H}^+ \leftrightarrow \equiv\text{Si-OH} + \text{Na}^+ \tag{1}$$

$$[(\equiv\text{Si-O}^-)\text{Na}^+] + \text{H}_3\text{O}^+ \leftrightarrow \equiv\text{Si-OH} + \text{Na}^+ + \text{H}_2\text{O} \tag{2}$$

$$[(\equiv\text{Si-O}^-)\text{Na}^+] + \text{H}_2\text{O} \leftrightarrow \equiv\text{Si-OH} + \text{Na}^+ + \text{OH}^- \tag{3}$$

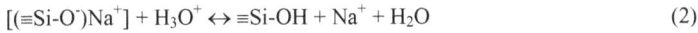

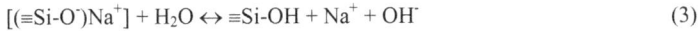

En milieu acide, la réaction (1) se produit et affecte peu les liaisons siloxane Si-O. La dissolution est alors incongruente. En milieu neutre et basique, ce phénomène d'échange se fait selon la réaction (3). Dans ce cas, la rupture des liaisons Si-O est possible via la réaction (4) et la dissolution est congruente tant que la saturation vis-à-vis d'une phase secondaire n'est pas atteinte (Crovisier, 1989 ; Atassi, 1989).

$$\equiv\text{Si-O-Si} + \text{OH}^- \Rightarrow \equiv\text{Si-OH} + \equiv\text{Si-O}^- \tag{4}$$

Quant au bore qui est un formateur de réseau, d'après Bunker (1988), il peut subir une extraction préférentielle. Suivant sa coordinence 3 ou 4, il réagit avec les molécules d'eau ou avec les ions hydronium comme le montrent les réactions (5) et (6).

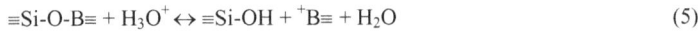

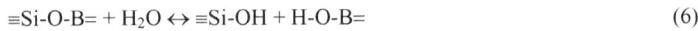

$$\equiv\text{Si-O-B}\equiv + \text{H}_3\text{O}^+ \leftrightarrow \equiv\text{Si-OH} + {}^+\text{B}\equiv + \text{H}_2\text{O} \tag{5}$$

$$\equiv\text{Si-O-B}= + \text{H}_2\text{O} \leftrightarrow \equiv\text{Si-OH} + \text{H-O-B}= \tag{6}$$

Ces mécanismes conduisent à la formation de groupements silanols et à une augmentation du pH qui entraîne la rupture des liaisons Si-O.

III.1.3. La pellicule d'altération

Lors de l'altération des verres, les phénomènes d'échange ionique, de dissolution du réseau silicaté, de précipitation de phases secondaires amorphes ou cristallisées conduisent à la formation d'une couche ou pellicule d'altération. Le mécanisme de formation et la nature de cette pellicule d'altération dépend de nombreux paramètres tels que la composition du verre altéré, la chimie de la solution altérante, la durée de l'expérience ou encore la température.

De nombreuses études par microscopie électronique à transmission sur des coupes ultramicrotomiques ont été réalisées pour déterminer la morphologie de la couche d'altération (Crovisier et al., 1982, 1983 ; Abdelouas et al., 1993, 1994 ; Abdelouas, 1996). Ces études montrent que les couches d'altération sont formées d'un mélange de produits amorphes et cristallisés.

Les travaux de Noguès (1984) et Charpentier (1987) sont deux exemples caractéristiques de l'altération du verre SON 68. Ces deux exemples soulignent bien la complexité de la nature des couches d'altération.

En 1984, Noguès a étudié la morphologie de la couche d'altération du verre SON 68 altéré en mode statique (sans renouvellement de la solution d'altération) à 90°C dans de l'eau pure. Trois parties bien visibles ont été mises en évidence :

- une couche en continuité avec le verre qui correspond probablement au verre hydraté et qui est amorphe. Cette couche est enrichie en éléments de transition et en silicium dont la teneur semble augmenter en fonction du temps. Sa teneur en eau n'a pas été déterminée.

- une fine couche intermédiaire à la surface extérieure du verre hydraté riche en phosphore et terres rares.

- une couche lamellaire externe. Une étude par ESCA (Electron Spectroscopy for Chemical Analysis) a permis de préciser sa nature chimique. Les spectres d'analyse ont montré la présence de Si, Al, Fe, Zn et Ni. Grâce à des clichés de microdiffraction électronique, des phyllosilicates dont l'équidistance entre les feuillets est de 7,2 Å ont été identifiés.

En 1987, Charpentier a effectué une étude très complète au microscope électronique à transmission du verre SON 68 altéré dans un extracteur de Soxhlet pendant 28 jours à 100°C. Il a mis en évidence depuis le verre sain jusqu'à la solution d'altération :

- une zone amorphe. La microanalyse X montre un enrichissement en ZrO_2, Fe_2O_3, Nd_2O_3 au détriment de SiO_2.

- une zone fibreuse de composition chimique similaire à la précédente. Le calcium est présent dans les spectres.

- une zone granuleuse comportant des particules microcristallines de 30 à 50 nm de diamètre dispersées dans la phase amorphe, il y a une forte proportion de Fe_2O_3, La_2O_3 et un appauvrissement en SiO_2, ZrO_2, Nd_2O_3. Le calcium a disparu.

- une zone à granules de 100 à 300 nm de diamètre. 80% en poids d'oxydes de ZnO et Fe_2O_3 sont contenus dans ces précipités.

- une zone globalement amorphe riche en ZrO_2, La_2O_3, Nd_2O_3 dans sa partie interne. Dans sa partie externe, les teneurs en SiO_2, Fe_2O_3 sont plus élevées. Des clichés de microdiffraction électronique obtenus par Godon et al. (1987) semblent donner des raies compatibles avec la goethite ou l'akaganéite.

La morphologie du gel, partie amorphe en continuité avec le verre sain, a suscité un vif intérêt et le couplage des analyses élémentaires à l'aide d'une sonde ionique, des profils en profondeurs obtenus par SIMS, des observations microscopiques, a permis de constater que les comportements des différents éléments chimiques face à l'altération sont très diversifiés. Ils dépendent de leur nature, de leur position structurale dans la matrice vitreuse et des conditions d'altération. Les différentes études ont mené aux constations suivantes :

- L'épaisseur altérée est appauvrie en Li, Cs, Na. Cs est présent dans la zone externe du verre altéré. Cette rétention privilégiée du Cs en position échangeable dans les feuillets constituant les phyllosilicates, est attribuable à son aptitude à se désolvater. Il a l'énergie d'hydratation la plus faible des alcalins d'où sa faculté à être incorporé dans les phases solides. Li et H ont un comportement antagoniste, au cours de l'altération, caractéristique de l'interdiffusion. Li diminue fortement au-delà du front d'altération alors que le gel est hydraté sur toute l'épaisseur. Les phyllosilicates sont également des phases hydratées. H est surconcentré au front d'altération. Une diminution de la pénétration de H est observée quand le milieu altérant contient NaCl (Petit et al., 1989). En effet, le relâchement diffusif du Na est réduit dans ce milieu. H présent dans la pellicule d'altération est sous différentes formes : dans des groupements hydroxyles, dans de l'eau d'hydratation ou en solutions très acides comme ions hydronium H_3O^+. L'épaisseur de la zone d'interdiffusion est de quelques nm (Crovisier, 1987 ; Michaux, 1992) mais elle est difficilement estimable à partir des profils en profondeur.

- Les éléments alcalino-terreux présentent une mobilité plus faible que celle des alcalins. Une partie de ces éléments est retenue dans le gel et les phyllosilicates. Ca^{2+} assure l'électroneutralité de ZrO_6^{2-} (Deruelle, 1997), une fraction de Ca est donc retenu dans le gel pour cette raison. Ca se surconcentre à l'interface entre les phyllosilicates et le gel ce qui laisserait supposer une fine couche d'altération supplémentaire riche en Ca. Gin (1989) propose des phosphates. Ba et Sr sont retenus dans la zone externe des phyllosilicates.

- L'aluminium présente un enrichissement dans le gel et une surconcentration dans les phyllosilicates par rapport au verre sain. Cette surconcentration implique qu'il est mobile au cours de l'altération mais que c'est la précipitation des phyllosilicates qui maintient des faibles concentrations en solution. Ricol (1995) a montré qu'il conserve sa coordinence 4. La présence de cet élément trivalent en site tétraédrique nécessite la présence de compensateur de charge pour maintenir l'électroneutralité. Des ions Na^+, Cs^+, Ca^{2+}, moins échangeables que les ions alcalins associés aux oxygènes non pontants, pourraient être présents pour assurer ce rôle (Angeli, 2000).

- Les phyllosilicates sont enrichis en Zn et Ni alors que le gel est appauvri en ces éléments de transition. Leur concentration en solution est donc diminuée. Un enrichissement relatif en Fe, Zr, Cr est observé sur toute l'épaisseur de verre altéré. Toutefois, Fe et Cr sont surconcentrés dans les phyllosilicates alors que Zr y est absent. Pelegrin (2000) a mis en évidence l'existence d'(oxyhydr)oxydes de Zr et de Fe désordonnés dans les couches d'altération qui pourraient résulter d'un mécanisme de dissolution / précipitation mais aussi d'une phase résiduelle dans laquelle Zr conserve un coordinence 6 qui suggère une condensation in-situ.

- Une surconcentration des terres rares dans la partie interne des phyllosilicates formés dans les premiers temps de l'altération est constatée. Elles peuvent être en position interfoliaire ou dans les sites échangeables des minéraux argileux (Bonnot, 1982 ; Jaffrezic, 1982 ; Vidal, 1995) ou encore à l'interface gel / zone argileuse sous forme de phosphates (Noguès, 1984 ; Fillet, 1987). Après un certain temps d'altération, la teneur de terres rares dans les phyllosilicates est faible et ils sont retenus dans le gel. Les terres rares ne passent pas dans la solution mais se réarrangent in situ dans la couche d'altération. Finalement, il y a rétention quasi-totale des terres rares dans le gel, les phyllosilicates mais également dans des phosphates. Toutefois, la présence de phosphate affecte le caractère protecteur du gel (Gin 2000). Après 15 mois d'altération en mode dynamique, des observations microscopiques ont montré la présence de terres rares dans la masse du gel ce qui remet en cause la faible mobilité des terres rares au sein du gel et suggère les ruptures de liaison entre les terres rares et le réseau vitreux. La quantité de phosphore présente dans le verre sain ne suffit pas à piéger la totalité des terres rares. Gin et al. (2000) proposent que les phosphates de terres rares contiennent d'autres éléments comme le Ca. Les profils en profondeur le laissent supposer.

La figure III-2 résume la localisation des différents éléments constitutifs du verre SON 68 dans la pellicule d'altération.

D'autres travaux ont également permis de déterminer la masse volumique ou encore la porosité du gel du verre SON 68. Ainsi, la masse volumique du squelette du gel a pu être déterminée par pycnométrie au benzène (Fillet, 1987) et des valeurs de 2,4 et 2,88 g.cm^{-3} pour des gels formés en mode statique après 28 et 91 jours d'altération ont été obtenues. Cette augmentation de la densité est logique étant donné que les gels intègrent de plus en plus d'éléments lourds par unité de volume avec l'avancement de la réaction. Les travaux menés par Ayral (1989), sur des gels déshydratés obtenus après un an de lixiviation en mode statique à 90°C, ont conduit à une densité de squelette de 2,73 g.cm^{-3} mesurée par pycnométrie à hélium. Ayral a également déterminé la surface spécifique du gel d'altération du verre SON 68 par des mesures BET (N_2). Bien que cette technique dépende beaucoup des conditions de déshydratation, elle conduit à une valeur de 66 m^2.g^{-1}, ce qui est caractéristique d'un gel poreux.

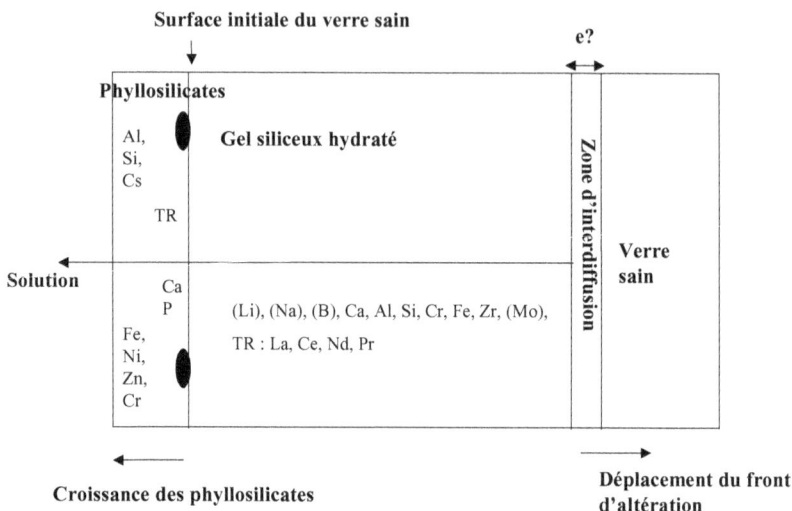

Figure III-2 : *Localisation des éléments constitutifs du verre SON 68 après altération dans l'eau ; les éléments dont le taux de rétention est faible sont indiqués entre parenthèses (d'après Valle, 2000).*

Pour connaître la taille des pores ainsi que le volume poreux, la thermoporométrie est une technique utilisée. L'étude est réalisée sans séchage du matériau qui peut modifier la morphologie du gel par l'action des forces capillaires. Pour le verre SON 68, Ricol (1995) a mis en évidence une très faible variation du rayon du pore avec le temps d'altération. Toutefois, le volume total de pores augmente. Des calculs de fraction volumique de pores ont été menés et il a été trouvé que la fraction volumique de pores dans la couche diminue jusqu'à 50% d'altération tandis que la fraction volumique totale augmente. Puis, les deux fractions volumiques augmentent jusqu'à se rejoindre à 100% d'altération. L'altération du verre SON 68 se passerait en deux étapes. D'abord, une étape dans laquelle le nombre de pores n'augmente pas et la couche s'épaissit. Ensuite, il y aurait une 2ème étape dans laquelle soit le nombre de pores augmente soit la couche d'altération se dissout. Un mécanisme d'hydrolyse / recondensation du Zr pourrait l'expliquer. Le peu d'atomes de Zr dissous se recondenserait à la surface du grain et servirait de sites préférentiels de recondensation pour les atomes de silicium qui sont extraits. Cette recondensation peut se produire à l'intérieur des pores déjà formés ce qui les bouche. Ainsi, la couche de gel diminuerait. L'hypothèse que le silicium trouve des sites de recondensation sur les atomes de Zr a été confirmée en spectroscopie infrarouge par la formation de liaison SiOZr sur des gels obtenus à partir de verres simples.

Lors d'une étude utilisant la thermoporométrie, Deruelle (1997) a tiré plusieurs caractéristiques générales :

- les pores formés lors de la lixiviation d'un grain de verre sont nanométriques.
- la distribution en taille reste centrée autour d'une taille bien définie : 2 et 4 nm.
- les pores obtenus en mode pseudo-dynamique sont toujours plus grands que ceux obtenus en mode statique.

Cette technique lui a également permis d'estimer le volume poreux du gel. Pour un taux de transformation du verre SON 68 en gel supérieur à 95% et en condition pseudo-dynamique la porosité obtenue est d'environ 33%.

La diffusion par rayonnement X aux petits angles est une technique très complémentaire de la thermoporométrie mais qui ne peut être appliquée au verre SON 68 à cause de la présence des phyllosilicates dans le gel d'altération. Par conséquent, cette technique a été réalisée sur des gels obtenus sur des verres simples incorporant plus ou moins d'éléments lourds susceptibles de réticuler le gel. La diffusion par rayonnement X aux petits angles a confirmé que le mode d'altération avait une influence sur la taille des pores mais a également montré que la forme des pores ne dépendait pas du mode d'altération. Elle a mis en avant une légère augmentation de la taille et du nombre de pores au cours du temps qui confirme les observations de thermoporométrie. Des pores d'environ 4,2 nm ont été fréquemment trouvés et il se peut qu'ils soient dus à la désalcalinisation. Ils peuvent être localisés dans une couche désalcalinisée à l'interface verre sain / gel. Après un long temps d'altération, ils ne sont plus présents cette interface n'existant plus. Toutefois, il est à signaler que ces deux méthodes complémentaires ne permettent pas de distinguer la porosité de la couche désalcalinisée de celle du gel proprement dit.

Des profils isotopiques du silicium et de l'oxygène ont été réalisés par Valle (2000) et ils ont montré que les phyllosilicates conservent la signature isotopique des solutions d'altération. Leur formation à la surface du gel se produit par dissolution / précipitation ce qui impose qu'une partie de Si et Al soit solubilisée à l'interface réactionnelle et diffuse à travers le gel. Quant au gel, il diffère des phyllosilicates par une signature isotopique intermédiaire entre celle du verre sain et des solutions. Il ne peut donc pas être considéré comme un verre résiduel appauvri en éléments mobiles sinon, il conserverait la signature isotopique du verre sain. Des expériences sur des verres simples avec de l'eau lourde ont montré l'incorporation de l'^{18}O dans les pellicules d'altération d'où l'existence de réactions de condensation au sein du verre altéré (Westrichh, 1989 ; Baer, 1984 ; Pederson, 1986). L'oxygène est présent sous forme d'oxygènes non pontants, oxygènes pontants et d'eau faiblement liée. Des réactions de recondensation similaires se produiraient avec le ^{29}Si. La formation du gel résulte de réaction d'hydrolyse et de condensation se produisant au sein du verre altéré (Dran, 1986 ; Vernaz, 1992 ; Berger, 1994).

Concernant le rôle du gel, il semblerait que le rôle protecteur ou non du gel d'altération dépende fortement des conditions expérimentales. Chick et Pederson (1984) ont montré que les produits d'altération des verres nucléaires obtenus à 90°C dans de l'eau pure avec un rapport S/V de 0,1 cm^{-1} ne sont pas ou peu protecteurs. Dans des conditions similaires, Grambow et Strachan (1984) tirent les mêmes conclusions. Cependant, les couches formées sont protectrices si la solution d'altération contient du Mg. Pour Haaker et al., (1985) le caractère protecteur serait dû à la formation de cristaux d'analcime lors de l'altération dans une solution NaCl à 200°C. Tomozawa et Capella (1983) pensent que le gel est au départ une barrière de diffusion mais qui n'agit plus à long terme, ce qui se traduit par une cinétique d'altération linéaire. Bunker et al. (1984) ont observé au MET des verres binaires sodiques ou potassiques altérés entre 20 et 80°C dans de l'eau dont le pH est ajusté entre 1 et 11. Ils en ont conclu que pendant la repolymérisation, le réseau silicaté d'une structure homogène contenant une distribution aléatoire d'oxygènes non pontants et des molécules d'eau est converti en une structure ayant des phases séparées. Elles sont constituées d'un réseau de particules de silice entouré par une phase aqueuse contenant des espèces silicatées dissoutes. Un tel processus peut entraîner la fin du gel comme barrière de protection. Cependant, Jégou (1998) et Jégou et al. (2000) ont montré que, lors de l'altération du verre SON 68, la saturation de la solution en silice ne suffit pas à expliquer la diminution de la vitesse et ils ont proposé que le gel agit comme barrière de diffusion limitant les échanges.

Pour des expériences menées en mode statique à 90°C, l'évolution du coefficient de diffusion du silicium en fonction du rapport S/V compris entre 0,1 et 200 cm^{-1} (Jollivet, 1997) a mis en évidence une relation mathématique empirique s'écrivant :

$$D_{Si} = 1,9.10^{-16} \, (S/V)^{-1,55}$$

Avec : D_{si}, coefficient de diffusion du silicium en m^2.s^{-1}

S/V, rapport surface de verre sur volume de solution en cm^{-1}

Cette relation montre que, plus le rapport S/V est élevé, plus D_{si} est faible et par conséquent, plus le gel a des propriétés protectrices. Il faut toutefois préciser que, parfois, plusieurs coefficients de diffusion doivent être considérés pour simuler le comportement du bore en solution et dans le temps pour un même rapport S/V.

L'évolution du coefficient de diffusion du silicium en fonction du taux de renouvellement a également été décrit par une relation du type :

$$D_{Si} = 3.10^{-16} + 5,8.10^{-13} \, F \qquad \text{avec F le taux de renouvellement en j}^{-1}$$

Nous constatons donc que plus le taux de renouvellement est grand, plus le coefficient de diffusion du silicium est grand et donc, moins le gel est protecteur. De plus les gels formés en mode dynamique sont, en général, moins protecteurs que ceux formés en mode statique.

Ces observations permettent de déterminer les conditions expérimentales (rapport S/V, taux de renouvellement) optimales pour l'obtention de gels plus ou moins protecteurs.

III.2. ASPECTS CINETIQUES DE LA DISSOLUTION DES VERRES ET DES MINERAUX

III.2.1. Cinétiques liées à la diffusion

La diffusion est un phénomène de migration d'espèces pouvant être des atomes, des molécules ou des ions sous l'action d'un gradient de potentiel chimique.

La diffusion peut se faire dans tous les milieux : solides, liquides et gazeux. Toutefois, les vitesses sont différentes. Fick a élaboré les lois fondamentales de ce phénomène. Ainsi, dans le cas d'un flux de matière, la première loi considère un système à température constante où ce transfert s'effectue de façon unidirectionnelle selon un axe x. Elle s'écrit :

$$J_{x,i} = -D_i \left(\frac{\delta C_i}{\delta x} \right)_t$$

Avec $J_{x,i}$: flux de l'espèce i en $mol.m^{-2}.s^{-1}$

   D_i : coefficient de diffusion de l'espèce i en $m^2.s^{-1}$

   C_i : concentration de l'espèce i en $mol.m^{-3}$

   x : distance en m

Le signe moins indique que le flux va du milieu le plus concentré vers le moins concentré.

Le coefficient de diffusion D_i dépend fortement de la température :

$$D = D_0 \exp \left(\frac{-E_A}{RT} \right)$$

Avec D_0 : constante

   E_A : énergie d'activation en $J.mol^{-1}$

   R : constante des gaz parfait, R = 8,314 $J.mol^{-1}.K^{-1}$

   T : température en kelvin

A partir de la première loi de Fick, il est possible de déterminer la concentration d'une espèce en fonction du temps et de l'espace : sa variation est donnée par la seconde loi de Fick. Cette loi découle de l'équation de la conservation de matière. En effet, en considérant un volume de matière V défini par une surface S, la variation dans le temps du nombre de particules de ce volume est égal au nombre de particules rentrant à travers S moins la quantité sortante (il n'y a ni création ni disparition de matière à l'intérieur de V). Selon un axe unidirectionnel x, la seconde loi de Fick est donnée par :

$$\frac{\delta C_i}{\delta t} = \frac{\delta}{\delta x} (D_i \frac{\delta C_i}{\delta x})$$
avec   t : temps en s

III.2.2. Cinétiques liées à la réaction de surface : Théorie de l'Etat de Transition

La théorie de l'état de transition a été développée en 1935 par Eyring. Elle stipule que lors d'une réaction chimique élémentaire, avant la transformation de réactifs (A et B) en produit (AB), il y a passage par une entité appelée complexe activé (AB*) et qui correspond du point de vue énergétique à un maximum.

La réaction élémentaire peut s'écrire de la façon suivante :

$$A + B \leftrightarrow (AB)^* \rightarrow AB$$

Elle est caractérisée par un équilibre chimique entre les réactifs et le complexe activé et une irréversibilité entre le complexe activé et le produit de la réaction. Cette seconde étape entraîne la diminution de l'affinité et l'atteinte d'un état d'équilibre pour le système. Le phénomène de désorption étant moins rapide que celui d'adsorption, c'est lui qui contrôle la dissolution.

La théorie de l'état de transition conduit à une loi cinétique générale applicable aux minéraux et aux verres silicatés :

$$V = k \prod_{i,j} a_i^{n_{i,j}} [1 - \exp(\frac{-A}{\sigma RT})]$$

33

Avec   V : vitesse de dissolution du solide en $mol.cm^{-2}.s^{-1}$

k : constante cinétique de dissolution en $mol.cm^{-2}.s^{-1}$

a_i : activité de l'espèce i

$n_{i,j}$: coefficient de réaction de la $i^{ème}$ espèce mise en jeu dans la $j^{ème}$ réaction réversible correspondant à la formation d'une mole du $j^{ème}$ complexe activé à la surface du solide

R : constante des gaz parfaits en $cal.mol^{-1}.K^{-1}$

T : température en K

A : affinité chimique de la réaction en $cal.mol^{-1}$

σ : nombre stoechiométrique moyen ; rapport entre la vitesse de décomposition du complexe activé et la vitesse de réaction globale

L'affinité chimique est définie comme la variable de l'avancement de la réaction :

$$A = \frac{-dG}{d\xi}$$

où G représente l'enthalpie libre de réaction et ξ le degré d'avancement de la réaction.

Elle s'exprime donc également par :

$$A = -\sigma RT \ln \frac{Q}{K}$$

où Q correspond au produit des activités des réactifs et produits intermédiaires (produit d'activité ionique) et K à la constante d'équilibre.

La loi cinétique de dissolution d'un verre ou d'un minéral silicaté peut donc s'écrire de la façon suivante :

$$V = k \prod_{i,j} a_i^{n_{i,j}} \left[1 - \frac{Q}{K} \right]$$

34

De nombreux travaux sur les vitesses de dissolution des minéraux tels que l'olivine, les feldspaths, le quartz, les pyroxènes, la silice amorphe se sont basés sur cette théorie (Rimstidt et Barnes, 1980 ; Aagaard et Helgeson, 1982 ; Murphy et Helgeson, 1989). Elle a été également utilisée dans de nombreux modèles décrivant la dissolution de verres nucléaires comme l'explique le paragraphe suivant.

III.3. LES MODELES POUR LA DESCRIPTION DE LA DISSOLUTION DES VERRES NUCLEAIRES

III.3.1. Le modèle Grambow (1985)

En 1983, Pederson et al. ont étudié la dissolution du verre nucléaire borosilicaté PNL 76-68 dans des solutions en teneurs variées en silice et ont observé une diminution de la vitesse de dissolution en fonction de l'augmentation de la concentration en silice. Une relation cinétique empirique a alors été proposée par Wallace et Wicks (1983). Elle s'exprime de la façon suivante :

$$r_d(t) = r_0 \, ([H_4SiO_4]_{sat} - [H_4SiO_4]_t)$$

avec r_0 : vitesse de dissolution initiale en $mol.cm^{-2}.s^{-1}$

       $[H_4SiO_4]_{sat}$: concentration de silice à saturation

       $[H_4SiO_4]_t$: concentration en silice dissoute à l'interface verre / gel

En 1985, Grambow propose un mécanisme basé sur la théorie de l'état de transition dans lequel seule l'activité de l'acide orthosilicique contrôle la dissolution du verre. Cette loi est caractérisée par :

$$v = v_0 \, [1 - \frac{(a_{SiO4})}{(a_{SiO4})_{sat}}]$$

où v_0 : vitesse de dissolution initiale prise indépendamment du pH en $g.m^{-2}.j^{-1}$

       a_{SiO4} : activité en acide orthosilicique dissous

       $(a_{SiO4})_{sat}$: activité en acide othosilicique dissous à saturation

En introduisant l'influence du pH sur la vitesse de dissolution initiale du verre R7T7 proposée par Advocat en 1991, la loi cinétique peut donc être décrite par une loi du premier ordre qui s'écrit :

$$v = k_+ [H^+]^{-0,39} [1 - \frac{a_{SiO_4}}{(a_{SiO4})_{sat}}]$$

k_+ est la constante cinétique, $k_+ = 7.22 \ 10^{-9} g.m^{-2} .j^{-1}$ à 90°C

L'activité en acide orthosilicique à saturation à 90°C varie selon les auteurs : $10^{-2,94}$ pour Grambow (1988), $10^{-2,8}$ pour Vernaz (1989) ou encore $10^{-3,1}$ pour Advocat (1991).

Cependant, cette loi a été remise en question car de nombreux auteurs ont observé une vitesse résiduelle faible même après saturation en silice.

III.3.2. Le modèle de Bourcier et al. (1990)

En 1990, Bourcier réalise des expériences de dissolution du verre SRL 165 dans une solution de NaHCO$_3$ 3.10^{-3} M à différentes températures. Elles lui permettent de réaliser un modèle dans lequel la vitesse de dissolution du verre est contrôlée par la vitesse de dissolution du gel. En effet, après l'échange ionique et l'hydrolyse du réseau silicaté, il se forme des sites silanols qui se recondensent pour former le gel. Celui-ci réagit avec l'eau au niveau de l'interface solution / gel et libère ainsi l'acide orthosilicique. La cinétique de dissolution du gel est l'étape limitante et tous les composés concentrés dans le gel affectent la dissolution du verre. Pour le calcul du produit de solubilité, le gel est considéré comme une solution solide idéale de composés amorphes et d'hydroxydes. La composition moyenne dans la couche de diffusion, le gel et les phases secondaires est calculée en déterminant la différence entre la perte de masse normalisée mesurée dans la solution et celle calculée en considérant une dissolution stoechiométrique.

La vitesse de dissolution du gel s'écrit sous la forme :

$$\frac{dc_i}{dt} = \frac{S}{V} \ v \ k. \ (1 - \frac{Q}{K})$$

Avec c_i : concentration de l'élément i en solution en mg.cm^{-3}

t : temps en s

S/V : rapport surface de verre sur volume de solution en cm^{-1}

v : coefficient stoechiométrique de l'élément i dans le gel

k. : constante cinétique, k. = 6.1 .10^{-9} mg.cm^{-2}.s^{-1}

Q : produit des activités ioniques caractérisant la solubilité du gel

K : produit de solubilité du gel, les principales phases retenues pour le calcul étant SiO_2 amorphe, $Fe(OH)_3$ amorphe, la gibbsite $Al(OH)_3$, la portlandite $Ca(OH)_2$ et la brucite $Mg(OH)_2$.

Selon les auteurs, ce modèle doit être amélioré en utilisant des données thermodynamiques meilleures pour la couche d'altération, en tenant compte de toutes les phases secondaires formées pendant les expériences et enfin en ayant une meilleure caractérisation de la couche d'altéaration (SIMS, NRA).

III.3.3. Le modèle de Delage et al. (1992)

Des expériences en statique menées sur le verre R7T7 à faibles températures avec un rapport S/V de 50 m^{-1} afin de reproduire les expériences de Noguès (1984) et de Fillet (1986) ainsi que sous conditions hydrothermales pour comparer avec les travaux de Fillet (1986) et Caurel (1990) ont permis à Delage de mettre en évidence une loi linéaire de rétention du silicium dans la pellicule d'altération. Elle est du type :

$$f = a + b \, C_{Si}^{tot}$$

où C_{Si}^{tot} : concentration en silicium dans la solution homogène en g.m^{-3}

a et b : constantes

Le caractère général de cette loi a été confirmé par des expériences en dynamique pour des températures inférieures à 100°C. Le pouvoir protecteur du gel a donc été pris en compte en intégrant à la loi de Grambow (1985) la diffusion du silicium dans le gel de la façon suivante :

$$v = v_0 \frac{\left[1 - \dfrac{C_{Si}^{tot}}{C_{Si}^*}\right]}{1 + v_0 \dfrac{(1-f)C_{Si}^v \cdot x}{D_{Si} C_{Si}^*}}$$

avec C_{Si}^* : concentration en silicium à saturation en $g.m^{-3}$

C_{Si}^v : concentration en silicium dans le verre en $g.m^{-3}$

x : épaisseur de verre altéré en m

D_{Si} : coefficient de diffusion apparent du silicium dans le gel en $m^2.s^{-1}$

A l'exception du facteur de rétention de silice f, cette expression est donc similaire à celle proposée par Grambow et al. (1986, 1987).

Les limitations de ce modèle résultent du fait que les coefficients de diffusion apparents du silicium dans le gel sont définis sur des temps courts, que la constante de solubilité du verre R7T7 n'est pas définie à d'autres températures que 90°C et que la loi de rétention du silicium dans le gel est de nature empirique.

III.3.4. Le modèle d'Advocat et al. (1998)

Advocat et al. (1998) remettent en cause la loi du premier ordre sans toutefois contredire le rôle majeur de la silice sur la vitesse d'altération. En effet, lors d'expériences à 90°C en mode statique sur le verre SON 68, ils ont observé que la concentration en acide silicique n'augmentait pas de façon linéaire quand la vitesse d'altération diminuait. Ils ont donc reconsidéré les notions d'affinité réactionnelle et de solubilité du verre. Pour cela, la limite de solubilité est estimée comme la somme des solubilités de chaque oxyde constituant le verre pondérée par sa fraction molaire d'où les expressions :

$$\text{Log K}_{eq} = \sum_i x_i \log K_i + \sum_i x_i \log x_i$$

Et $\Delta G_r = \sum_i x_i \Delta G^\circ_{i,r} + RT \sum_i x_i \ln x_i$ avec $\Delta G^\circ_{i,r}$, l'énergie libre standard de réaction Cette relation est similaire à celle proposée par Paul (1977) ou Jantzen et Plodinec (1984) à l'exception du second terme.

Les auteurs ont montré que la vitesse d'altération diminue progressivement quand ΔG_r augmente, ce qui suggère qu'il faut prendre en compte tous les constituants du verre et pas seulement la silice pour déterminer la solubilité de la meilleure façon possible. Toutefois, l'hypothèse de solubilité totale fournit une relation qualitative entre le progrès de la réaction et les vitesses d'altérations expérimentales plutôt que quantitative.

III.3.5. Le modèle Abraitis et al. (1999)

En 1999, Abraitis et al. cherchent à comprendre le rôle de l'aluminium et du silicium dans le processus de dissolution du Magnox simulé dans un système dynamique à 40°C avec une solution d'altération dont le pH est compris entre 9,5 et 10,5. En plus du rôle de la silice, la précipitation d'une phase secondaire ou la présence de ligand organique jouent sur la solubilité de l'aluminium et influencent la vitesse de dissolution du verre. Les effets de l'aluminium et du silicium sont donc modélisés en utilisant un terme d'affinité combiné Al/Si dans la loi conventionnelle de dissolution basée sur la théorie de l'état de transition et incluant les effets cinétiques et thermodynamiques.

La formulation de la loi cinétique est la suivante :

$$R = R_0 \left(1 - \frac{a^{0,06}_{Al(OH)_4} \times a^{0,51}_{H_4SiO_4}}{K}\right)$$

Où R : vitesse de dissolution du verre en $g.m^{-2}.j^{-1}$

R_0 : constante de vitesse apparente sous ces conditions expérimentales en $g.m^{-2}.j^{-1}$

$R_0 = 0,21\ g.m^{-2}.j^{-1}$

K : constante d'équilibre ; K = 0,012

$a^{0,06}_{Al(OH)_4}$ et $a^{0,51}_{H_4SiO_4}$: produit des activités de l'espèce aluminée et de l'acide orthosilicilique

Dans cette gamme de pH, Al est sous la forme prédominante $Al(OH)_4^-$ et les coefficients 0,06 et 0,51 correspondent aux fractions molaires de Al et du Si dans le verre sain.

Gin (1996) remet également en cause l'idée que l'affinité de la réaction serait basée sur un complexe activé critique purement siliceux et reporte des résultats similaires avec le verre R7T7.

Cependant, ce modèle utilisant un terme d'affinité combiné de Si et de Al est appliqué dans un milieu alcalin où la concentration en aluminium en solution est contrôlée par le développement de phases secondaires aluminosilicatées.

III.3.6. Conclusion

De nombreux modèles ont donc été proposés depuis les années 80. Toutefois, dans le cadre d'un éventuel stockage en profondeur, il est nécessaire de trouver un modèle commun. Actuellement deux modèles sont mis en avant : le modèle r(t) et le modèle GM2001. Ils sont présentés dans le chapitre suivant.

CHAPITRE IV : MODELISATION

IV.1. LES MODELES ACTUELS

Mathématiquement, les modèles r(t) et GM2001 sont basés sur la loi cinétique du premier ordre qui n'est pas appliquée sur la composition du verre mais sur une composition modifiée du verre. Dans les deux modèles, elle est couplée avec la diffusion et la rétention de silice dans le gel. La principale différence entre ces modèles est la considération explicite d'un verre hydraté désalcalinisé entre le verre et le gel dans le modèle GM2001.

IV.1.1. Le modèle r(t) (Ribet et al)

Le modèle r(t) considère les processus cinétiques comme prédominants. En effet, la diminution de la vitesse d'altération, observée expérimentalement, est considérée comme étant due à la formation du gel.

IV.1.1.1. Schéma du modèle r(t)

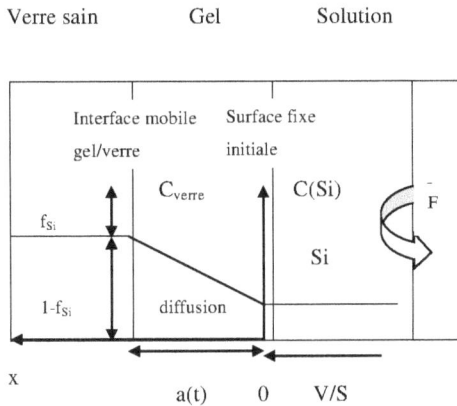

IV.1.1.2. Hypothèses et équations du modèle r(t)

Dans ce modèle, certains éléments sont retenus dans le gel, d'autres sont complètement relâchés dans la solution comme, par exemple, le bore qui est un traceur de la corrosion et qui est décrit comme tel. Le modèle considère également que le relâchement des radionucléides est congruent.

Pendant la dissolution, la position de l'interface solution / gel reste fixe au cours du temps. La dissolution du verre est donc considérée comme étant un processus isovolumique. Les dynamiques d'altération sont décrites par la progression du front d'altération où le verre est transformé en gel. Une origine x = 0 est choisie à l'interface gel / solution. L'épaisseur du gel au temps t est désignée par a(t) et toutes les positions sont définies par leur distance x par rapport à l'interface fixe gel / solution.

La silice hydrolysée entrant dans le gel à l'interface gel / verre sain (position a(t)) est transportée par diffusion à travers le gel. Le transport par diffusion est décrit par la seconde équation de Fick :

$$\delta_t C(x,t) = D_g \frac{\delta^2 C}{\delta^2 x}$$

Avec C(x,t) : concentration en silicium dans le gel en $g.m^{-3}$

D_g : coefficient de diffusion de la silice dans le gel en $m^2.s^{-1}$

D_g est le **premier paramètre** du modèle r(t)

Cette équation dépend des conditions expérimentales et sa résolution se fait en considérant que le gradient de concentration dans le gel est constant.

NB : l'axe des x étant positif dans le sens gel /solution et la diffusion se faisant dans le sens inverse le signe – n'a pas lieu d'être.

La conservation de la silice à l'interface solution / gel (position x = 0) permet d'obtenir une des conditions limites. Lors d'une expérience menée avec une surface de verre S (m^2) et un volume V (m^3) renouvelé avec un flux F ($m^3.s^{-1}$), elle s'écrit :

$$d_t C(x=0,t) = D_g \frac{S}{V} \left(\frac{\delta C}{\delta x} \right)_{x=0} - FC(x=0,t)$$

La dissolution de la matrice r(t) est donnée par une loi de dissolution du premier ordre du type :

$$\left(\frac{\partial a}{\partial t} \right) = r(t) = r_0 \left(1 - \frac{C(x = a(t),t)}{C*} \right)$$

Avec r_0 : vitesse de dissolution maximale en $m.s^{-1}$

C^* est interprété comme un paramètre d'interaction avec le verre, le gel et la solution $(g.m^3)$. Il correspond à la concentration au niveau du front d'altération $c(x = a(t),t)$ à laquelle la transformation du verre en gel cesse. C'est le **second paramètre** du modèle.

La conservation de la masse à l'interface gel / verre sain donne la condition limite à x = a(t) :

$$-D_g \left(\frac{\delta C}{\delta x} \right)_{x=a(t)} = - [1 - f_{Si} (C(x = a(t),t))] \, C_g \, r(t)$$

Avec $f_{Si} (C(x=a(t),t))$: fraction de silice hydrolysée retenue dans le gel

$1 - f_{Si} (C(x=a(t),t))$: fraction de silice hydrolysée entrant dans les pores du gel

$C_{g,Si}$: concentration en silicium dans le verre en $g.m^{-3}$

La fonction de rétention $f_{si} (C(x=a(t),t))$ reflète le bilan entre les cinétiques d'hydrolyse et les cinétiques de recondensation. C'est une fonction croissante de la concentration en silice de la solution. Elle s'exprime par une loi du type :

$$f_{Si} (C(x = a(t),t) = 1 - \exp (-\alpha \, C(x = 0,t))$$

α est le **troisième paramètre** du modèle $(g^{-1}.m^3)$.

Cette relation assure que la silice n'est pas retenue dans le gel quand la concentration de silice en solution est nulle. En revanche, si cette concentration est grande, presque toute la silice est retenue.

Dans ce modèle, les trois paramètres D_g, C^*, α ne sont pas des propriétés intrinsèques du verre mais des propriétés du système verre / gel qui sont corrélées. Ainsi, si α est grand, la fraction recondensée f_{Si} ($C(x=a(t),t)$) est également grande ce qui entraîne une faible porosité du gel et donc un coefficient de diffusion et une vitesse de dissolution faible.

IV.1.2. Le modèle GM2001 (Grambow et Müller, 2001)

Dans ce modèle, la dissolution est le résultat de deux réactions parallèles à savoir la diffusion de l'eau et la dissolution congruente à l'interface gel / couche de diffusion des constituants du verre. Ces éléments diffusent ensuite à travers le gel.

IV.1.2.1. Schéma du modèle

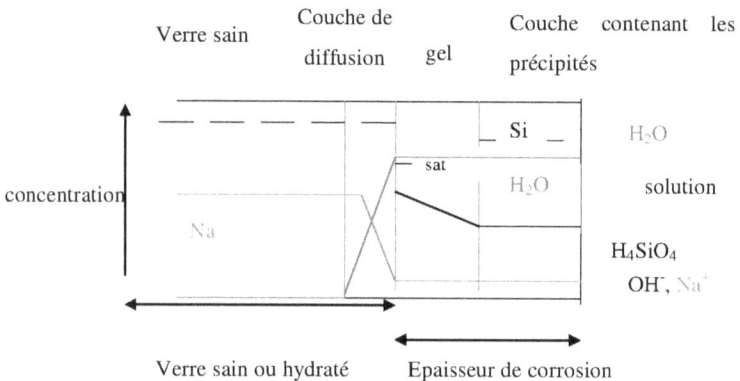

A l'interface verre sain / gel, une couche de verre hydraté est formée avec des profils de diffusion dans des directions opposées pour les molécules d'eau, les ions alcalins et le bore.

IV.1.2.2. Hypothèses et équations du modèle

Tout comme dans le modèle r(t), pendant le transport des éléments à travers le gel vers la solution, certains sont retenus et d'autres complètement relâchés. La dissolution du verre est également considérée comme isovolumique : la position de l'interface gel / solution reste fixe au cours du temps, c'est l'origine x = 0. L'épaisseur du gel est définie par L(t) et toutes les positions sont identifiées par leur distance x par rapport à l'interface fixe gel / solution. La vitesse de dissolution du verre est définie par rapport à l'épaisseur du gel par U(t) = dL/dt.

Le modèle prend en compte la pénétration de l'eau qui est à l'origine de la dissolution de la matrice et de l'échange ionique. Elle est décrite par une équation advection / dispersion / réaction du type:

$$\frac{\delta C_{H_2O,verre}}{\delta t} = D_{H2O, eff} \frac{\delta^2 C_{H_2O,verre}}{\delta x^2} - U(t) \frac{\delta C_{H_2O,verre}}{\delta x} - k \, C_{H_2O,verre}$$

Avec $C_{H2O, verre}$: concentration des molécules d'eau libres dans le verre qui dépend de la distance et du temps en $kg.m^{-3}$

$D_{H2O,eff}$: coefficient de diffusion effectif de l'eau dans le verre non altéré en $m^2.s^{-1}$

x : distance de l'interface verre / solution en m

U(t) : vitesse de dissolution de la matrice en $m.s^{-1}$

k : constante de vitesse de l'immobilisation partielle des molécules d'eau de part la formation de silanols en $kg.m^{-2}.s^{-1}$

Les conditions limites sont :

$C_{H2O, verre}$ = 0 pour x > 0 à t = 0, $C_{H2O, verre}$ = constante pour x = 0 à tout instant

$C_{H2O, verre}$ à x = 0 peut s'exprimer dans différentes unités. Dans un contexte thermodynamique, elle caractérise la force motrice du processus de transport et serait égale à l'activité de l'eau dans la phase aqueuse adjacente. Dans des unités de concentration, elle peut être assimilée à la concentration molaire de l'eau dans la phase aqueuse multipliée par la fraction molaire maximale de la porosité (égale à 0,2).

Le transport par diffusion est décrit par :

$$\frac{\delta m_{Si}}{\delta t} = D_{Si} \frac{\delta_2 m_{Si}}{\delta x^2}$$

avec m_{Si} : molalité de la silice dissoute en mol.kg^{-1}

D_{Si} : coefficient de diffusion de la silice dans le gel en m^2.s^{-1}

A l'interface gel / couche de diffusion, la vitesse de dissolution est donnée par U(t) qui est fonction du temps et des variables environnementales. Son expression est basée sur l'affinité, la théorie de l'état de transition, une loi du premier ordre.

$$U(t) = \frac{\delta L}{\delta t} = \frac{k_+(T)}{\rho_{verre}} \left(1 - \frac{a_{Si}}{K_{SiO_2}(T)} \right)$$

Avec k_+ : constante de vitesse en kg.m^{-2}.s^{-1}

ρ_{verre} : densité du verre en kg.m^{-3}

a_{Si} : activité de l'acide silicique sans unité

$K_{SiO_2}(T)$: constante à saturation sans unité

L'activité a_{Si} s'exprime par :

$$a_{Si} = \gamma_i \frac{m_{Si}}{m_{ref}}$$

avec γ_i : coefficient d'activité de la silice dissoute sans unité

m_{Si} : molalité de la silice dissoute en mol.kg^{-1}

m_{ref} : molalité de référence égale à 1 mol.kg^{-1}

Le flux des constituants dissous du verre est égal au flux traversant le gel considéré comme barrière.

$$-\phi\, D_{Si} \left(\frac{\delta m_{Si,int}}{\delta L} \right) \rho_{sol} = k_+ \, FS \, \beta \left(1 - \frac{a_{Si}}{K_{SiO_2}} \right)$$

Avec ϕ : porosité du gel sans unité

D_{si} : coefficient de diffusion de l'acide silicique dans le gel en $m^2.s^{-1}$

m_{si} : molalité de la silice dissoute à l'interface gel / couche de diffusion en mol.kg^{-1}

ρ_{sol} : densité de la solution en kg.m^{-3}

FS est le facteur de conversion pour passer du kg.m^{-2}.s^{-1} en mol Si.m^{-2}.s^{-1}, il s'exprime en mol.kg^{-1} :

$$FS = f_{si} \, \frac{(1 - f_{ret})}{M_{SiO_2}}$$

Avec f_{si} : fraction molaire de la silice dans le verre sain

f_{ret} : facteur de rétention de la silice dans les produits secondaires ou à la surface du verre (constante sans unité)

M_{SiO2} : masse moléculaire de SiO_2 en kg.mol^{-1}

Le rapport β sans unité est caractérisé par la relation :

$$\beta = \frac{s_r}{s}$$

avec s_r : surface totale en m^2

s : surface perpendiculaire au transfert de masse en m^2

La concentration en acide silicique est considérée comme constante à une distance définie de la surface de verre dissous d'où l'équation :

$$\frac{\delta\,m_{Si}}{\delta\,L} = \frac{(m_{Si,CCB} - m_{Si,int})}{L}$$

Pour une couche d'altération d'épaisseur L, l'effet de la diffusion sur la loi d'affinité ou sur la loi cinétique du premier ordre peut être obtenu en combinant les équations ci-dessus et mène à la vitesse d'altération du verre suivante :

$$r_{verre}(t) = k_+(T)\left(1 - \frac{k_+(T)\,FS\beta L + D_{Si}(T)\,m_{Si,CCB}\,\rho_{sol}}{K_{SiO_2}(T)\,\Phi\,D_{Si}(T)\,\rho_{sol} + k_+(T)\,FS\,\gamma_{Si.}\,\beta\,L}\gamma_{Si}\right)$$

CHAPITRE V : IRRADIATION

Dans le cadre du stockage des déchets nucléaires hautement radioactifs, les effets des radiations sur les matrices de confinement sont importants à étudier. Dans ce bref chapitre, nous rappelons les interactions qui existent entre les rayonnements et la matière puis nous détaillons les effets de ces rayonnements sur les propriétés physiques et chimiques des verres. Nous rappelons également le phénomène de radiolyse de l'eau et de l'air.

V.1. INTERACTIONS RAYONNEMENT - MATIERE

V.1.1. Mode d'interaction des particules chargées lourdes type proton, deuton, alpha

Les interactions des particules lourdes chargées, provenant du rayonnement des déchets radioactifs, avec la matière se font principalement avec les électrons (Figure V-1). Elles sont de deux types : coulombiennes élastiques et inélastiques. Les interactions coulombiennes inélastiques représentent le mode dominant d'interaction. Dans ce cas, la particule incidente cède une partie de son énergie cinétique aux électrons des atomes du milieu, ce qui peut conduire soit à une ionisation soit à une excitation. Compte tenu de la différence de masse entre la particule incidente et l'électron, la trajectoire de la particule incidente est peu modifiée.

L'interaction avec le noyau atomique est un phénomène secondaire : il peut y avoir interaction avec le champ coulombien du noyau, ce qui conduit soit à une diffusion élastique avec changement de direction soit à une diffusion inélastique radiative. Dans ce dernier cas, la particule chargée est déviée dans le champ du noyau et émet un rayonnement électromagnétique dit de freinage.

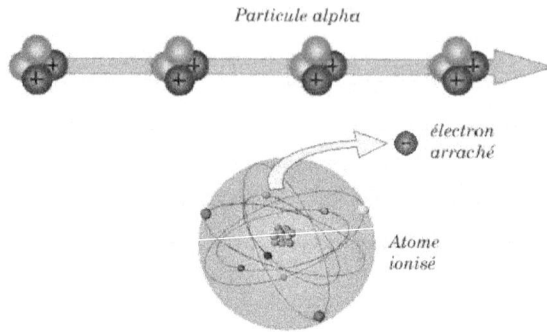

Figure V-1 : *Interactions des particules lourdes avec la matière (document CEA).*

V.1.2. Mode d'interaction des particules chargées légères type β^-, β^+

Les interactions des électrons avec la matière se font avec les électrons atomiques, les noyaux, et les atomes (Figure V-2).

1) Interactions avec les électrons atomiques : il s'agit essentiellement de collisions inélastiques conduisant à une excitation ou à une ionisation de l'atome rencontré et à une perte d'énergie correspondante par la particule incidente. Etant donné la similarité des masses des particules impliquées, la déviation de trajectoire peut être importante.

2) Interactions avec les noyaux atomiques : il s'agit de diffusion inélastique radiative dans le champ coulombien du noyau. L'électron dévié dans le champ du noyau rayonne de l'énergie sous forme de rayonnement et de freinage.

3) Interactions avec les atomes : il s'agit de diffusion inélastique conduisant à une perte d'énergie et à une déviation de trajectoire plus faible que dans le processus d'interaction avec les électrons atomiques.

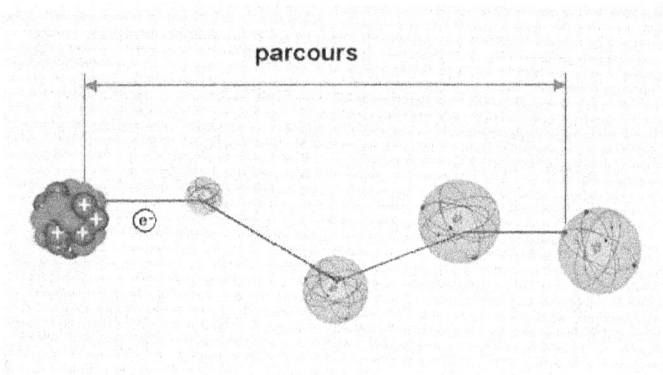

Figure V-2 : *Interaction des particules légères avec la matière (document CEA).*

V.1.3. Mode d'interaction des photons gamma

Les interactions entre les photons gamma et la matière sont étudiées en faisant appel à la notion d'énergie $E = h\nu$, l'aspect ondulatoire étant secondaire.

Un faisceau peut interagir :
- avec les noyaux : production de paires, réactions photonucléaires, diffusion Thomson
- avec les électrons : effet photoélectrique, effet Compton, diffusion Thomson et Rayleigh

V.1.3.1. L'effet photoélectrique

Il correspond à une cessation totale de l'énergie du photon à un électron atomique. Le photon disparaît complètement et l'électron se trouve éjecté avec une énergie cinétique E donnée par la conservation de l'énergie :

$$h\nu = E + E_{liaison} \text{ avec } E_{liaison}, \text{ énergie de liaison de l'électron dans l'atome}$$

La conséquence est la réorganisation du cortège électronique avec soit un photon de fluorescence soit l'éjection d'électron Auger. Le photoélectron, directement ionisant, mis secondairement en mouvement par le rayonnement gamma, indirectement ionisant, va perdre son énergie cinétique E essentiellement par ionisation, excitation et peu par énergie de freinage sauf si son énergie est grande.

V.1.3.2. Effet Compton

Dans l'effet Compton, une partie seulement de l'énergie du photon est cédée à un électron libre ou lié (Figure V-3). Un nouveau photon apparaît émis dans une direction qui par rapport à celles du photon incident et de l'électron éjecté permet la conservation de la quantité de mouvement.

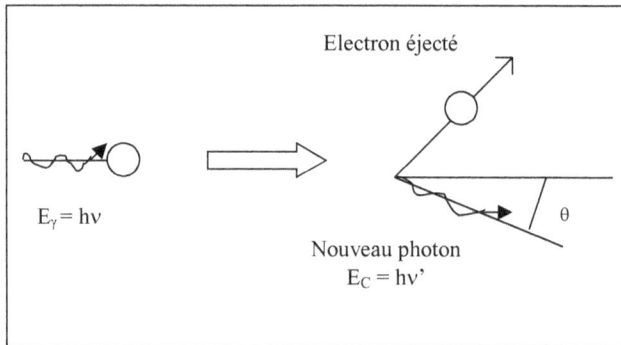

Figure V-3 : Effet Compton.

V.1.3.3. Production de paires e^+, e^-

Le mécanisme de production de paires n'intervient que pour des photons dont l'énergie est supérieure à 1,02 MeV. Dans le champ électrique du noyau, le photon incident donne naissance à un 'électron positif' ou positon et un électron négatif de 0,511 MeV avec conservation de la charge et de l'énergie.

V.1.3.4. Réactions photonucléaires (γ, n ; γ, p)

Pour produire des réactions photonucléaires, il faut une énergie de quelques MeV. La probabilité est 1000 à 100000 fois plus faible que celle des interactions avec les électrons du milieu.

V.2. EFFETS DES IRRADIATIONS SUR LES VERRES

Les radiations peuvent entraîner des changements structuraux qui peuvent être mesurables par des analyses spectroscopiques fines. Ainsi, la spectroscopie Raman, après irradiation bêta à l'aide d'un accélérateur Van de Graaf sur trois types de verre avec trois doses différentes, a mis en évidence une augmentation du rapport Q_3 / Q_2 (1100 cm^{-1} / 980 cm^{-1}) c'est à dire une augmentation de la polymérisation causée par le processus de migration du sodium (Chah et al.). La même conclusion a été établie pour l'irradiation de verres aluminosilicatés avec des ions hélium une fois chargés et des ions krypton trois fois chargés. Toutefois, la polymérisation est moins importante si l'irradiation se fait avec du Krypton (Abbas et al., 2000). Des irradiations bêta réalisées sur des verres CaO-Al$_2$O$_3$-SiO$_2$ ont montré qu'il n'y a pas de changements structuraux significatifs pour une dose maximale de 4.10^9 Gy. Les auteurs pensent que la migration des alcalins et des alcalino-terreux est réduite car ils sont dans l'environnement de l'aluminium pour compenser les charges dues à la substitution de Si^{4+} par Al^{3+}. La présence de Al$_2$O$_3$ semble limiter les changements structuraux. Boizot et al. (2001) ont étudié l'influence de la dose, du débit de dose et de la température de l'irradiation alpha sur des verres nucléaires simplifiés par spectroscopie de résonance paramagnétique. L'irradiation est faite à fort flux 2.10^4 Gy.s^{-1} et à température ambiante ce qui diffère des conditions de stockage où le flux attendu est de quelques Gy.s^{-1} et la température de 400°C. Tout comme lors de l'irradiation bêta, une augmentation de la polymérisation, une production de O$_2$ et l'apparition de défauts paramagnétiques sont observées. La concentration totale des défauts n'augmente pas quand la dose augmente, il y a saturation à partir de 10^4 Gy. Le débit de dose a également peu d'influence.

Des changements de volume ont également été constatés par Weber et Roberts (1983) ou encore Day (1985) dont les expériences portaient sur des verres nucléaires dopés avec des actinides. Les changements de volume sont déterminés à partir de mesure de densité et suivent généralement une loi exponentielle dépendante de la dose. Antonini et al. (1980) et Sato et al. (1988) observent aussi une augmentation du volume du verre après irradiation neutronique. Des études d'irradiation gamma menées par Bibler (1982), Weber (1988) et Sato (1984) ont montré un faible changement de volume de l'ordre de 0,1% tandis que Shelby (1980) détermine un taux de compaction de 1%. Sato et al. (1984) et Manara et al. (1984) ont observé une augmentation du volume du verre de 50% en menant des irradiations avec des électrons. Ces changements de volume, dus à la formation de bulles de gaz ou aux déplacments atomiques ou encore aux dommages de l'ionisation, peuvent affecter l'intégrité des verres nucléaires et donc influencer les vitesses de relâchements des radioéléments.

Les radiations sont également responsables de la formation de bulles de gaz. Ainsi, la capture de deux électrons par une particule alpha permet la formation d'hélium. Hall et al. (1976), Turcotte (1976), Malow et Andresen (1979) et Malow et al. (1980) ont conclu de leurs travaux que l'hélium généré s'accumule dans le verre et que, seule une fraction est relâchée à température ambiante. Lors d'irradiation avec des électrons obtenus à l'aide d'un microscope électronique sous haut voltage afin de simuler l'irradiation bêta, Hall et al. (1976) ont également mis en évidence la formation de bulles d'oxygène. De nombreuses études sous irradiation avec un faisceau d'électrons (Todd et al., 1960 ; Manara et al., 1982 ; Sato et al., 1983 ; DeNatale et Howitt, 1984 ; Arnold, 1985, DeNatale et al., 1986 ; Heuer et al., 1986 ; Heuer, 1987), avec un faisceau d'ions (DeNatale et al., 1986 ; DeNatale et Howitt, 1987 ; Heuer, 1987), ou encore sous irradiation gamma (DeNatale et Howitt, 1987 ; Heuer, 1987, Howitt et al., 1991) ont confirmé la présence de bulles d'oxygène. Les travaux de Inagaki et al. (1992) confirment l'hypothèse de Weber selon laquelle les expansions de volume sont essentiellement dues à la formation de bulles de gaz comme de l'hélium provenant de la désintégration alpha ou de l'oxygène créé par la décomposition radiolytique. Plusieurs études ont montré que les cinétiques du processus de formation des bulles sont corrélées au déplacement des cations alcalins et pas à celui de l'oxygène (Laval et Westmacott, 1980 ; DeNatale et Howitt, 1984). La formation est causée par la décomposition radiolytique de certains oxydes du verre, suivi par la migration des cations dans le verre et la précipitation locale des molécules d'oxygène (Howitt et al. 1991).

Il est aussi reconnu que les irradiations induisent des changements des propriétés mécaniques. Ainsi, pour des verres dopés avec du ^{238}Pu et du ^{244}Cu, Inagaki et al. (1993) observent une diminution exponentielle de la dureté et du module de Young avec la dose alors que les fractures augmentent de façon exponentielle. Une diminution similaire de la dureté est mise en évidence dans les travaux de Bonniaud et al. (1979). Les expériences de Weber et Matzke (1987) et Routbort et Matzke (1983) rapportent une augmentation des fractures au cours d'expériences sous irradiation alpha. Zdaniewski et al. (1983) ont montré que l'irradiation gamma d'un verre borosilicaté commercial ne change pas ses propriétés mécaniques de façon appréciable si la dose est inférieure à 10^8 Gy. L'effet de l'irradiation gamma pour des doses équivalentes à plus d'un an de stockage n'est pas connu.

Les irradiations peuvent aussi changer la vitesse de relâchement des radionucléides en augmentant la surface et en changeant la vitesse de dissolution du verre. Toutefois, les dommages dus à l'irradiation augmentent la solubilité au plus d'un facteur trois comme l'ont montré les expériences de Turcotte (1981), Burns (1982) et Weber et Roberts (1983) concernant l'influence de l'irradiation alpha sur la vitesse de dissolution du verre. Cette vitesse peut être sous estimée d'un facteur 3 voir 4 à cause de la précipitation de phases d'altération. Dans les expériences d'irradiation par des ions (Manara et al., 1982 ; Dran et al., 1982 ; Primak, 1982), d'irradiation par des neutrons (Cousens et Myhra, 1988) ou encore d'irradiation gamma (Grover, 1973 et Bibler, 1982), la vitesse a été multipliée par au plus un facteur 4. En 1990, Bibler a montré que pour une dose gamma de $3,1.10^8$ Gy, il n'y avait pas d'augmentation mesurable.

V.3. RADIOLYSE DE L'EAU ET DE L'AIR

L'irradiation en présence d'une solution aqueuse provoque un phénomène bien connu : la radiolyse de l'eau. Elle conduit à la formation d'espèces radicalaires et moléculaires primaires par excitation électronique et ionisation de l'eau. Les espèces formées sont l'électron hydraté e^-_{aq} (accompagné d'un nombre équivalent d'ion H^+), les radicaux hydroxyl $OH^\bullet$ et hydropéroxyl $HO_2^\bullet$, les molécules de dihydrogène H_2 et de péroxyde d'hydrogène H_2O_2. L'efficacité de formation ou de destruction des produits radiolytiques est exprimée par le rendement radiolytique G qui correspond aux nombres de molécules formées ou détruites lors de l'absorption de 100 eV de l'énergie de la radiation. Elle peut se calculer à partir de l'expression ci-dessous :

$$G = C / D$$

Avec C : concentration de l'espèce formée ou détruite lors de la radiolyse en $mol.L^{-1}$
ou $mol.kg^{-1}$
D : dose en Gy ou $J.kg^{-1}$

Le rendement radiolytique est exprimé en $mol.J^{-1}$, il peut être converti en molécules formées ou détruites pour 100 eV en utilisant le facteur de conversion 1 molécule / 100 $eV = 1,036.10^{-7}\ mol.J^{-1}$. Il a été mis en évidence que lors de l'irradiation gamma de l'eau, les rendements radiolytiques des espèces radicalaires sont plus grands que ceux des espèces moléculaires et inversement lors de l'irradiation alpha (Tableau V-1).

Espèces	OH	e^-_{aq}	H^+	H	H_2	H_2O_2	OH^-	H_2O	O_2^-
Gamma	2,67	2,66	2,76	0,55	0,45	0,72	0,1	-6,87	0
Alpha	0,24	0,06	0,3	0,21	1,30	0,985	0,02	-2,71	0,22

Tableau V-1 *: Rendements radiolytiques obtenus lors de l'irradiation alpha et gamma de l'eau neutre (Carver, 1979).*

Les produits primaires sont utilisés dans des réactions secondaires bien connues qui conduisent entre autre à la formation de O_2^- et O_2. Les concentrations des produits radicalaires secondaires dépendent des rendements radiolytiques primaires, du débit de dose, du temps d'irradiation et de la présence de solutés. Les produits moléculaires comme l'hydrogène et l'eau oxygénée ont une influence importante puisqu'ils réagissent rapidement avec les radicaux pour reformer de l'eau ou de nouvelles espèces radicalaires. Quand les produits radiolytiques stables ne peuvent pas s'échapper, un équilibre dynamique peut s'établir dans lequel l'eau est détruite par la radiolyse et recombinée dans les réactions secondaires. Un état stationnaire entre toutes les espèces réactives est atteint.

Mc Vay et Buckwalter (1980) ont déterminé que la radiolyse de l'eau par irradiation gamma avec un débit de dose de $2,4.10^4$ Gy engendrait une augmentation d'un facteur 2 de la vitesse de dissolution du verre.

Il a été également mis en évidence que l'acidité de la solution augmentait quand elle était en contact avec de l'air à cause de la formation de HNO_3. Or, il est connu qu'une diminution de pH entraîne une augmentation de la vitesse de dissolution (Wright et al., 1956 ; Linacre et Marsh, 1981). La concentration en nitrate formé pour une dose constante, à température et pression constantes, en présence d'un volume d'air défini est proportionnelle au rapport du volume de gaz sur le volume de solution pour des rapports variant entre 0,15 et 200 ainsi qu'à la dose (jusqu'à $2,3.10^7$ Gy). Toutefois, l'irradiation ne produit pas de changement mesurable pour les nitrates ou les nitrites en solution jusqu'à des doses de 6.10^4 Gy.

Il a été constaté que même en absence d'air, une augmentation de la vitesse peut être observée avec un pH plus basique à cause de l'augmentation des radicaux créés par la radiolyse de l'eau (McVay et Pederson, 1981). Ces radicaux rentreraient en collision avec la surface du verre et entraîneraient le départ des atomes; la probabilité de collision dépendant de la concentration et de la vélocité des radicaux.

CHAPITRE VI : METHODES EXPERIMENTALES ET ANALYTIQUES

VI.1. EXPERIENCES D'ALTERATION DU VERRE SON 68 EN MODE DYNAMIQUE

VI.1.1. Composition des solutions d'altération

Une solution synthétique enrichie en silicium, bore et sodium a été fabriquée. Pour cela, nous nous sommes basés sur les résultats expérimentaux de Tovena (1995) obtenus lors de l'altération de la poudre du verre SON 68 (plage granulométrique 40-50 µm) en mode statique à 90°C dans de l'eau pure. La durée de l'expérience était de 189 jours et le rapport S/V utilisé de 20000 m^{-1}. Ces résultats sont reportés dans le tableau VI-1.

Jours	NL(Si)	NL(B)	NL(Na)	NL(Li)	NL(Mo)	pH
189	0,03	0,433	0,420	0,660	0,193	9,52

Tableau VI-1 : Pertes de masse normalisées en g.m^{-2} après 189 jours d'altération du verre SON 68 en mode statique à 90°C (moyenne de trois analyses) ; Tovena, 1995.

En mode statique, la perte de masse normalisée s'exprime par la relation suivante :

$$NL(i) = \frac{C(i) \times fc}{\% \, oxyde\,(i) \, du \, verre \times S/V}$$

Avec   NL(i) : perte de masse normalisée en g.m^{-2}

C(i) : concentration en solution de l'élément i en mg.L^{-1}

S/V : rapport surface de verre sur volume de solution en m^{-1}

fc : facteur de conversion élément-oxyde ; $fc = \dfrac{masse \, molaire \, de \, l'oxyde \times 100}{masse \, molaire \, de \, l'élément}$

A partir de cette formule, les concentrations des éléments ont été calculées. Elles sont indiquées dans le tableau VI-2. Le lithium et le molybdène ne sont pas introduits dans la solution synthétique de façon à suivre leur relâchement du verre au cours de l'altération. Ils sont remplacés par du sodium.

Oxyde	% massique dans le verre SON 68	NL $(g.m^{-2})$	fc	S/V (m^{-1})	Concentration de l'élément $(mg.L^{-1})$
SiO_2	45,48	0,03	2,14	2.10^4	127,5
B_2O_3	14,02	0,433	3,18	2.10^4	381,5
Na_2O	9,86	0,420	1,35	2.10^4	613,5
Li_2O	1,98	0,660	2,14	2.10^4	122,1
MoO_3	1,7	0,193	1,5	2.10^4	43,7

Tableau VI-2 : *Concentrations des éléments obtenues après 189 jours en mode statique à 90°C dans l'eau pure (pH non imposé).*

La composition pour la fabrication d'un litre de solution synthétique enrichie en Si, B et Na est donnée dans le tableau VI-3.

Produits chimiques	Quantité (g)	Quantité de sodium (g)	Quantité de bore (g)	Quantité de silicium (g)
$Na_2B_4O_7$	1,7424	0,3988	0,3815	
SiO_2, NaOH	1,01	0,0805		0,1275
NaOH	23,25 mL	0,5347		

Tableau VI-3 : *Composition théorique dans un litre de solution synthétique enrichie en Si, B et Na.*

Le pH initial de cette solution synthétique enrichie en Si, B, Na est proche de 12 alors que le pH souhaité pour nos expériences est autour de 9,7. En laissant la solution au contact de l'atmosphère, celle-ci devrait se stabiliser au pH souhaité en tenant compte des équilibres suivants :

$$2H^+ + CO_3^{2-} \leftrightarrow CO_2 + H_2O \qquad \log K = 16,68 \qquad \Delta H = -24,03 \text{ kJ}$$

$$CO_3^{2-} + H^+ \leftrightarrow HCO_3^- \qquad \log K = 10,33 \qquad \Delta H = -14,90 \text{ kJ}$$

$$HCO_3^- + H^+ \leftrightarrow H_2CO_3 \qquad \log K = 6,35 \qquad \Delta H = -9,42 \text{ kJ}$$

Cependant, cette opération serait assez longue, c'est pourquoi, nous réalisons un bullage avec le mélange Ar / CO_2 (90 / 10) pour diminuer le pH. Après ce bullage, le pH de la solution se stabilise vers 9,8 et le reste même après plusieurs jours au contact de l'atmosphère. Nous avons testé la stabilité de notre solution sous nos conditions expérimentales (50°C, 90°C). Nous n'avons observé de précipité ni à l'étuve ni pendant le refroidissement. La solution ainsi réalisée est enrichie en silicium (120 ppm), bore (380 ppm) et sodium (1015 ppm). Son pH après bullage avec un mélange Ar / CO_2 est de 9,8. Le bore ayant une concentration élevée, nous ne pouvons pas suivre la quantité libérée par la dissolution du verre et il ne peut donc pas être utilisé comme traceur de la corrosion comme c'est le cas habituellement. Par conséquent, le lithium est l'élément que nous utilisons comme traceur. De plus, tout comme dans les travaux de McGrail et al. (2001), le molybdène pourrait être utilisé comme indicateur de la dissolution de la matrice vitreuse.

Des solutions synthétiques enrichies de pH initial 4,8 et 7,2 sont également fabriquées. Pour cela, la solution saturée décrite précédemment est acidifiée avec de l'acide nitrique UP 60% puis tamponnée avec un mélange acide acétique / acétate de sodium dans le cas de la solution à pH 4,8 et avec un mélange acide citrique / soude dans le cas de la solution à pH 7,2. Pour la réalisation d'une solution à pH 7, l'utilisation d'un tampon

TRIS fréquemment employé a été testée mais la silice précipitait à température ambiante. Par conséquent, nous n'avons pas utilisé ce tampon.

VI.1.2. Le verre SON 68

La composition ainsi que les caractéristiques physiques et thermiques du verre SON 68 ou R7T7 ont été données dans le paragraphe II.4. Le verre SON 68, fourni par P. Jollivet du CEA de Marcoule, est utilisé sous différentes formes :

- une poudre dont les particules ont un diamètre inférieur à 20 microns et dont la surface spécifique mesurée par la méthode BET au Krypton est de 0,5056 $m^2.g^{-1}$ (cette méthode est décrite en annexe A). Dans la suite, cette poudre sera notée d20.

- une poudre dont les particules ont un diamètre de 5 microns et dont la surface spécifique donnée par le CEA est de 1,39 $m^2.g^{-1}$. Dans la suite, cette poudre sera notée d5.

- des lames d'environ 100 microns d'épaisseur dont la coupe a été réalisée dans un laboratoire en Pologne. Ces lames présentent une grande porosité donc elles sont d'une grande fragilité et à manipuler avec précaution.

VI.1.3. Expériences sous débit

D'après Barkatt (1985), lors de l'altération du verre en mode dynamique, trois types d'évolution de la concentration des éléments ou de la vitesse de relâchement correspondante en fonction du temps peuvent être observés. Ils sont représentés dans la figure VI-1. Sur la courbe (a), la concentration augmente avec le temps puis diminue. Dans ce cas, la dissolution est initialement régie par le mécanisme de réaction de surface puis la contribution de la diffusion augmente avec l'épaisseur de la couche altérée et devient prédominante. Sur la courbe (b), la concentration augmente puis diminue et devient constante. Ce cas est similaire au précédant mais ici, l'atteinte d'une concentration constante caractérise une couche d'épaisseur constante à cause de sa dissolution. Sur la courbe (c), la concentration augmente et devient constante. La dissolution est régie par le mécanisme de réaction de surface et les phénomènes de diffusion sont négligeables. La représentation de la concentration en fonction du temps permet donc d'identifier les mécanismes contrôlant la dissolution.

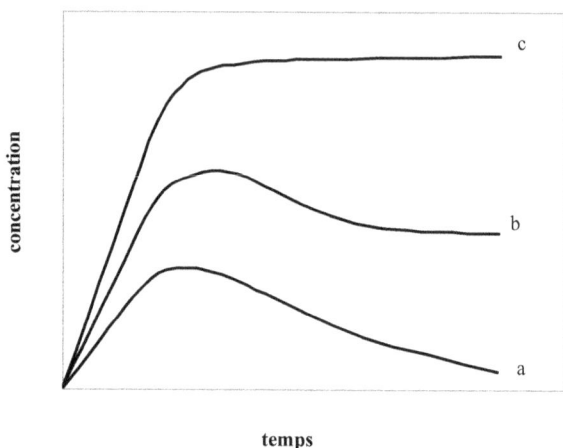

Figure VI-1 : *Evolution de la concentration en fonction du temps en mode dynamique selon Barkatt et al. (1985)*

VI.1.3.1. Protocole expérimental

Afin d'étudier la diffusion de l'eau dans des conditions simulant le long terme, des expériences sont réalisées en mode dynamique à une température constante de 50°C et 90°C. La solution d'altération est la solution synthétique contenant le silicium (120 ppm), bore (380 ppm), sodium (1015 ppm) dont le pH est ajusté à 4,8 ; 7,2 ou 9,8 par addition de tampons chimiques ou / et par bullage avec un mélange Ar / CO_2. Toutes les solutions sont mises en équilibre avec le CO_2 de l'atmosphère. Une pompe péristaltique WATSON-MARLOW 205U injecte la solution d'altération dans un réacteur en Téflon® de 35 mL, contenant la poudre ou la lame du verre SON 68 à altérer, placé dans une étuve maintenue à 50 ou 90°C ± 2 °C. Le débit est fixé à 0,6 mL.h⁻¹. Lors des expériences à 50°C des tubes en PVC sont utilisés et pour celles à 90°C, ils sont en Tygon® car ils supportent des températures allant jusqu'à 230°C. Tous les béchers de stockage sont en PolyEthylène. Des blancs ne contenant pas de poudre à altérer sont également réalisés. Aucune fluctuation significative dans les concentrations en Si, B, Na et du pH des blancs n'a été observée. Lors de l'altération du verre SON 68, les lixiviats prélevés sont pesés afin de contrôler le débit. Après la mesure du pH à température ambiante, ils sont ensuite dilués dans de l'acide nitrique UP à 2% pour l'analyse par ICP/MS.

VI.1.3.2. Calcul des vitesses de dissolution normalisées en mode dynamique

En mode dynamique, les vitesses de dissolution normalisées en $g.m^{-2}.j^{-1}$ se calculent de la façon suivante :

$$NL_{t+1} = \frac{\left(\dfrac{NC_t - NC_{t+1}}{((t+1)-t)}\right) + \left(\dfrac{F}{V} \times NC_{t+1}\right)}{S/V} \qquad \text{(V-1)}$$

Avec NC, la concentration normalisée en $g.m^{-3}$ qui s'exprime par :

$$NC = \frac{C_{\text{élément}}}{\text{fraction massique d'élément dans le verresain}}$$

Où   t : temps en jours

F : flux de la solution altérante en $mL.j^{-1}$

V : volume de solution dans le réacteur en mL

S : surface du verre en m^2

$C_{\text{élément}}$: concentration de l'élément en $g.m^{-3}$

VI.1.4. Analyse de la solution

Le pH des solutions prélevées est mesuré à température ambiante (25°C) avec un pH-mètre pIONneer10 de la marque radiometer Copenhaguen combiné à une électrode de verre de type Ag/AgCl (pHC3006). Avant utilisation, ce dernier est étalonné à l'aide de deux solutions tampon de pH 4, 01 et 10,01.

Ensuite, les échantillons sont dilués dans de l'acide nitrique 2% ultrapur par 200 ou 100 pour les expériences réalisées avec les poudres du verre et par 10 ou 5 pour celles avec les lames. Ils sont passés à l'ICP/MS afin de déterminer les concentrations en lithium, césium, molybdène et silicium. L'appareil ICP-MS que nous utilisons se trouve au sein du laboratoire SUBATECH et il s'agit du modèle PQ-Excell de la marque VG Elemental. L'erreur analytique est de 3% pour le lithium, césium, molybdène et de 5% pour le silicium. Le principe de l'ICP/MS est donné en annexe B.

VI.1.5. Analyse du solide

VI.1.5.1. Analyse par InfraRouge à Transformée de Fourier

Notre étude étant essentiellement basée sur la spectroscopie d'InfraRouge à Transformée de Fourier (IRTF), il est donc nécessaire de rappeler quelques généralités sur cette technique analytique ainsi que les différentes études menées sur les verres et mélange silicatés qui l'ont utilisée. Nous présenterons également l'attribution des bandes dans le verre SON 68 et plus particulièrement celles qui nous ont permis la quantification de l'eau au cours de son altération sous différentes conditions de température et de pH.

VI.1.5.1.1. Généralités

L'infrarouge est une technique analytique fréquemment utilisée qui présente de nombreux avantages tels que la rapidité, la reproductibilité, la sensibilité, la non destruction de l'échantillon analysé et le faible coût.

La spectroscopie IR est une spectroscopie vibrationnelle (le principe est donné en annexe C).

Une vibration est caractérisée par la transition directe d'un électron entre les niveaux de vibrations d'un même état électronique, mettant en jeu une énergie de l'ordre de quelques dizaines de milliélectronvolts. Elle implique une variation du moment dipolaire créant un champ électromagnétique périodique qui absorbe la radiation électromagnétique de même fréquence. Les activités infrarouge peuvent donc être visualisées en traçant le moment dipolaire μ en fonction de la coordonnée q qui indique le déplacement des atomes les uns par rapport aux autres pendant une vibration. Les vibrations en spectroscopie infrarouge sont observées seulement quand la dérivée du moment dipolaire par rapport à q est non nulle.

Les fréquences d'absorption correspondent aux fréquences des vibrations moléculaires. En principe, connaissant les forces interatomiques, les longueurs, et les angles de liaison, il est possible de les calculer à partir de la loi de Hooke (VI-2) et de la relation de Planck (VI-3) données ci-dessous.

$$\bar{v} = (\frac{1}{2\pi c}) \sqrt{\frac{k}{\mu}} \qquad (VI-2)$$

Avec $\bar{v}$: nombre d'onde en cm[-1]

μ : masse réduite ; $\mu = M_A M_B / (M_A + M_B)$ en kg (en considérant 2 atomes A et B)

c : célérité de la lumière ; $c = 3.10^8$ m.s[-1]

k : constante de force en $(N \times 10^5)$.cm[-1]

$$E = h\nu = \frac{hc}{\lambda} = hc\nu \qquad (VI-3)$$

Avec h : constante de Planck ; $h = 6,62.10^{-34}$ J.s

λ : longueur d'onde en cm

ν : fréquence en Hz

Il est très rare d'obtenir en théorie des constantes de force et de prévoir les fréquences. En général, elles sont déduites des fréquences observées en se basant sur des hypothèses simplifiées. Le modèle le plus courant est celui du champ de force valentiel dans lequel les forces assurant l'équilibre de la molécule sont de deux sortes : celles qui agissent dans la direction des liaisons et celles qui s'opposent à la déformation de l'angle formé par deux liaisons contiguës.

De façon empirique, les fréquences de groupe sont classées en vibrations d'élongation ou de déformation suivant que les déplacements des noyaux portent sur les longueurs ou les angles de liaison. L'électronégativité des atomes voisins, les liaisons hydrogène, le phénomène de conjugaison sont des paramètres qui peuvent modifier la valeur de la fréquence de vibration.

Dans l'infrarouge, trois zones sont distinguées :
- le proche IR (NIR) pour $1 < \lambda < 2,5 \mu m$
- le moyen IR (MIR) pour $2,5 < \lambda < 25\ \mu m$
- le lointain IR (FIR) pour $25 < \lambda < 250\ \mu m$

Cette technique est également utilisée pour l'analyse quantitative en se basant sur l'intensité des bandes d'absorption des groupements structuraux correspondants et en utilisant la loi de Beer-Lambert.

VI.1.5.1.2. Utilisation de la spectroscopie infrarouge dans les études sur les verres et les mélanges silicatés

Pour l'étude des verres simples silicatés, la spectroscopie infrarouge a été utilisée avec succès pour obtenir des informations structurales après réaction avec de l'eau. Cette technique a permis à Ferris et Pederson (1988) d'étudier l'altération du verre Na_2O-$3SiO_2$ en mode dynamique à 25°C pendant deux jours dans l'eau pure. Pour ce type de verre, le spectre initial montre trois bandes des vibration à 970, 1060 et 750 cm^{-1} ce qui est en accord avec les travaux de Stroebel (1973) et Exarhos et Conaway (1983). Les deux premières bandes sont attribuées à $\equiv$Si-O-Na et à $\equiv$Si-O-Si$\equiv$. Après une heure d'altération, la bande à 1030-1050 cm^{-1} est prédominante et l'amplitude de la bande à 970 cm^{-1} est réduite. Ils ont également constaté l'augmentation de l'amplitude de la bande à 1030 cm^{-1} au cours du temps suggérant la polymérisation du réseau. Ces observations caractérisent l'échange ionique Na^+ / H^+. Ils confirment ainsi les observations de Clark et al. (1977) lors de l'étude de la corrosion du verre binaire $20Na_2O$-$80SiO_2$ en mode statique dans l'eau désionisée. En effet, les spectres obtenus faisaient apparaître un déplacement de la bande à 1070 cm^{-1} vers les grandes longueurs d'onde et une augmentation de son amplitude. L'amplitude de la bande vers 960 cm^{-1}, dont la position dépend de l'alcalin et de sa concentration, était diminuée. Grâce à sa grande sensibilité, la position de la bande à 1070 cm^{-1} avait été utilisée pour l'analyse quantitative de la concentration en Na$_2$O dans le verre pour des compositions de verre contenant des concentrations en Na$_2$O inférieures à 20% molaire.

En 1990, des études par infrarouge à transmission ont été entreprises par Husung et Doremus. Ils ont réalisé l'hydratation à température ambiante dans de l'eau à pH 5,5 de quatre types de verres silicatés : 70 SiO$_2$ -30 Na$_2$O ; 70 SiO$_2$ - 20 Na$_2$O - 10 Al$_2$O$_3$, Corning 015 (verre silicaté calcique et sodique) et pyrex (verre borosilicaté sodique). Pour les trois premiers verres, les effets de l'altération sont caractérisés par l'apparition, la disparition, le changement d'intensité ou de fréquences de bandes habituellement observés. En revanche, pour le verre le plus complexe, le pyrex, les bandes restent inchangées. L'infrarouge par réflexion a permis aussi à Lee et al. (1997) de mettre en évidence l'échange ionique Na$^+$ / K$^+$ dans un verre silicaté calcique et sodique. Pour cela, le verre a été immergé dans une solution de KNO$_3$ à des températures comprises entre 450 et 600 °C pendant une à vingt heures. Ils ont observé un changement de la forme des spectres d'autant plus marqué que le traitement est long et la température élevée. La position de la bande à 1050 cm^{-1} est également déplacée vers les faibles longueurs d'onde puis vers les plus hautes, ce qui caractérise l'échange ionique Na$^+$ / K$^+$ mais aussi les tensions dues au fait que le rayon de l'ion K$^+$ est plus grand que celui de Na$^+$. De plus, ils ont mis en évidence que le changement de la bande à 950 cm^{-1} ne caractérise pas l'échange ionique mais que son amplitude est proportionnelle à la quantité en alcalins.

De nombreuses études basées sur l'infrarouge sur les verres naturels ont également été réalisées. En effet, depuis longtemps, les géologues ont étudié la nature de l'eau dans les mélanges silicatés (Goranson, 1938 ; Wasserburg, 1957 ; Burnham, 1975). Il est reconnu que la présence de petites quantités d'eau peut affecter de façon significative les propriétés physico-chimiques du mélange. Ainsi, la présence d'eau dans un système magmatique influence la température du liquidus et du solidus (Tuttle et Bowen, 1958 ; Kushiro, 1969 ; Wyllie, 1979), la viscosité du liquide (Shaw, 1963 ; Burnham, 1967 ; Dingwell et al., 1996 ; Schulze et al., 1996 ; Stevenson et al., 1998), les vitesses de nucléation et de croissance des cristaux (Davis et al., 1997), les diffusions chimiques qui contrôlent l'homogénéité du mélange (Watson 1979 ; Zhang et al. 1991). Dans les mélanges feldspathiques, ces effets sont engendrés par des réactions qui forment des groupes hydroxyls à partir des molécules d'eau dissoutes et des unités tétraédriques aluminosilicatés. La détermination des abondances en eau totale, en eau moléculaire et en groupes hydroxyls suscite donc un vif intérêt.

Dès 1982, Stolper a établi la faisabilité d'utiliser la spectroscopie infrarouge pour mesurer ces concentrations dans les verres silicatés. En 1986, Newman et al. ont mis au point la calibration de la technique par infrarouge sur des verres rhyolitiques après avoir déterminé leur contenu en eau totale par une méthode d'extraction sous vide. La quantification des hydroxyls et de l'eau moléculaire est basée sur l'analyse des bandes à 4500 et 5200 cm^{-1} caractéristiques de ces deux espèces. En 1997, Zhang et al. ont développé une nouvelle calibration également basée sur les bandes précédentes mais avec une reproductibilité six fois meilleure que celle de Newman et al. (1986). Toutes ces études menées par les géologues ont mis en évidence que pour des verres hydratés à haute température contenant une faible concentration en eau totale (< 0,02% massique), l'eau existe entièrement sous la forme de silanols. Cette forme reste l'espèce prédominante tant que la concentration en eau totale ne dépasse pas 4%. Au-delà, la concentration des groupements silanol reste constante ou diminue légèrement tandis que la concentration en eau moléculaire augmente. L'eau moléculaire devient alors l'espèce prédominante.

Toutefois, lors de l'hydratation d'un verre silicaté à 300°C sous une pression de vapeur d'eau de 0,467 atm, Wakabayashi et Tomozawa (1989) ont observé un épaulement, situé à un nombre d'onde inférieur, de la bande à 3672 cm^{-1} caractéristique des groupements silanols. Cela suggère l'existence de plus d'un groupement hydraté. Des épaulements vers 3608 et 3425 cm^{-1} ont été également détectés lors d'une étude sur la diffusion de l'eau dans laquelle les verres étaient hydratés à 150, 250 et 350°C (Davis et Tomozawa, 1995). Ces constatations ont donc conduit Davis et Tomozawa (1996) à étudier de façon plus précise la spéciation de l'eau par la spectroscopie d'infrarouge. Le tableau VI-4 récapitule l'attribution des bandes de vibrations qui en découle. Un mécanisme d'interaction entre l'eau et le verre a été établi. Il est schématisé dans la figure VI-2. Ce mécanisme est en accord avec l'étude de Pfeffer et al. (1982) qui suggère que la réaction entre l'eau et le verre de silice est un processus qui est au minimum en deux étapes. Il est similaire à celui proposé par Dunken (1982). Les molécules d'eau à l'état de vapeur présentes à l'extérieur du verre (A) diffusent dans le verre sous forme d'eau moléculaire (B). A partir de calculs basés sur la méthode de Hückel Etendue et à partir de la modélisation dynamique moléculaire, l'interaction initiale entre l'eau moléculaire libre et le réseau vitreux est caractérisée par l'attraction des oxygènes de l'eau par les atomes de silicium du verre. Elle entraîne la formation de siliciums pentacoordinés (C). Cette étape paraît surprenante puisqu'il est intuitivement pensé que les hydrogènes de l'eau sont attirés par les oxygènes du verre. Dans le cas où l'angle de la liaison Si-O-Si est inférieur à 115° ou bien si la liaison Si-O est tendue, la rupture du pont Si-O-Si est thermodynamiquement possible. Une paire de silanols qui sont liés par liaison hydrogène dans une structure bidenté asymétrique est alors formée (D). Au cours du temps et selon la mobilité structurale du verre, cette paire de silanols peut se séparer et former des groupes silanols dissociés (E).

Vibration IR	Localisation en cm^{-1}	Attribution
v_{SS} (O_3SiON) et /ou $v_{SS,L}$ (SiOSi)	825-835	SiO stretching symétrique des 4 liaisons de O_3SiOH et / ou mode longitudinal optique de la bande v_{SS} (SiOSi)
v_B (SiOH)	872 avec un épaulement à 895	SiOH bending SiH bending se produit également à cette position
v_{AS} (O_3SiOH ...^{H}O)	944	SiOH stretching dans les silanols qui sont liés par une liaison hydrogène aux oxygènes d'autres groupes silanols dans les verres contenant peu d'eau totale ou à l'oxygène de molécules d'eau dans les verres contenant une quantité importante d'eau totale
v_{AS} (O_3SiOH) + v_{AS} (O_3SiO)	964	SiO stretching antisymétrique de O_3SiOH. SiO stretching des O non pontants se produit également à cette position
v_B (H_2O)$_I$	1611	H_2O bending de l'eau libre et de l'eau qui est liée au proton de groupes silanol (Type I)
v_S (OH-X)	2820	OH stretching d'un silanol lié avec son hydrogène à un chlore ou à un oxygène non pontant
2 v_B (H_2O)$_I$	3225	Première harmonique de la bande à 1611 cm^{-1}
v (H_2O)$_{I+II}$	3450	Stretching asymétrique de l'eau moléculaire liée au réseau silicaté (type II) et stretching symétrique de l'eau libre et liée par l'hydrogène dans le verre
v_S (OH.....^{H} Osi)	3551	OH stretching des silanols qui sont liés à l'oxygène des silanols voisins
v_S (OH)	3672	OH stretching des SiOH à l'intérieur du verre avec une contribution du stretching de l'eau moléculaire de type I
v_S (OH) + v_S (OH.....^{H}OH)	3600-3610	
v_S (OH)	3661	OH stretching des silanols
v_S (OH)	3690	
γ (SiOH) + v_S (OH)	3846-3850	Combinaison possible entre la torsion et OH stretching de SiOH

Tableau VI-4 : *Attribution des bandes infrarouge lors de la spéciation de l'eau dans les verres de silice selon Davis et Tomozawa (1997).*

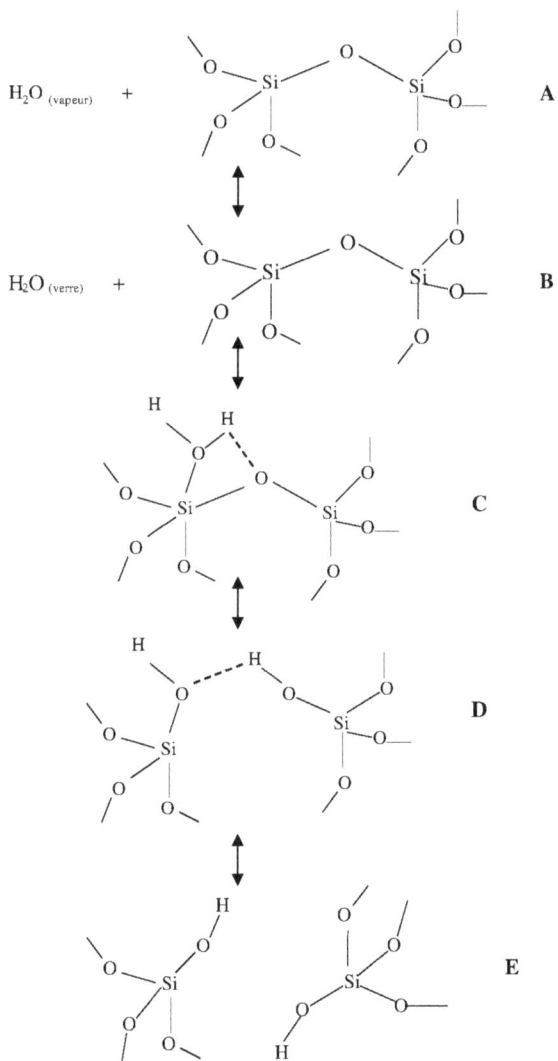

Figure VI-2 : Diagramme schématique de la réaction eau – verre. (A) vapeur d'eau à l'extérieur du verre ; (B) eau moléculaire libre à l'intérieur du verre ; (C) eau moléculaire liée ; (D) silanols liés par liaison hydrogène ; (E) deux silanols indépendants.

VI.1.5.1.3. Spectre infrarouge de la poudre du verre SON 68

Dans notre étude, nous travaillons avec le FTIR 8400 de SCHIMADZU équipé du logiciel Hyper 157. Le domaine spectral qui peut être enregistré est entre 400 et 4000 cm^{-1}. Après l'altération du verre SON 68 dans des conditions définies, les lames ou les poudres sont placés à 105°C afin d'éliminer l'eau adsorbée en surface. Pour les lames, les spectres sont enregistrés en plaçant directement la lame devant le faisceau. Dans le cas de l'analyse des poudres, un mélange de 100 mg de KBr et 6 mg de verre est réalisé. Une pression de 10 kbars pendant 3 minutes est appliquée de façon à obtenir des pastilles très fines permettant au faisceau du spectromètre de les traverser sur toute l'épaisseur.

Le spectre de la figure VI-3 est enregistré à partir de poudre n'ayant subi aucun traitement, il nous permet de distinguer :

- une bande de faible absorbance vers 3400 cm^{-1} correspondant à l'eau moléculaire adsorbée.
- une bande vers 1400 cm^{-1} qui est attribuée à la vibration de la liaison =B-O-B≡ dans les groupes di ou tétraborates.
- une large bande entre 860 et 1200 cm^{-1} qui est une superposition de bandes attribuées à la silice mais également des bandes de vibration de liaison avec le bore. Ces bandes sont récapitulées dans le tableau VI-5 ci-dessous.
- une bande vers 730 cm^{-1} qui est attribuée à l'élongation dans les groupes di et tétraborate.
- la zone d'empreinte dans laquelle se situe l'élongation des groupes di et tétraborate entre 500 et 550 cm^{-1} ainsi que la déformation angulaire de O-Si-O vers 460 cm^{-1}.

	Nombre d'onde en cm^{-1}	Attribution des bandes
Bandes IR du silicium	1200 - 1050	Stretching asymétrique de la liaison Si-O
	980	Stretching de la liaison SiO$^-$
	960	Stretching asymétrique de la liaison Si-OH
Bandes IR du bore	1300 - 1150	Vibration de la liaison =B-O-B= dans des groupes tétraborates
	1150 - 100	Vibration des ponts $\equiv$B-O-B= dans les groupes tétraborates ou des liaisons $\equiv$B-O$^-$ dans les tétraèdres BO$_4$
	900 – 850	Vibration des liaisons $\equiv$B-O-B= dans les groupes tétraborates ou des liaisons $\equiv$B-O$^-$ dans les tétraèdres BO$_4$

Tableau VI-5 : *Attribution des bandes IR du silicium et du bore (Nogami, 1985 ; Bogomolova, 1993)*

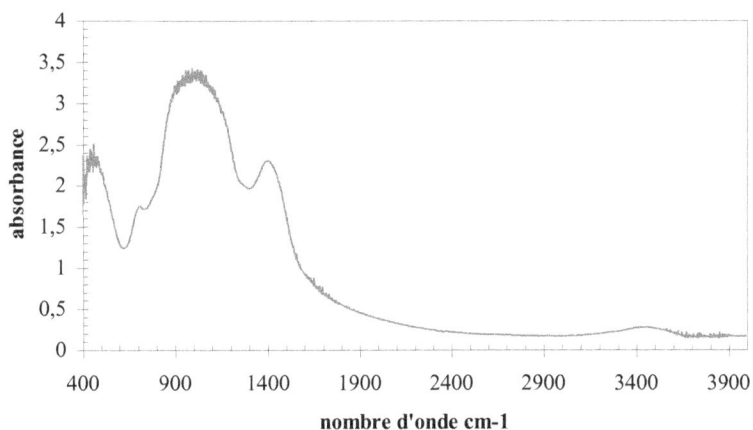

Figure VI-3 : *Spectre IR d'une pastille contenant 6 mg de poudre d20 du verre SON 68 et 0,1 g de KBr n'ayant subie aucun traitement.*

Après l'altération, nous nous intéressons à la zone située entre 2500 et 4000 cm^{-1}. Dans cette zone, trois bandes peuvent être déconvoluées dont deux permettent la quantification de l'eau et des groupements silanols. Leur localisation et leur attribution basées sur les travaux de Davis et Tomzawa (1996) précédemment expliqués sont les suivantes :

- une bande vers 3200 cm^{-1} qui correspond à l'eau moléculaire des sites interstitiels qui vibre librement et à l'eau moléculaire qui est liée à l'hydrogène d'un groupe silanol. Dans la suite, elle sera notée H_2O_I.

- une bande vers 3425 cm^{-1} qui est associée à la contribution de la bande à 3200 cm^{-1} et à l'eau moléculaire directement liée au réseau comme le montre la figure VI-2 (C). Dans la suite, elle sera notée $H_2O_{I\&II}$ et sera utilisée pour la quantification de l'eau moléculaires.

- une bande vers 3570 cm^{-1} qui peut être attribué au groupe silanol (SiOH).

Dans un premier temps, une déconvolution des bandes à l'aide du logiciel GRAMS a été réalisée. Elle a mis en évidence que la contribution de Lorentziennes est inférieure à 2%. Par la suite, le spectre a été déconvolué sous forme de gaussiennes par un programme réalisé sous Excel.

VI.1.5.1.4. Calcul des concentrations en eau et en silanols

Les concentrations en eau et en silanol ont été déterminées à partir de la loi de Beer-Lambert qui s'exprime par la relation suivante :

$$A = \varepsilon \, l \, c$$

Avec   A, absorbance de la hauteur de la bande caractéristique de l'espèce (sans unité)

l, épaisseur de verre analysé en cm

c, concentration à déterminer en mol.L^{-1}

ε, coefficient d'extinction molaire en L.mol^{-1}.cm^{-1}

Les coefficients d'extinction molaires pour la bande à 3400 cm^{-1} caractéristique de l'eau et celle 3571 cm^{-1} caractéristique des silanols sont ceux rapportés par Geotti-blanchini et al. (1999) et Yanagisawa et al. (1997). Leurs valeurs respectives sont :

$$\varepsilon_{H_2O} = 81 \text{ L.mol}^{-1}.\text{cm}^{-1} \qquad \text{et} \qquad \varepsilon_{OH} = 70 \text{ L.mol}^{-1}.\text{cm}^{-1}$$

Dans le cas des expériences avec les lames du verre SON 68, l'épaisseur de verre analysée par le faisceau infrarouge correspond à l'épaisseur de la lame c'est à dire à 100 ± 10 microns.

En revanche, dans le cas des expériences avec les poudres du verre SON 68, le faisceau traverse la pastille qui est constituée de 6 mg de poudre altérée et 0,1 g de KBr. Il faut donc déterminer la quantité de verre analysée. L'épaisseur de plusieurs pastilles a été définie à l'aide d'un pied à coulisse électronique et une épaisseur moyenne a pu être déterminée. En effet, lors du pastillage, la proportion des constituants et le temps de compactage sont toujours les mêmes. Cette épaisseur moyenne l_{totale} est de 340 microns ± 10 microns.

L'épaisseur de verre l_{verre} analysée par IRTF est donnée par la relation VI-4 :

$$l_{verre} = \frac{V_{verre}}{V_{total}} \, l_{totale} \qquad\qquad\qquad \text{(VI-4)}$$

où V_{verre} est le volume de verre

V_{total} est le volume total

Les volumes sont définis par :

$$V_{total} = V_{verre} + V_{KBr}$$
$$V_{verre} = m_{verre} / \rho_{verre} \text{ et } V_{KBr} = m_{KBr} / \rho_{KBr}$$

Les masses volumiques du verre SON 68 et du KBr étant identiques et égales à 2,75 g.cm^{-3}, l'expression (VI-4) devient $l_{verre} = \frac{m_{verre}}{m_{total}} l_{totale}$.

L'épaisseur de verre analysée lors des expériences d'altération des poudres est donc comprise entre 18,7 et 19,8 microns avec une valeur moyenne à 19,2 microns, valeur qui sera utilisée dans nos calculs.

Des spectres de pastilles ne contenant que du KBr, préalablement placé à 105°C, sont également enregistrés afin de déterminer l'absorbance de l'eau adsorbée par ce produit. Une valeur moyenne d'absorbance de 0,05 a été estimée. Par conséquent, pour le calcul de la concentration en eau, cette valeur est soustraite à la hauteur de la bande caractéristique de l'eau totale (bande vers 3400 cm^{-1}).

VI.1.5.1.5. Estimation de l'incertitude sur les concentrations en eau et en silanols

$$c = \frac{A}{\varepsilon\, l} \text{ d'où } \frac{\Delta c}{c} = \sqrt{\left(\left(\frac{\Delta A}{A}\right)^2 + \left(\frac{\Delta \varepsilon}{\varepsilon}\right)^2 + \left(\frac{\Delta l}{l}\right)^2\right)}$$

Avec $\frac{\Delta l}{l} = 0,03$ dans le cas de la pastille ; 0,1 dans le cas de la lame

$\frac{\Delta A}{A} = 0,03$ dans le cas de la bande caractéristique de l'eau et 0,1 dans le cas de la bande caractéristique des silanols

$\frac{\Delta \varepsilon}{\varepsilon} = 0,1$

Dans le cas de la poudre incluse dans la pastille, l'incertitude sur la concentration en eau est de l'ordre de 11% et celle sur la concentration en silanols de l'ordre de 15%. Dans le cas de la lame, elles sont de 14% et 17%.

Différentes techniques ont été testées afin de confirmer le coefficient d'absorption molaire pris dans la littérature pour la bande vers 3400 cm^{-1}, caractéristique de l'eau totale. Une seule d'entre elles a été concluante.

VI.1.5.1.6.1. Analyse ThermoGravimétrique

L'Analyse ThermoGravimétrique (ATG) a été utilisée sur deux poudres d20 du verre SON 68 afin de mesurer la teneur en eau. L'une d'elles a été altérée à 90°C par une solution synthétique enrichie en silicium (120 ppm), bore (380 ppm) et sodium (1015 ppm) de pH 9,8 et l'autre à 50°C par une solution synthétique saturée de pH 4,8. L'hydratation de ces poudres est visible par spectroscopie infrarouge comme le montre la figure VI-4.

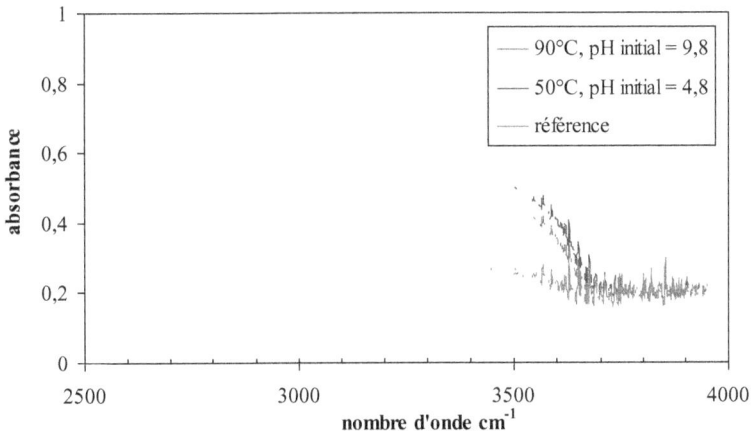

Figure VI-4 : *Spectres IRTF des poudres du verre SON 68 altérées utilisées pour l'ATG.*

Les courbes de perte de masse en fonction de la température montrent une allure atypique. En effet, une perte de masse continue sur la gamme de température balayée est observée pour les deux échantillons. Après un chauffage jusqu'à 600°C, elle est estimée à un peu moins de 3% et à presque 4% comme l'indique la figure VI-5. Cette allure serait caractéristique des composés constitués de plusieurs oxydes ce qui est le cas du verre SON 68 qui, rappelons-le, est constitué d'une trentaine d'oxydes. Nous remarquons un pic endothermique vers 520°C caractéristique d'une transition vitreuse avec relaxation.

L'appareil d'analyse étant couplé à un spectromètre de masse, le pic à la masse molaire 18 caractéristique de l'eau a été sélectionné. La figure VI-6 montre l'intensité du courant obtenu et ne montre aucune variation significative. Par conséquent, l'Analyse ThermoGravimétique ne peut pas être utilisée pour la quantification de l'eau dans le verre SON 68.

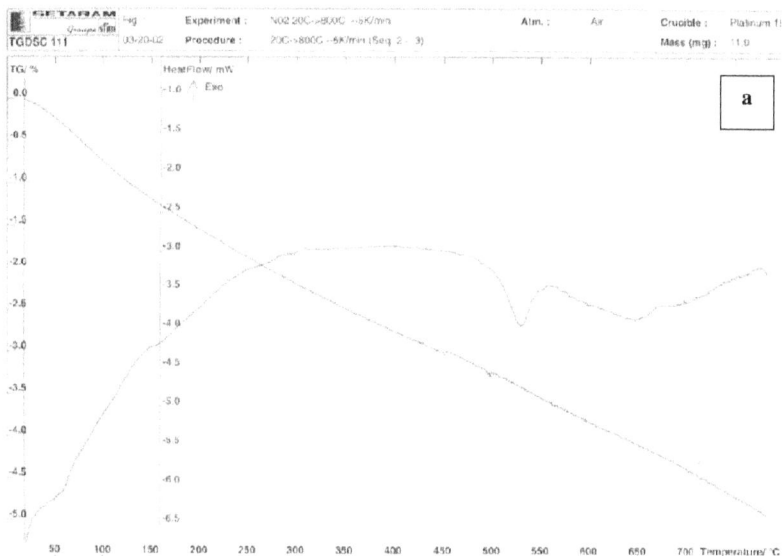

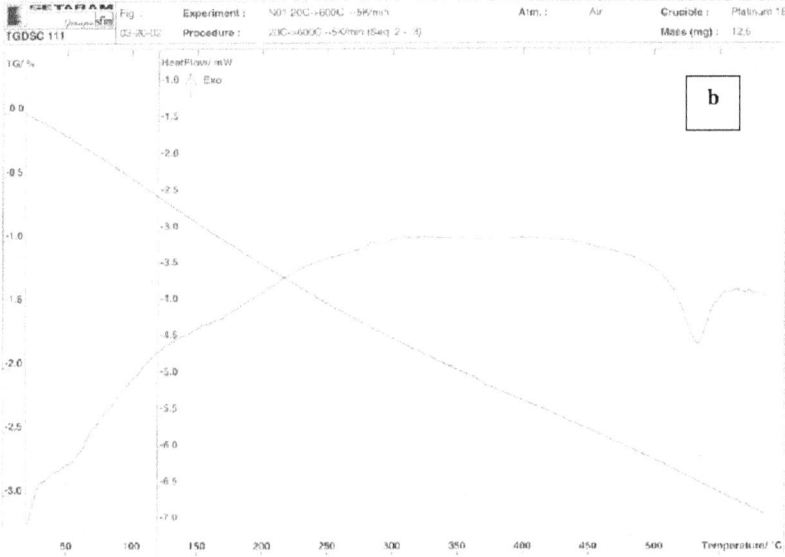

Figures VI-5 : *Analyses thermogravimétriques de la poudre d20 du verre SON 68*
altérée en mode dynamique (0,6 mL.h^{-1})
a) à 90°C par une solution enrichie en Si, B et Na de pH initial 9,8
b) à 50°C par une solution enrichie en Si, B et Na de pH initial 4,8

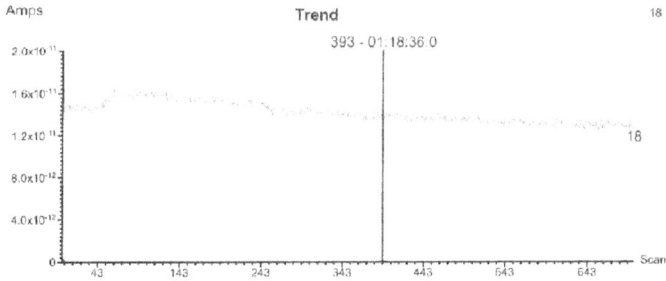

Figure VI-6 : *Evolution de l'intensité du pic caractéristique de l'eau pour la poudre*
d20 du verre SON 68 altérée en mode dynamique (0,6 mL.h^{-1}) à 90°C par une solution
enrichie en Si, B et Na de pH initial 9,8.

VI.1.5.1.6.2. Utilisation du verre VYCOR et de l'aérosil

Le verre VYCOR est constitué de 96% de SiO_2 et de 4 % de B_2O_3. Il a été fourni par D. Lebotlan (CNRS, Nantes). La taille des pores a pu être définie grâce à la RMN du proton et a permis de déterminer qu'il s'hydratait de 25% après avoir été plongé trois minutes dans de l'eau désionisée. Pour obtenir des pourcentages d'eau plus faibles, les échantillons hydratés à 25% sont placés sous vide. Le suivi de la masse de l'échantillon indique le pourcentage d'eau restant dans l'échantillon. Cinq échantillons ont été préparés avec des quantités d'eau totale différentes à savoir 1%, 5%, 9%, 15% et 25%. Pour analyser le verre par spectroscopie infrarouge, un fragment de verre hydraté a été cassé, pesé, broyé et compacté avec du KBr. Les analyses n'ont pas été concluantes à cause de la perte d'eau rapide du verre durant le pastillage. Les hauteurs de la bande caractéristique de l'eau située vers 3440 cm^{-1} étaient similaires pour les fragements hydratés à 5% et à 25%. Cette méthode aurait peut-être été fructueuse si l'hydratation était réalisée sur des lames de verre VYCOR qui pourraient être analysées directement par spectroscopie infrarouge. Ainsi, nous avons abandonné cette méthode pour la détermination du coefficient d'absorption molaire de l'eau.

Travailler avec des poudres semblait plus adapté, c'est pourquoi nous avons essayé d'hydrater de l'aérosil.(silice fumée) Pour cela, nous avons placé des coupelles contenant une quantité définie de poudre à l'intérieur d'un cristallisoir fermé contenant de l'eau. Le suivi de la masse permettait de connaître la quantité d'eau ajoutée. Cependant, la réalisation de pastilles après cette étape n'est plus possible.

Le spectre initial de l'aérosil utilisé présentant une absorbance du pic caractéristique de l'eau de presque 1, nous avons donc tenté mais en vain de déshydrater l'aérosil par différents traitements thermiques : chauffage deux heures à 105°C, 200°C, 300°C, 500°C. Comme pour le verre VYCOR, l'aérosil n'est pas adapté pour déterminer ε_{H2O}.

VI.1.5.1.6.3. Utilisation d'eau deutérée

Dans les travaux de Nguyen et al. (1995) sur la quantification de l'eau à l'interface d'un film organique et d'un substrat hydroxylé, la spectroscopie infrarouge par réflexion interne multiple est utilisée. Une calibration intensité-concentration pour l'eau a été établie. Pour cela, de l'eau ultra pure est mélangée avec de l'eau deutérée. Différents pourcentages massiques sont utilisés. Quand H_2O et D_2O sont mélangées, l'espèce HDO est formée et la solution comprend HDO, H_2O et D_2O, le spectre contient donc la contribution des liaisons de H-O-H, D-O-D et D-O-H. Chaque molécule d'eau H_2O consommée conduit à la formation de deux molécules de HOD donc l'intensité du groupe OH dans le spectre devrait être proportionnelle à la concentration de l'eau dans la solution. Chaque déviation de la proportionnalité est due à des facteurs autres que le mélange des deux solutions c'est à dire aux degrés de la liaison hydrogène. Les bandes situées vers 3400 et 1640 cm^{-1} sont dues à l'eau moléculaire et celle à 2510 cm^{-1} à l'eau deutérée D_2O. Des mélanges eau UP- eau deutérée (99,9%, fournie par D. Lebotlan ; CNRS, Nantes) ont été réalisés dans des récipients préalablement dégazés avec de l'azote afin d'ôter la présence d'eau atmosphérique et bouchés à l'aide d'un septum. Le temps de contact correspond au temps de préparation de la cellule. Cette cellule est constituée par deux fenêtres en fluorine CaF_2 et une entretoise de 10 microns en mylar. La fluorine absorbe entre 400 et 1200 cm^{-1} comme le montre le spectre de la figure VI-7. Toutefois, dans notre étude, cette zone n'est pas une zone d'intérêt.

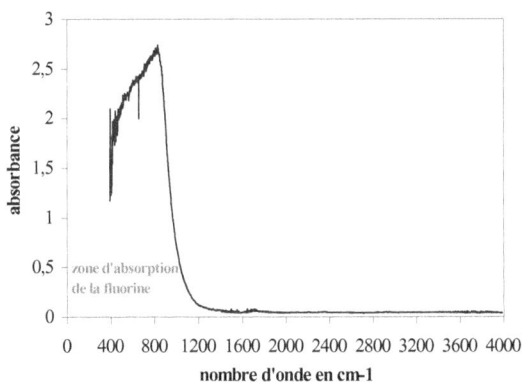

Figure VI-7 : Spectre IR des fenêtres en fluorine séparées par une entretoise en mylar de 10 μm

81

Les spectres contenant 0, 2,4 ; 5 ; 9,5 ; 12 ; 17 et 33 % d'eau UP sont enregistrés. La figure VI-8 représente l'évolution du pic à 3400 cm^{-1}, caractéristique de l'eau moléculaire en fonction de la quantité d'eau UP.

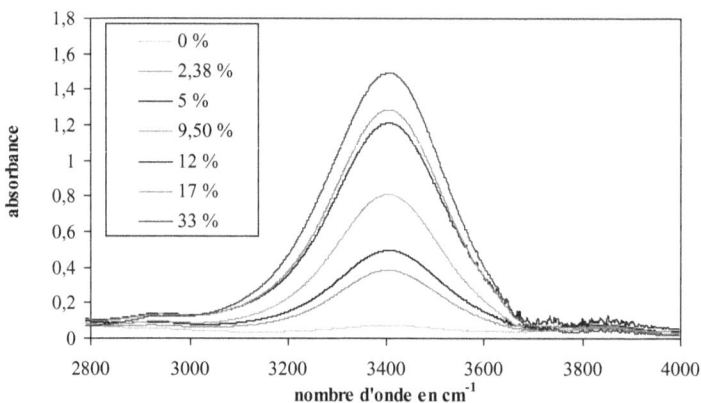

Figure VI-8 : *Evolution de la bande caractéristique de l'eau vers 3400 cm^{-1} lors de l'ajout de différentes quantités d'eau UP dans de l'eau deutérée.*

La figure VI-9 représentant l'absorbance en fonction de la quantité d'eau UP met en évidence une déviation de la linéarité correspondant à la relation de Beer Lambert après 12% d'eau UP. La courbe d'étalonnage est donc tracée entre 0% et 12% d'eau UP.

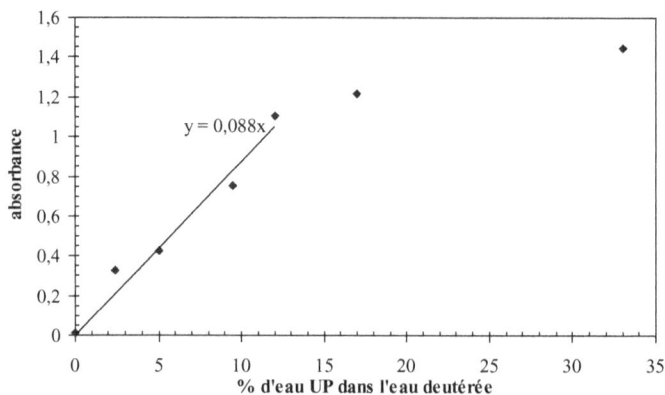

Figure VI-9 : *Evolution de l'absorbance en fonction du % d'eau UP.*

La pente est de 0,088 ce qui permet de déterminer un coefficient d'extinction molaire de 88 L.mol^{-1}.cm^{-1}. Compte tenu de l'incertitude sur l'épaisseur du mylar, estimée à 10%, le coefficient d'extinction molaire est compris entre 80 et 97 L.mol^{-1}.cm^{-1}. La valeur prise dans le calcul de la concentration en eau exprimée dans le paragraphe VI.1.5.1.4 est donc en accord avec ce résultat.

VI.1.5.2. Analyse par microscopie électronique

Certaines poudres et lames altérées ont été observées au Microscope Electronique à Balayage (MEB) afin d'obtenir des informations sur la morphologie du verre et faire une analyse quantitative. Le MEB utilisé est un JSM 5800 LV JEOL dont la tension d'accélération est de 15 keV.

Des coupes ultamicrotomiques obtenues selon la méthode décrite par Ehret (1985) ont été réalisées au Centre de Géochimie de la Surface de Strasbourg par G. Morvan (CNRS) et observées au Microscope Electronique à Transmission Hitachi H 9000 NAR dont la tension d'accélération est de 300 kV.

Les principes de la microscopie électronique à balayage et à transmission sont donnés en annexe D.

VI.1.5.3. Analyse par réflectivité

Ces expériences ont été réalisées par D. Rebiscoul du CEA Marcoule. Les mesures de réflectivité sont effectuées avec un diffractomètre de type BRUCKER D5000 (le principe est donné en annexe E). Les émissions aux deux longueurs d'onde λ = 0,15051 et 0,15433 Å de Cu-L$_{3,2}$ sont utilisées comme source de rayons X. Toutes les simulations sont faites avec le logiciel IMD 4.1. Ce programme permet d'ajuster les courbes de réflectivité expérimentales en terme de densité, d'épaisseur et de rugosités des différentes couches constituant le matériau. La figure VI-10 montre la localisation des couches et de leur paramètre ($\sigma_{i/j}$: rugosité interfaciale, e_{Ri} : épaisseur de la couche i, ρ_{Ri} : densité de la couche i). Premièrement, les densités de la couche et du substrat sont ajustées sur les données expérimentales aux petits angles. Ensuite l'épaisseur et les rugosités sont ajustées sur la totalité de la courbe.

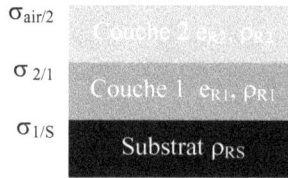

Figure VI-10 : *Représentation schématique et localisation des différentes couches simulées e_{Ri} : épaisseur de la couche i ; ρ_{Ri} : densité de la couche i; $\sigma_{i/j}$: rugosité entre la couche i et j ; ρ_S : densité du substrat.*

VI.2. EXPERIENCES D'IRRADIATION

VI.2.1. Dosage du peroxyde d'hydrogène : méthode de Ghormley

Le dosage du peroxyde d'hydrogène formé au cours de la radiolyse de la solution se fait par une méthode indirecte : la méthode de Ghormley (Allen, 1952). Elle est basée sur les réactions suivantes :

$$2\ I^- + H_2O_2 + 2\ H^+ \rightarrow I_2 + 2\ H_2O$$
$$I_2 + I^- \leftrightarrow I_3^-$$

Le réactif est constitué de deux quantités égales de deux solutions A et B dont les compositions sont les suivantes :

- Solution A : 0,05 g de $Mo_7O_{24}(NH_4)_6.4\ H_2O$; 0,7 g de KOH et 16,5 g de KI dans 250 mL d'eau désionisée
- Solution B : 3 g de $C_8H_4K_2O_4$ et 2 g de $C_8H_6O_4$ dans 250 mL d'eau désionisée

A l'apparition d'une mole de I_3^- détectée par spectrométrie UV-Visible à 350 nm correspond donc la disparition d'une mole de H_2O_2. La figure VI-11 correspond aux spectres UV-Visible de l'espèce I_3^- de la gamme d'étalonnage faite dans la solution synthétique enrichie en silicium (120 ppm), bore (380 ppm) et sodium (1015 ppm) de pH initial 9,8. Pour cela, des concentrations en eau oxygénée de 5.10^{-6} à 10^{-4} mol.L^{-1} ont été fabriquées et dosées en mélangeant dans une cuve de 1 cm de parcours optique 0,75 mL de A, 0,75 mL B et 1,5 mL de la solution contenant une concentration définie en H_2O_2.

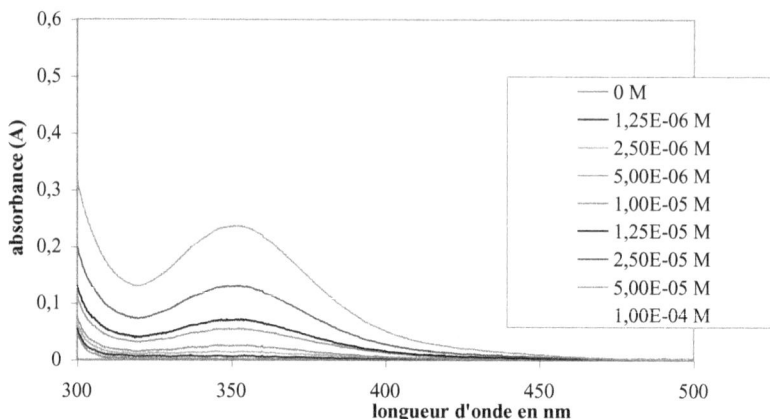

Figure VI-11 : *Spectres UV-Visible de l'espèce I_3^- formée à partir de H_2O_2 pour la gamme d'étalonnage dans la solution synthétique enrichie en Si (120 ppm), B (380 ppm), Na (1015 ppm) de pH initial 9,8.*

La figure VI-12 donne l'absorbance de l'espèce I_3^- en fonction de la concentration en eau oxygénée. Nous retrouvons la loi bien connue de Beer-Lambert présentée dans le paragraphe VI.1.5.1.4.

A partir de cette loi et tenant compte que la concentration est divisée par 2 à cause de la dilution dans les réactifs de Ghormley, nous obtenons un coefficient d'extinction molaire de 8792 $L.mol^{-1}.cm^{-1}$ ce qui est beaucoup plus faible que celui trouvé dans la littérature pour un dosage dans l'eau pure et dont la valeur est comprise est entre 23700 et 26400 $L.mol^{-1}.cm^{-1}$. Ceci s'explique probablement par la différence du pH lors du dosage. En effet, dans notre cas, le pH du mélange des réactifs et de la solution synthétique enrichie en Si, B, Na est égal à 8,4 ce qui est beaucoup plus basique que le pH habituel qui est proche de 5. Pour un tel pH de 8,4, l'espèce I^- peut être oxydée en IO_3^- et le complexe I_3^- détruit.

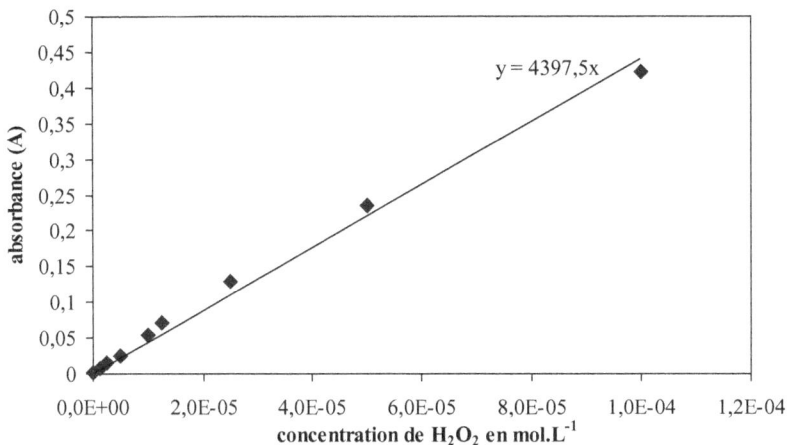

Figure VI-12 : *Gamme d'étalonnage représentant l'absorbance de l'espèce I_3^- à 350 nm en fonction de la concentration en eau oxygénée.*

VI.2.2. Irradiation alpha

Pour les expériences d'irradiation alpha, 50 mg de la poudre d5 du verre SON 68 ont été lixiviés à 90°C en mode statique pendant 10 jours par une solution synthétique contenant du silicium (120 ppm), du bore (380 ppm) et du sodium (1015 ppm) de pH initial 9,8. Rappelons que, ces concentrations à saturation simulent les concentrations des solutions obtenues lors de la lixiviation à long terme du verre SON 68 avec un rapport surface de verre / volume de solution élevé.

Après 3, 7 et 10 jours, 1 mL de solution est prélevé afin de déterminer les concentrations en lithium, césium, molybdène et silicium par ICP/MS. Les concentrations en lithium et césium sont considérées comme étant indicatrices de l'échange ionique alors que celle en molybdène pourrait caractériser la dissolution de la matrice vitreuse. Le pH est également mesuré après refroidissement de la solution.

Les irradiations alpha sont réalisées au cyclotron d'Orléans (CERI). L'énergie incidente des particules alpha à la sortie du cyclotron est de 28 MeV mais compte tenu des différentes épaisseurs de titane, d'air et de la fenêtre en quartz (150 microns), l'énergie déposée dans la solution, calculée à partir du code de calcul SRIM, est de 5,75 MeV. Cette énergie a été obtenue en considérant un seul bloc constitué par ces épaisseurs (pas de focalisation du faisceau après chaque couche). Le parcours des particules alpha de 5,75 MeV dans l'eau est de 47 micromètres.

L'irradiation se fait à température ambiante sous agitation magnétique pendant 30 minutes dans une cellule, fabriquée au sein du service mécanique de SUBATECH, pouvant s'adapter à la sortie du cyclotron (voir photos). A l'origine, elle a été réalisée pour des expériences d'irradiation sous conditions réductrices par voie électrochimique (Thèse en cours de F. Poineau).

Les expériences sont doublées, l'une servant pour le dosage de l'eau oxygénée par la méthode de Ghormley et l'autre servant pour le suivi de la cinétique de dissolution. Un blanc ne contenant que la solution enrichie en Si, B, Na est également irradié.

Cellule d'irradiation alpha   Sortie du cyclotron

Estimation de la dose : Dosimétrie de Fricke

Cette dosimétrie repose sur l'oxydation en milieu acide des ions ferreux Fe^{2+} en ions ferriques Fe^{3+} par les espèces primaires de la radiolyse de l'eau. Elle peut être schématisée de la façon suivante :

$$Fe^{2+} + X \rightarrow Fe^{3+} \text{ avec } X = OH^{\bullet}, HO_2^{\bullet}, H_2O_2$$

La solution initiale est composée par 10^{-2} mol.L^{-1} de sel de Mohr Fe(NH$_4$)$_2$ (SO$_4$)$_2$ et 0,4 mol.L^{-1} de H$_2$SO$_4$. Les ions Fe^{3+} sont dosés par spectrométrie UV-Visible à 304 nm. Dans un premier temps, une gamme étalon est réalisée afin de déterminer le coefficient d'absorption molaire des ions ferriques. Ils proviennent de l'oxydation de la solution initiale par de l'eau oxygénée mise en excès. La figure VI-13 représente l'absorbance en fonction de la concentration en ions Fe^{3+}. Un coefficient d'extinction molaire ε(Fe^{3+}) de 2140 L.mol^{-1}.cm^{-1} a pu être défini ce qui est en accord avec les valeurs trouvées dans la littérature (2212 L.mol^{-1}.cm^{-1} à 26°C par Trupin-Wasselin, 2000).

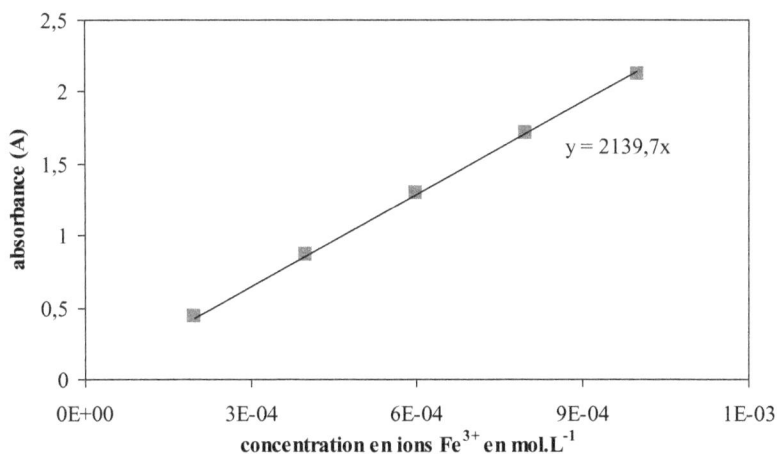

Figure VI-13 : *Absorbance à 304 nm en fonction de la concentration des ions ferriques.*

La dosimétrie de Fricke est réalisée avec 20 mL de solution initiale et un temps d'irradiation de 5 minutes.

Calcul du débit de dose

L'absorbance des ions Fe^{3+} est déterminée par spectrométrie UV-Visible :

$A(Fe^{3+}) = 0{,}458$

D'après la loi de Beer-Lambert : $C(Fe^{3+}) = A/(\varepsilon(Fe^{3+}) \times l$

Dans notre cas :

$C(Fe^{3+}) = 0,458 / (2140 \times l) = 2,24.10^{-4}$ mol.kg^{-1} = 1,29.10^{20} ions .kg^{-1}

Le rendement radiolytique $G(Fe^{3+})$ pour des particules alpha de $5,75 \pm 0,75$ MeV est de 5,4 ions Fe^{3+} pour 100 eV (Schuler et Allen, 1957).

Par conséquent : $D = [C(Fe^{3+}) \times$ facteur de conversion eV en J] $/ G(Fe^{3+})$

Le facteur de conversion est donné par la relation 1 eV = $1,6.10^{-19}$ J

D'où D (5min) = $(1,29.10^{20} \times 100 \times 1,6.10^{-19}) / 5,4 = 382$ Gy

Le débit de dose est donc de 76,4 Gy.min^{-1}. Les expériences d'irradiation des poudres de verre dans 20 mL de solution ayant eu lieu pendant 30 minutes, la dose reçue est donc de 2292 Gy. Dans le cadre d'un stockage en couche géologique profonde, ce débit de dose est environ 1000 fois plus grand que celui d'un colis stocké après 10^4 ans (Shoesmith, 2000).

Ces valeurs de dose et de débit de dose sont seulement des valeurs calculées sur la base du volume total de la solution dans le réacteur. En réalité, dû au faible parcours des particules alpha dans la solution, seulement une faible fraction d'environ 1/10000 du volume de la solution est irradié avec un débit de dose d'environ 10000 fois supérieur à celui mesuré. La bonne agitation des solutions permet d'utiliser des valeurs de dose basées sur le volume total de la solution. En effet, seule une faible fraction du verre sera exposée directement au faisceau alpha pendant un temps très court. La plupart du temps, le verre est donc exposé aux espèces radiolytiques moléculaires dans tout le volume du réacteur.

VI.2.3. Irradiation gamma

Pour les expériences d'irradiation gamma, 100 mg de la poudre d5 du verre SON 68 ont été lixiviés à 90°C en mode statique dans 35 mL de solution synthétique enrichie en Si (120 ppm), B (380 ppm) et Na (1015 ppm) de pH initial 9,7. Comme dans le cas des irradiations alpha, des prélèvements de 2 mL sont faits pour déterminer les concentrations en lithium, césium, molybdène et silicium par ICP/MS. Le pH est également mesuré à température ambiante. La production de l'eau oxygénée est déterminée dans une expérience par la méthode de Ghormley. Pour comparer, une expérience où le système verre-solution n'est pas irradié est effectuée. L'irradiation est réalisée à l'université d'Orsay (Paris XI) avec une source de ^{60}Co. Les réacteurs sont empilés les uns sur les autres et posés sur différentes positions (3, 502, 901) par rapport à la source afin de recevoir des débits de doses différents à savoir 150 Gy.h^{-1}, 300 Gy.h^{-1} et 3953 Gy.h^{-1}. Ces débits de dose ont été obtenus à partir des dosimétrie de Fricke de l'Université, nos réacteurs ayant la même composition et la même géométrie. Il est important de signaler que le débit de dose n'est pas le même sur un cercle de rayon défini et que par rapport à la position du plateau sur lequel sont placés les échantillons, la position de la source, lorsqu'elle est levée, n'est pas bien définie. Par conséquent, il existe une incertitude non quantifiable sur le débit de dose reçu par les échantillons. Les deux débits de dose les plus faibles correspondent à ceux déterminés au contact conteneur-verre SON 68 après environ 100 ans de stockage (Van Iseghem et al., 2001). L'irradiation se fait à température ambiante et dure 14,6 heures. Les doses appliquées sont donc de 2190 Gy, 4380 Gy et 57714 Gy. Les réacteurs sont ensuite replacés à l'étuve à 90°C pendant 82 jours.

CHAPITRE VII : RESULTATS

Dans ce chapitre, nous présentons les résultats d'altération aqueuse du verre SON 68. Tout d'abord, les résultats des expériences réalisées en mode statique à 90°C dans de l'eau pure seront présentés puis les tests conduits dans une solution enrichie en bore (380 ppm) et sodium (1015 ppm) contenant des concentrations en silicium variables (0 à 240 ppm). Ensuite, les résultats obtenus lors de l'altération du verre SON 68, en mode dynamique (0,6 mL.h^{-1}) à 50°C et 90°C, par une solution enrichie en silicium (120 ppm ou 240 ppm), bore (380 ppm) et sodium (1015 ppm) seront développés. Tous les résultats de ces expériences en mode dynamique sont indiqués dans l'annexe F. Pour finir, les résultats de l'étude du suivi de la cinétique d'altération du verre SON 68 après irradiation alpha ou gamma seront décrits. Toutes les valeurs des courbes présentées pour les expériences sous irradiation sont indiquées dans l'annexe H.

VII.1. EXPERIENCES D'ALTERATION EN MODE STATIQUE A 90°C

VII.1.1. Vérification de l'effet des tampons

Rappelons que, dans notre étude, nous utilisons une solution synthétique enrichie en silicium (120 ppm), bore (380 ppm) et sodium (1015 ppm) de pH initial 4,8 ; 7,2 et 9,8 pour altérer le verre SON 68. Dans le cas des deux premiers pH, après bullage par un mélange Ar / CO$_2$, un tampon chimique acide acétique / acétate de sodium ou acide citrique / soude a été ajouté. Dans le but de vérifier que l'utilisation de ces tampons n'a pas d'influence sur la vitesse de dissolution du verre, nous avons réalisé des expériences en mode statique à 90°C dans de l'eau :

a) dont le pH est ajusté à 5 et tamponnée avec un mélange acide acétique / acétate de sodium

b) dont le pH est ajusté à 7,2 et tamponnée avec un mélange acide citrique / soude

Le rapport S/V est fixé à 50 m^{-1}. C'est le plus faible rapport S/V que nous pouvons obtenir avec le volume des réacteurs (50 mL) et la poudre du verre SON 68 (d20) à notre disposition. Un prélèvement est réalisé toutes les dix minutes puis toutes les trente minutes. Les solutions prélevées sont filtrées avec une membrane dont la porosité est de 0,2 microns afin de s'affranchir de la présence des colloïdes de diamètre supérieur. L'analyse des constituants du verre en solution permet de déterminer une vitesse initiale de dissolution (v_0). Dans notre étude, le lithium étant l'élément traceur de la corrosion, les échantillons ont été analysés par ICP/MS en lithium, césium. Le pH est également mesuré à température ambiante (25°C).

VII.1.1.1. Expérience d'altération, en mode statique à 90°C, dans de l'eau pure tamponnée à pH 5 avec un mélange acide acétique / acétate de sodium

VII.1.1.1.1. Evolution du pH

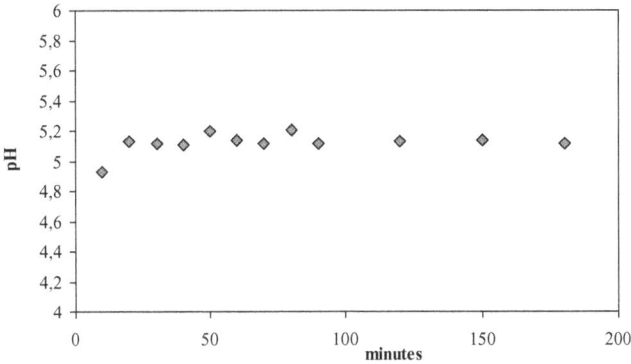

Figure VII-1 *: pH (25°C) en fonction du temps lors de l'altération, en mode statique à 90°C, de la poudre d20 du verre SON 68 dans de l'eau pure à pH 5 tamponnée avec un mélange acide acétique / acétate de sodium (S/V = 50 m⁻¹).*

VII.1.1.1.2. Evolution des pertes de masse normalisées

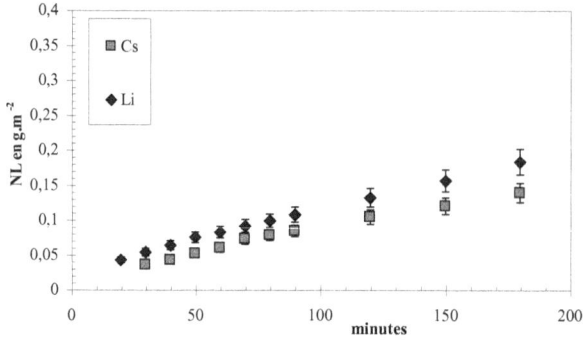

Figure VII-2 : *Pertes de masse normalisées, calculées à partir des concentrations en lithium et césium, en fonction du temps lors de l'altération, en mode statique à 90°C, de la poudre d20 du verre SON 68 dans de l'eau pure à pH 5 tamponnée avec un mélange acide acétique / acétate de sodium (S/V = 50 m^{-1}).*

VII.1.1.2. Expérience d'altération, en mode statique à 90°C, dans de l'eau pure à pH 7,2 tamponnée avec un mélange acide citrique / soude

VII.1.1.2.1. Evolution du pH

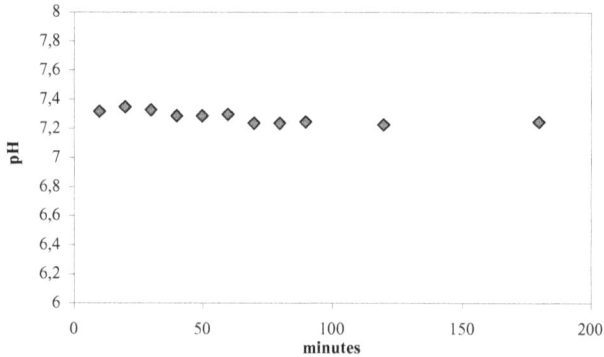

Figure VII-3 : *pH (25°C) en fonction du temps lors de l'altération, en mode statique à 90°C, de la poudre d20 du verre SON 68 dans de l'eau pure à pH 7,2 tamponnée avec un mélange acide citrique / soude (S/V = 50 m^{-1}).*

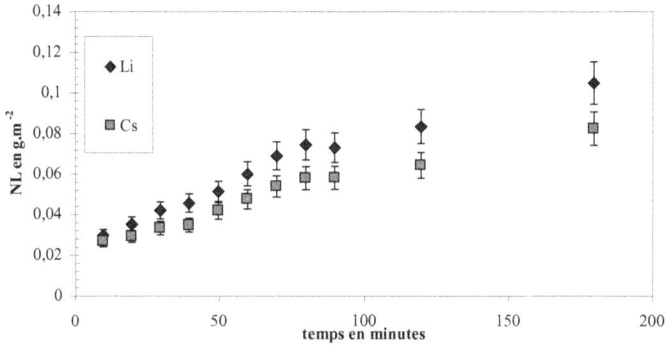

Figure VII-4 : *Pertes de masse normalisées, calculées à partir des concentrations en lithium et césium, en fonction du temps lors de l'altération, en mode statique à 90°C, de la poudre d20 du verre SON 68 dans de l'eau pure à pH 7,2 tamponnée avec un mélange acide citrique / soude (S/V = 50 m^{-1}).*

VII.1.2. Discussion

Dans ces deux expériences, le pH reste constant en fonction du temps d'altération. Dans ces conditions, la quantité d'alcalins relâchés n'est pas suffisante pour faire varier le pH (Figures VII-1 et VII-3).

Les pertes de masse normalisées sont représentées dans les figures VII-2 et VII-4. En faisant une régression linéaire avec les pertes de masse normalisées obtenues à partir des données du lithium, des vitesses initiales de dissolution proche de 1 $g.m^{-2}.j^{-1}$ et 0,7 $g.m^{-2}.j^{-1}$ sont déterminées pour des solutions tamponnées à pH 5 et 7,2.

Ces vitesses sont du même ordre de grandeur que celles obtenues dans la littérature. En effet, Advocat (1991) définit une vitesse d'altération initiale de 0,9 $g.m^{-2}.j^{-1}$ lors de l'altération du verre SON 68 en mode statique à 90°C à pH 7. Noguès (1984) détermine une vitesse initiale de 0,82 $g.m^{-2}.j^{-1}$ dans les mêmes conditions.

Par conséquent, les tampons utilisés n'ont donc pas d'influence significative sur la vitesse de dissolution initiale du verre SON 68.

VII.1.3. Vérification de la loi du premier ordre

VII.1.3.1. Expériences d'altération, en mode statique à 90°C, avec une solution enrichie en bore (380 ppm), sodium (1015 ppm) contenant des concentrations en silicium de 0 à 240 ppm

Dans le but de déterminer les vitesses initiales de dissolution du verre SON 68, nous avons conduit des tests d'altération en milieu statique à 90°C. Nous avons également vérifié l'effet de la concentration du silicium sur cette vitesse initiale c'est à dire la loi du premier ordre. Les expériences ont été réalisées avec une solution synthétique enrichie en bore (380 ppm) et sodium (1015 ppm) et contenant des concentrations en silicium variant de 0 à 240 ppm. Le pH initial de la solution d'altération est de 9,5 ± 0,2. Sept prélèvements de 2 mL sont réalisés le premier jour puis quatre le deuxième jour. Les solutions sont filtrées avec une membrane dont la porosité est de 0,2 microns. Le pH est également mesuré après refroidissement de la solution prélevée.

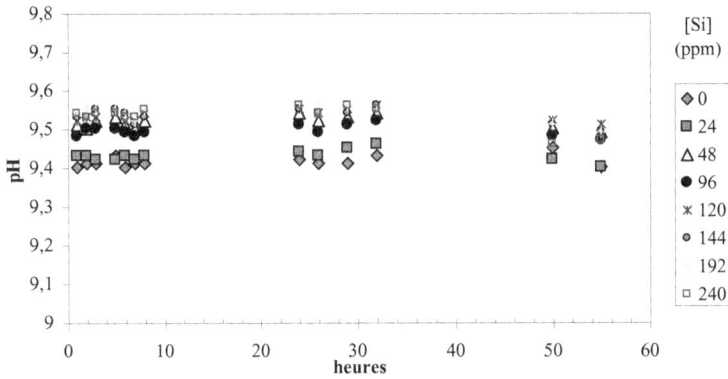

Figure VII-5 : *pH (25°C) en fonction du temps lors de l'altération, en mode statique à 90°C, de la poudre d20 du verre SON 68 par une solution enrichie en B (380 ppm) et Na (1015 ppm) de pH initial 9,8 et contenant des concentrations en Si de 0 à 240 ppm (S/V = 50 m⁻¹).*

La figure VII-5 représente l'évolution du pH à 25°C au cours de l'altération. Le pH reste constant quelle que soit la concentration en silicium. Ceci montre que le système est tamponné par les carbonates et par les borates.

VII.1.3.1.2. Evolution des pertes de masse normalisées

L'évolution des pertes de masse normalisées calculées à partir du lithium est représentée sur la figure VII-6. Pour plus de clarté, les barres d'incertitudes de 10% ne sont pas indiquées.

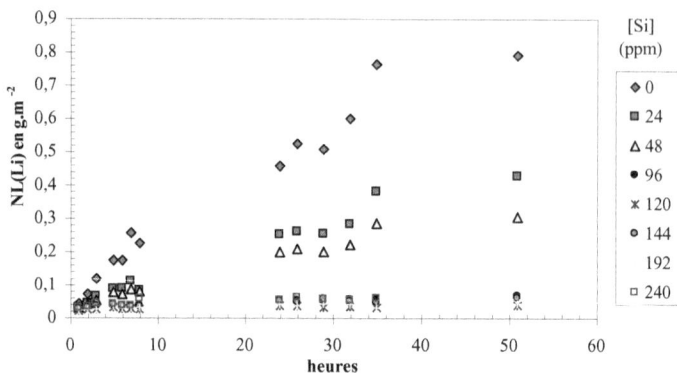

Figure VII-6 : *Pertes de masse normalisées, calculées à partir des concentrations du lithium, en fonction du temps, lors de l'altération en mode statique à 90°C, de la poudre d20 du verre SON 68 par une solution enrichie en B (380 ppm), Na (1015 ppm) de pH initial 9,8 et contenant des concentrations en Si de 0 à 240 ppm (S/V = 50 m^{-1}).*

Les pertes de masse normalisées calculées à partir du lithium nous permettent de calculer des vitesses initiales de dissolution. Elles sont de 0,89 g.m^{-2}.j^{-1}, 0,52 g.m^{-2}.j^{-1}, 0,37 g.m^{-2}.j^{-1} pour des concentrations respectives en silicium de 0, 24 et 48 ppm. Au-delà d'une concentration en silicium de 48 ppm, la perte de masse normalisée est constante et la vitesse de dissolution est de l'ordre de 0,04 g.m^{-2}.j^{-1}. Toutefois, ces expériences nous permettent de mettre en évidence que plus la concentration en silicium augmente, plus la vitesse de dissolution est faible ce qui est en accord avec la loi cinétique du premier ordre. La figure VI-7 représente la vitesse d'altération initiale en fonction de la concentration en silicium.

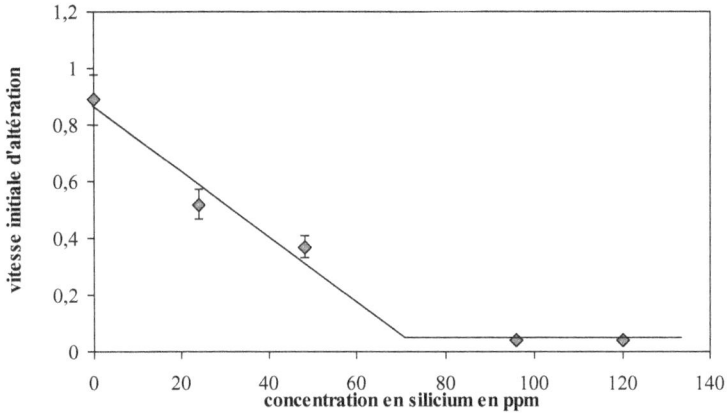

Figure VII-7 : *Vitesse initiale (v_0) en fonction de la concentration en Si lors de l'altération, en mode statique à 90°C, de la poudre d20 du verre SON 68 par une solution enrichie en B (380 ppm), Na (1015 ppm) et contenant des concentrations en Si de 0 à 120 ppm (S/V = 50 m^{-1}).*

Lors d'une expérience d'altération du verre SON 68 en mode dynamique (0,1mL.min^{-1}) à 90°C dans de l'eau pure contenant des concentrations en silicium variant de 0 à 120 ppm, Jégou a observé une diminution de la vitesse d'altération, déterminée à partir des concentrations du bore en solution, de 0,3 g.m^{-2}.j^{-1} à 0,02 g.m^{-2}.j^{-1}. Une diminution par un facteur 15 est donc observé. Dans notre expérience, la vitesse chute de 0,89 à 0,04 c'est à dire d'un facteur 22.

VII.2. EXPERIENCES D'ALTERATION EN MODE DYNAMIQUE A 50°C PAR UNE SOLUTION ENRICHIE EN SILICIUM (120 PPM), BORE (380 PPM) ET SODIUM (1015 PPM) DE PH INITIAL 4,8 ; 7,2 OU 9,8

Afin d'accumuler le plus de résultats possible ainsi que de valider notre approche expérimentale, nous avons utilisé deux types de poudre : une poudre d20 dont les particules ont un diamètre inférieur à 20 microns et une poudre d5 dont les particules ont un diamètre de 5 microns. Nous avons également utilisé des lames de 100 microns d'épaisseur pour une analyse directe par infrarouge afin de faire la spéciation de l'eau au cours de l'altération. En effet, de nombreux auteurs (Husung et Doremus, 1990 ; Davis et Tomozawa, 1996) ont utilisé des lames pour l'analyse qualitative de l'eau dans les verres.

VII.2.1. Exemple de la poudre d20 du verre SON 68

VII.2.1.1. Evolution du pH

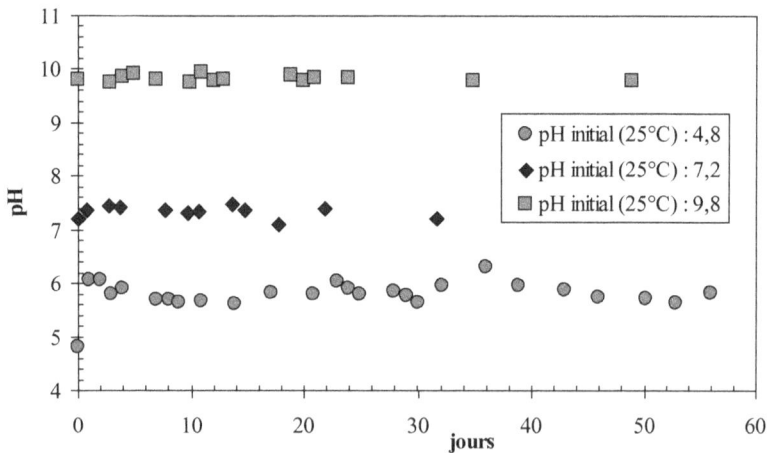

Figure VII-8 : pH (25°C) en fonction du temps lors de l'altération, en mode dynamique (0,6 mL.h^{-1}) à 50°C, de la poudre d20 du verre SON 68 par une solution enrichie en Si (120 ppm), B (380 ppm), Na (1015 ppm) de pH initial 4,8 ; 7,2 ou 9,8 (S/V = 4333 m^{-1}).

Nous constatons que le pH (25°C) des échantillons prélevés après altération par les solutions de pH initial 7,2 et 9,8 reste constant (Figure VII-8). En revanche, lorsqu'une solution altérante de pH initial 4,8 est utilisée, une augmentation du pH de plus d'une unité est observée. Le pouvoir tampon de la solution synthétique enrichie en Si, B et Na n'est pas suffisant pour masquer l'augmentation du pH due au relâchement des ions alcalins du verre, relâchement qui est d'autant plus important que le pH est faible.

VII.2.1.2. *Vitesses de dissolution normalisées*

Les vitesses de dissolution normalisées obtenues à partir des concentrations du lithium, du césium, du molybdène, sont représentées dans la figure VII-9.

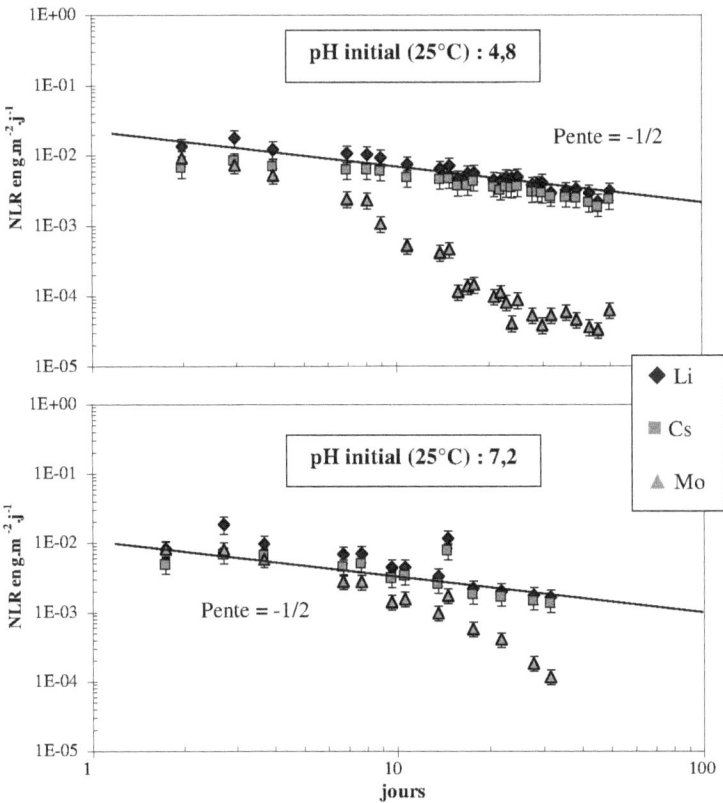

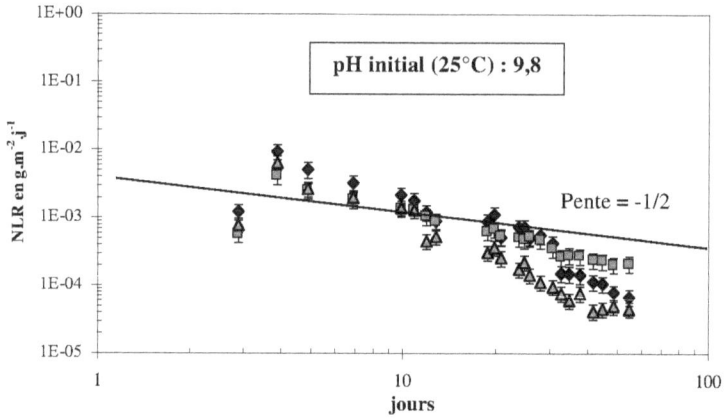

Figure VII-9 : *Vitesses de dissolution normalisées, calculées à partir des concentrations du lithium, césium, molybdène en fonction du temps lors de l'altération, en mode dynamique (0,6 mL.h⁻¹)* à 50°C, de la poudre d20 du verre SON 68 par une solution enrichie en Si (120 ppm), B (380 ppm) et Na (1015 ppm) de pH initial 4,8 ; 7,2 ou 9,8 (S/V = 4333 m⁻¹).

Au début de l'expérience, il semble que la vitesse de dissolution mesurée quel que soit le pH est similaire à la vitesse initiale trouvée en conditions de saturation en silice (Figure VII-9). La vitesse de dissolution normalisée de tous les éléments est similaire et peut laisser supposer une dissolution totale des fines particules présentes dans la poudre du verre. Ce processus disparaît après quelques jours pour laisser place à un processus de différenciation entre le lithium et le césium d'une part et le molybdène d'autre part. Dans les expériences réalisées avec une solution enrichie en Si, B et Na de pH initial 4,8 ou 7,2, nous constatons que, compte tenu des incertitudes sur les vitesses de dissolution normalisées, celles obtenues à partir des données du lithium et du césium sont similaires. Le relâchement de ces deux éléments semble être décrit par un processus de diffusion, caractérisé par une pente de –1/2 dans le diagramme double logarithmique. En effet, de nombreuses études sur des verres de composition simples ou complexes ont montré qu'aux premiers instants de l'altération, la concentration des alcalins augmente de façon proportionnelle à la racine carrée du temps caractéristique d'un processus de diffusion (Rana, 1961 ; Boksay, 1968 ; Hench et Clark, 1978 ; Barkatt, 1981 ; Bunker, 1987 ; Petit, 1990) Les vitesses obtenues à partir du molybdène sont similaires à celles du lithium et du césium jusqu'à 8 jours puis diminuent de façon drastique jusqu'à l'atteinte d'un palier situé vers 5.10^{-5} g.m^{-2}.j^{-1}. Cette vitesse pourrait être attribuée à la vitesse de dissolution finale de la matrice vitreuse. Dans le cas de l'expérience avec la solution de pH initial 7,2, ce palier n'est pas atteint du fait de la durée plus courte de l'expérience (32 jours à la place de 50 jours). La vitesse de dissolution en fin d'expérience du molybdène est d'un à deux ordres de grandeurs plus faibles que celles obtenues à partir du lithium et du césium.

Dans le cas de l'altération par une solution de pH initial 9,8, les vitesses obtenues à partir du lithium, césium et molybdène sont similaires jusqu'à 10 jours et semblent suivre un profil de diffusion. Après seul le césium semble relâché par ce processus, les vitesses du lithium et du molybdène semblent se trouver une pente de même valeur caractérisant un relâchement de ces éléments par un processus similaire. Une vitesse de dissolution en fin d'expérience du molybdène de l'ordre de 10^{-5} g.m^{-2}.j^{-1} est obtenue.

VII.2.1.3. Contrôle de la teneur en silicium

Durant les expériences d'altération, en mode dynamique à 50°C, de la poudre d20 du verre SON 68, la concentration en silicium est déterminée par ICP/MS. Comme le montre la figure VI-10, cette concentration est constante au cours du temps et reste proche de 120 ppm, concentration des solutions initiales. Ce résultat montre que les processus d'hydrolyse et de dissolution de la matrice du verre sont négligeables dans nos expériences.

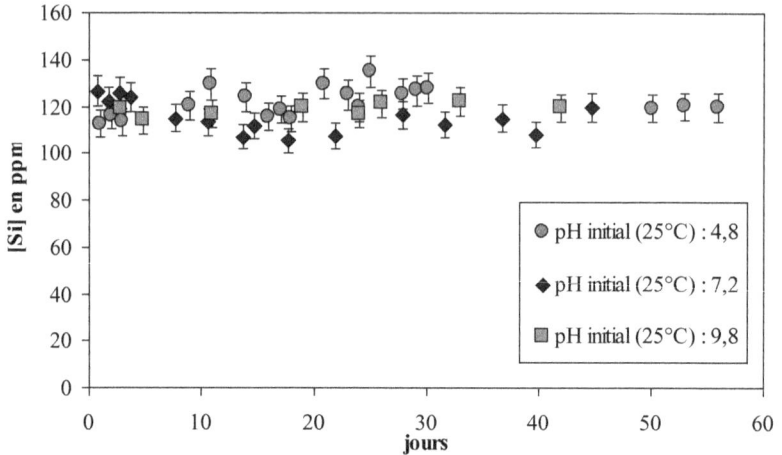

Figure VII-10 : *Concentration en Si en fonction du temps lors de l'altération,*
en mode dynamique (0,6 mL.h⁻¹) à 50°C, de la poudre d20 par une solution
enrichie en Si (120 ppm), B (380 ppm), Na (1015 ppm)
de pH initial 4,8 ; 7,2 ou 9,8 (S/V = 4333 m⁻¹).

VII.3. EXPERIENCES D'ALTERATION EN MODE DYNAMIQUE A 90°C PAR UNE SOLUTION ENRICHIE EN SILICIUM (120 PPM), BORE (380 PPM) ET SODIUM (1015 PPM) DE PH INITIAL 4,8 ; 7,2 OU 9,8

VII.3.1. Exemple de la poudre d5 du verre SON 68

VII.3.1.1. Evolution du pH

Le pH (25°C) des lixiviats lors de l'altération avec une solution de pH initial 9,8, reste constant au cours de l'expérience. En revanche, une augmentation de presque 1,5 unités est observée avec l'expérience utilisant une solution d'altération de pH initial 7,2. A cette température, le pouvoir tampon de la solution est donc perdu probablement dû au fait que l'échange ionique est plus important à 90°C qu'à 50°C. Il est également d'autant plus important que la solution d'altération est acide ce qui se caractérise par une augmentation du pH de presque 2,5 unités pour l'expérience réalisée avec une solution de pH initial 4,8 (Figure VII-11).

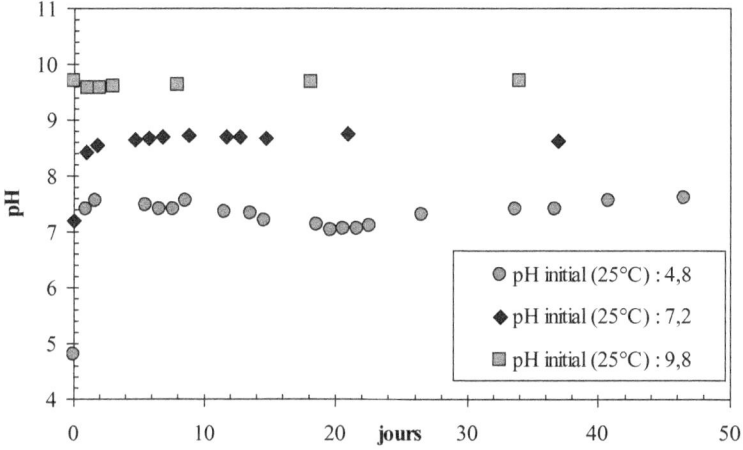

Figure VII-11 : pH (25 °C) en fonction du temps lors de l'altération, en mode dynamique (0,6 mL.h^{-1}) à 90°C, de la poudre d5 du verre SON 68 par une solution enrichie en Si (120 ppm), B (380 ppm) et Na (1015 ppm) de pH initial 4,8 ; 7,2 ou 9,8 (S/V = 11914 m^{-1}).

VII.3.1.2. Vitesses de dissolution normalisées

Les vitesses de dissolution normalisées obtenues à partir des concentrations du lithium, du césium, du molybdène, sont représentées dans la figure VII-12.

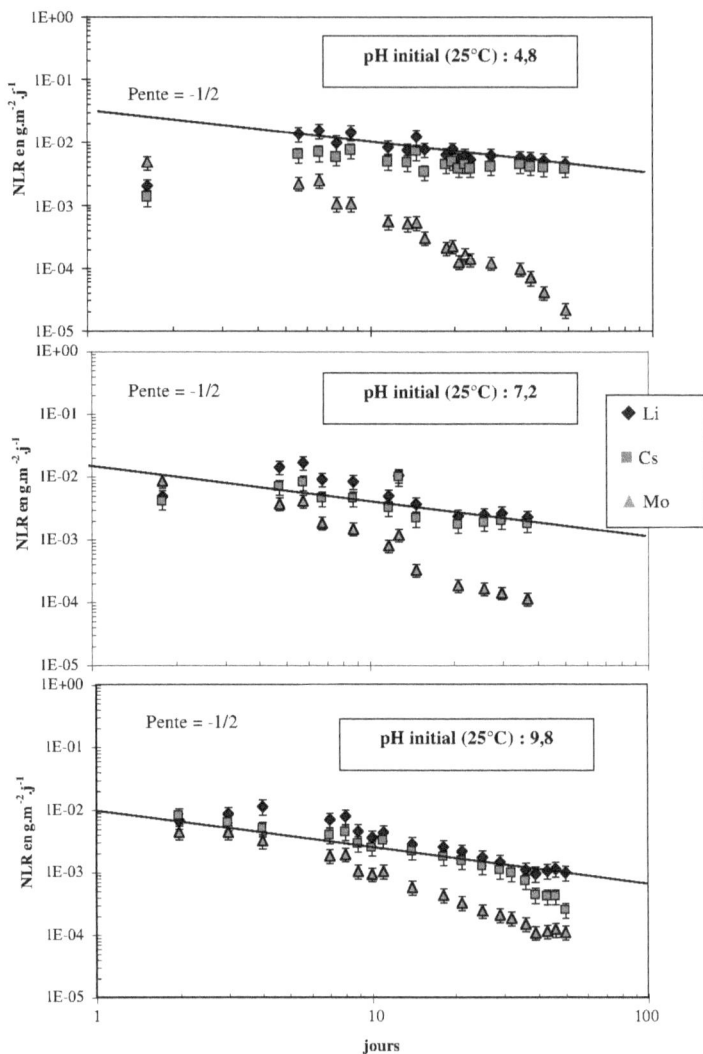

Figure VII-12 : *Vitesses de dissolution normalisées, calculées à partir des concentrations du lithium, césium, molybdène, en fonction du temps lors de l'altération, en mode dynamique (0,6 mL.h^{-1}) à 90°C, de la poudre d5 du verre SON 68 par une solution enrichie en Si (120 ppm), B (380 ppm), Na (1015 ppm) de pH initial 4,8 ; 7,2 ou 9,8 (S/V = 11914 m^{-1}).*

Quel que soit le pH de la solution d'altération, après 8 jours, les vitesses obtenues à partir du lithium et du césium sont similaires. Le relâchement de ces éléments est contrôlé par un processus de diffusion. Une vitesse initiale de dissolution proche de 10^{-2} $g.m^{-2}.j^{-1}$ et de 6.10^{-3} $g.m^{-2}.j^{-1}$ peut être attribuée pour le lithium et le césium au cours des 8 premiers jours. La vitesse de dissolution du molybdène chute de trois ordres de grandeurs dans le cas de l'expérience conduite avec une solution d'altération de pH initial 4,8 et n'atteint pas de palier. Dans les autres expériences, elle diminue de deux ordres de grandeur et atteint une vitesse en fin d'expérience de l'ordre de 10^{-4} $g.m^{-2}.j^{-1}$.

VII.3.1.3. Contrôle de la teneur en silicium

Durant les expériences d'altération, en mode dynamique à 90°C, de la poudre d5 du verre SON 68, la concentration en silicium est déterminée par ICP/MS. Comme le montre la figure VII-13, cette concentration est constante au cours du temps et reste proche de 120 ppm, concentration des solutions initiales. Ce résultat montre que les processus d'hydrolyse et de dissolution de la matrice du verre sont négligeables dans nos expériences.

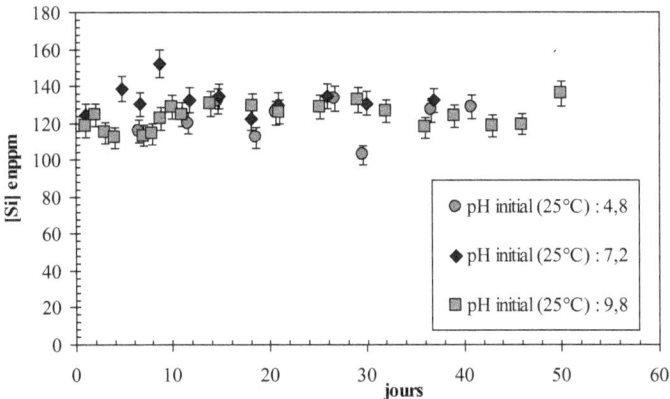

Figure VII-13 : Concentration en Si en fonction du temps lors de l'altération, en mode dynamique (0,6 mL.h^{-1}) à 90°C, de la poudre d5 du verre SON 68 par une solution enrichie en Si (120 ppm), B (380 ppm) et Na (1015 ppm) de pH initial 4,8 ; 7,2 ou 9,8 (S/V = 11914 m^{-1}).

VII.4. EXPERIENCES D'ALTERATION EN MODE DYNAMIQUE A 90°C PAR UNE SOLUTION ENRICHIE EN SILICIUM (240 PPM), BORE (380 PPM) ET SODIUM (1015 PPM) DE PH 4,8 ; 7,2 OU 9,8

Des expériences en mode dynamique (0,6 mL.h^{-1}) à 90°C sont réalisées avec une solution d'altération dont la concentration en silicium est doublée (240 ppm à la place de 120 ppm), les concentrations en bore et sodium restant les mêmes (380 et 1015 ppm). Le but est de savoir si cette concentration en silicium influence les vitesses de relâchement des éléments du verre. Comme pour les expériences précédentes, l'évolution du pH (Figure VII-14) les vitesses de dissolution normalisées (Figure VII-15) ainsi que l'évolution de la concentration en silicium (Figure VII-16) sont présentées.

VII.4.1. Exemple de la poudre d20 du verre SON 68

VII.4.1.1. Evolution du pH

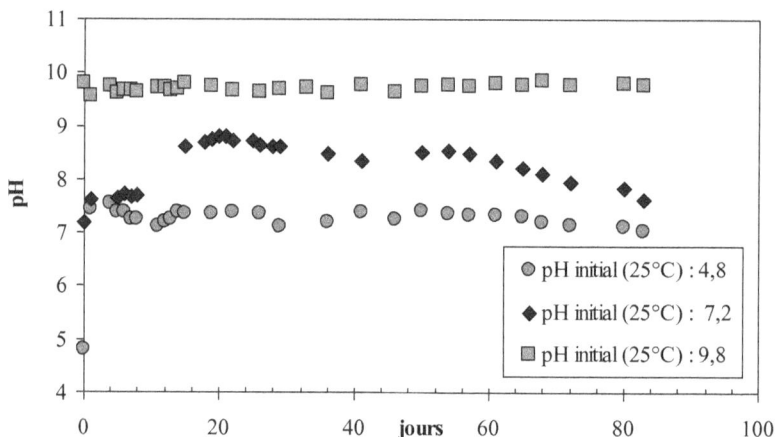

Figure VII-14 : pH (25°C) en fonction du temps lors de l'altération, en mode dynamique (0,6 mL.h^{-1}) à 90°C, de la poudre d20 du verre SON 68 par une solution enrichie en Si (240 ppm), B (380 ppm) et Na (1015 ppm) de pH initial 4,8 ; 7,2 ou 9,8 (S/V = 4333 m^{-1}).

Pour les deux types de poudre, le pH des échantillons prélevés augmente de 2,5 unités et de presque 1,5 unités dans le cas de l'altération par une solution synthétique de pH initial 4,8 et 7,2. Nous constatons donc que l'évolution du pH est la même que lorsque la concentration en silicium est divisée par 2.

VII.4.1.2. Vitesses de dissolution normalisées

Les vitesses de dissolution normalisées obtenues à partir des concentrations du lithium, du césium, du molybdène, sont représentées dans la figure VII-15.

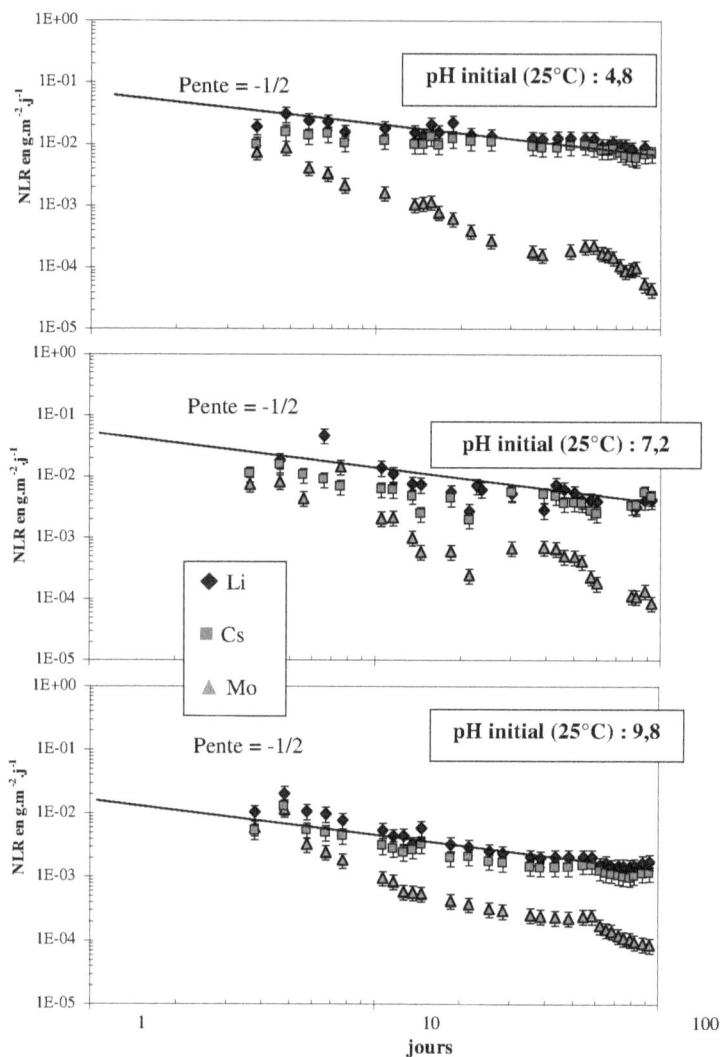

Figure VII-15 : *Vitesses de dissolution normalisées, calculées à partir des concentrations du lithium, césium, molybdène, en fonction du temps lors de l'altération, en mode dynamique (0,6 mL.h⁻¹) à 90°C, de la poudre d20 du verre SON 68 par une solution enrichie en Si (240 ppm), Bore (380 ppm) et Na (1015 ppm) de pH initial 4,8 ; 7,2 ou 9,8 (S/V = 4333 m⁻¹).*

Dans les expériences réalisées avec une solution synthétique enrichie en Si (240 ppm), bore (380 ppm) et sodium (1015 ppm), nous constatons que les vitesses de dissolution normalisées du lithium et du césium sont similaires et que ces éléments sont relâchés par un processus de diffusion, caractérisé par une pente de −1/2 dans le diagramme double logarithmique vitesse de dissolution normalisée en fonction du temps.

Les vitesses de dissolution normalisées du molybdène sont au moins de deux ordres de grandeur inférieures à celles du lithium et du césium. Comme dans les expériences menées avec une solution contenant 120 ppm en Si, elles sont comprises entre 10^{-4} et 10^{-5} $g.m^{-2}.j^{-1}$.

VII.4.1.3. Contrôle de la teneur en silicium

Durant les expériences d'altération, en mode dynamique à 90°C, de la poudre d20 du verre SON 68 par une solution synthétique enrichie en silicium (240 ppm), bore (380 ppm) et sodium (1015 ppm), la concentration en silicium est déterminée par ICP/MS. Comme le montre la figure VII-16, cette concentration est constante au cours du temps et reste proche de 240 ppm, concentration des solutions initiales. Ce résultat montre que les processus d'hydrolyse et de dissolution de la matrice du verre sont négligeables dans nos expériences.

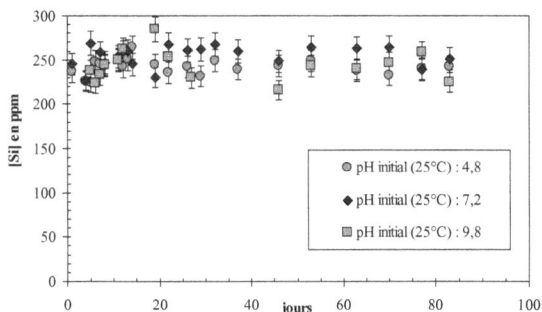

Figure VII-16 : Concentration en Si en fonction du temps lors de l'altération, en mode dynamique (0,6 mL.h^{-1}) à 90°C, de la poudre d20 SON 68 par une solution enrichie en Si (240 ppm), B (380 ppm) et Na (1015 ppm) de pH initial 4,8 ; 7,2 ou 9,8 (S/V = 4333 m^{-1}).

VII.5. DISCUSSION

Lors des expériences conduites à 50°C avec une solution synthétique enrichie en Si (120 ppm), B (380 ppm) et Na (1015 ppm) de pH initial 4,8, une augmentation du pH de 1,2 unités ou de 1,7 unités est observée dans le cas des poudres ou de la lame. Cette augmentation est progressive dans le cas de la lame alors qu'elle apparaît dès le premier jour d'altération dans le cas des poudres. Pour les altérations menées avec des solutions de pH initial 7,2 et 9,8, le pH ne change pas. L'échange ionique n'affecte pas le pouvoir tampon de la solution de pH 7,2. A 90°C, le pH augmente de plus de 2 unités dans le cas de l'altération des poudres par une solution synthétique de pH initial 4,8. Nous constatons également une augmentation du pH de 1,5 unités lors des expériences avec la lame et les poudres utilisant une solution d'altération de pH initial 7,2. L'échange ionique est donc plus important à 90°C qu'à 50°C.

La figure VII-17 représente les vitesses de dissolution obtenues à partir des concentrations du lithium, césium, molybdène lors de l'altération en mode dynamique (0,6 mL.h^{-1}) menée à une température donnée avec une solution enrichie en Si (120 ppm), B (380 ppm), Na (1015 ppm) de pH initial défini pour chaque type d'échantillon du verre SON 68.

Dans la majorité des expériences, le relâchement du lithium et du césium semble suivre un processus de diffusion ; les vitesses du lithium et du césium sont similaires compte tenu de l'incertitude et varient entre 3.10^{-2} et 10^{-3} g.m^{-2}.j^{-1}. Les vitesses obtenues dans le cas de l'altération des lames sont très souvent légèrement supérieures, la déviation étant plus importante à 90°C qu'à 50°C. Deux cas sont à signaler : dans l'expérience à 90°C avec une solution d'altération de pH initial 4,8, sur les 30 premiers jours, les vitesses sont plus grandes d'un ordre de grandeur par rapport à celles des expériences utilisant les poudres puis chutent rapidement ; dans le cas de l'expérience à 90°C avec une solution d'altération de pH initial 9,8, un ordre de grandeur est également observé. Les vitesses supérieures obtenues pour les lames peuvent s'expliquer par une sous-estimation de la surface géométrique de par l'existence de pores dans les lames (figure VII-29). De plus, compte tenu de la dilution nécessaire pour l'analyse à l'ICP/MS, les concentrations obtenues sont dans la partie de la gamme d'étalonnage la moins fiable, ce qui augmente les incertitudes de mesure.

Pour les expériences menées à 50°C, les vitesses obtenues à partir du molybdène varient entre 10^{-2} et 10^{-5} $g.m^{-2}.j^{-1}$ sauf dans le cas de l'altération de la lame par une solution altérante de pH 7,2 où après 10 jours d'altération, il n'est plus quantifiable. Pour les expériences menées à 90°C, les vitesses de dissolution du molybdène varient entre 10^{-2} et 10^{-4} $g.m^{-2}.j^{-1}$ sauf pour l'expérience avec la solution d'altération de pH initial 4,8 où, dans ce cas, elle atteint 10^{-5} $g.m^{-2}.j^{-1}$.

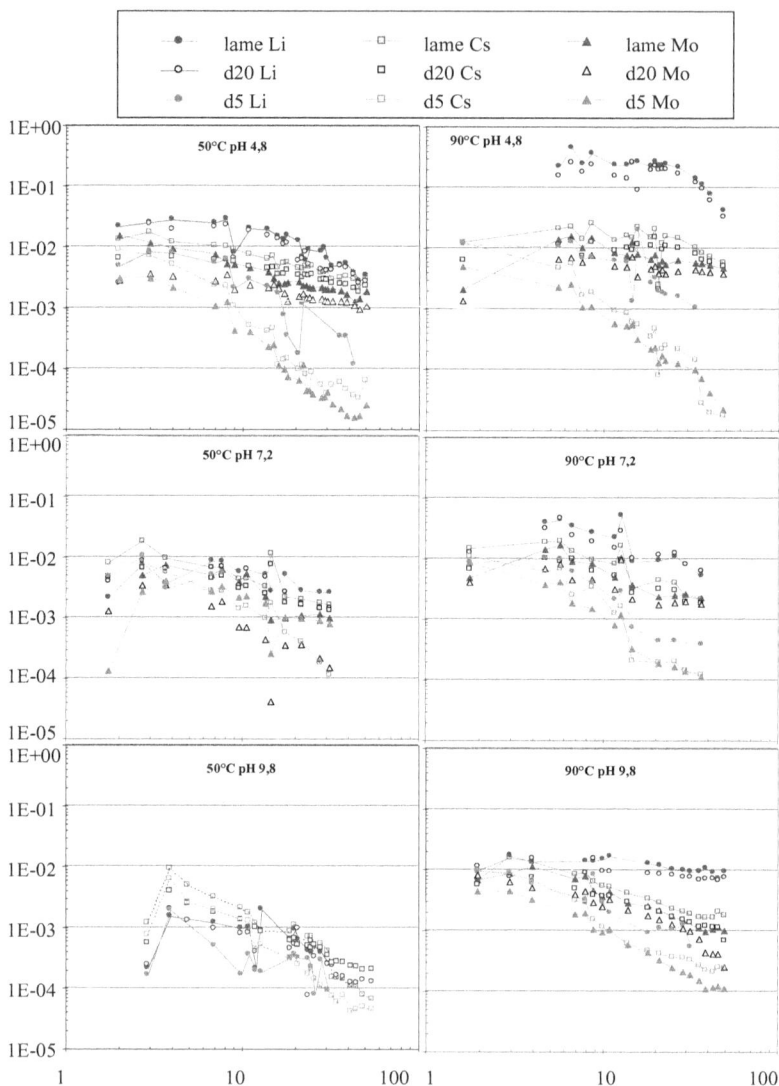

Figure VII-17 : Vitesses de dissolution normalisées, calculées à partir des concentrations en lithium, césium et molybdène, en fonction du temps lors de l'altération, en mode dynamique (0,6 mL.h⁻¹), des trois types d'échantillons du verre SON 68 à un même pH et une même température.

La figure VII-18 représente l'évolution des vitesses de dissolution obtenues à partir du lithium, césium et molybdène en fonction du pH final mesuré à température ambiante lors des expériences menées avec une solution synthétique enrichie en silicium (120 ppm), bore (380 ppm) et sodium (1015 ppm) à 50°C et 90°C. Nous constatons que, pour les expériences réalisées à 90°C, il existe une relation linéaire entre le logarithme des vitesses du lithium et du césium et le pH final mesuré. Pour le lithium, nous obtenons log V = -0,33 pH + 0,32 et pour le césium, log V = -0,30 pH + 0,10. Il est difficile de conclure qu'une telle relation existe pour les expériences menées à 50°C compte tenu que l'expérience avec la poudre d5 et la solution altérante de pH 9,8 n'a pas été réalisée et que pour la lame, les concentrations en Li et Cs ne sont pas quantifiables à la fin de l'expérience.

En revanche, avec les vitesses obtenues à partir du molybdène, il n'y a aucun effet du pH final, la vitesse est constante et de l'ordre de 10^{-4} $g.m^{-2}.j^{-1}$.

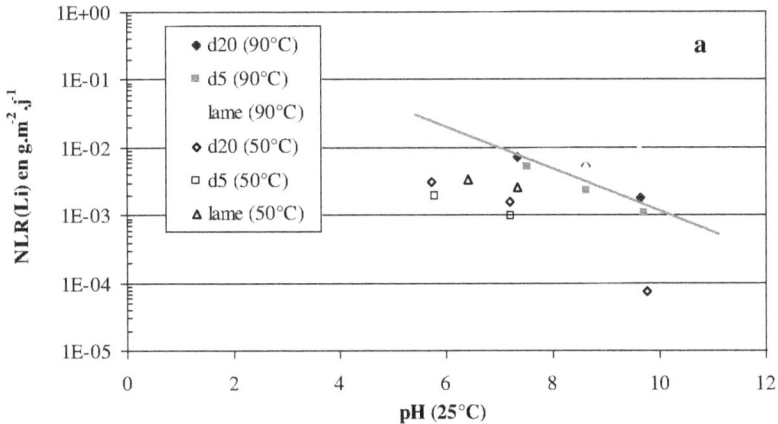

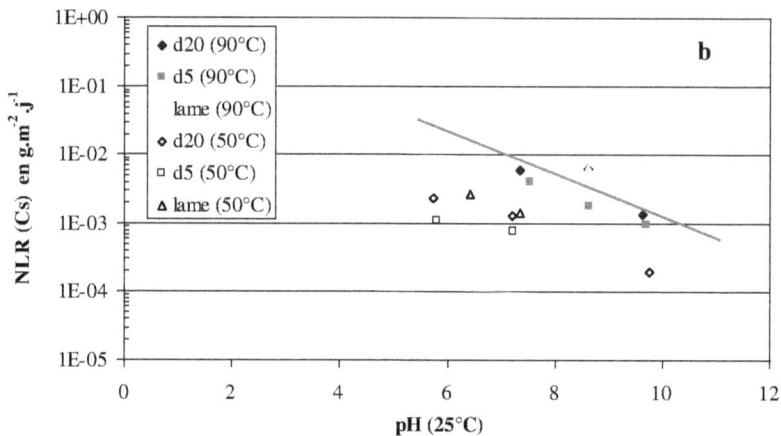

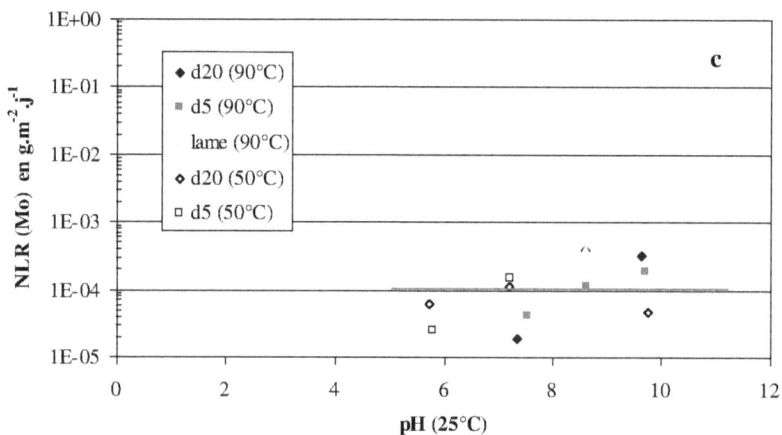

Figure VI-18 : *Vitesses de dissolution normalisées du lithium (a), du césium (b) et du molybdène(c) en fonction du pH final mesuré à 25°C lors des expériences, menées en mode dynamique (0,6 mL.h⁻¹) à 50°C et à 90°C, avec une solution enrichie en Si (120 ppm), B (380 ppm) et Na (1015 ppm).*

Le tableau VII-2 indique les vitesses de dissolution en fin d'expérience du lithium, césium, molybdène lors de l'altération des poudres d20 et d5 en mode dynamique à

90°C par une solution contenant 120 ppm ou 240 ppm en silicium, 380 ppm en bore et 1015 ppm en sodium. La durée des expériences avec la solution sursaturée étant plus longue, les valeurs indiquées dans le tableau sont celles obtenues à des temps similaires c'est à dire après 30 jours dans le cas de l'altération par une solution de pH initial 7,2 et après 50 jours pour les autres cas.

[Si]	240 ppm			120 ppm			Eléments
pH initial*	4,8	7,2	9,8	4,8	7,2	9,8	
d20	7,1	7,6	9,8	7,4	8,6	9,8	pH final*
	10^{-2}	5.10^{-3}	2.10^{-3}	5.10^{-3}	2.10^{-3}	2.10^{-3}	Li
	10^{-2}	5.10^{-3}	2.10^{-3}	5.10^{-3}	2.10^{-3}	6.10^{-4}	Cs
	10^{-4}	7.10^{-4}	2.10^{-4}	2.10^{-5}	10^{-4}	2.10^{-4}	Mo
d5	7,1	7,6	9,8	7,6	8,6	9,8	pH final*
	4.10^{-3}	4.10^{-3}	10^{-3}	4.10^{-3}	10^{-3}	10^{-3}	Li
	4.10^{-3}	4.10^{-3}	10^{-3}	4.10^{-3}	10^{-3}	10^{-4}	Cs
	10^{-4}	3.10^{-4}	10^{-4}	2.10^{-5}	10^{-4}	10^{-4}	Mo

*mesuré à 25°C

Tableau VII-1 : Vitesses de dissolution en fin d'expérience du lithium, césium, molybdène obtenues lors de l'altération, en mode dynamique (0,6 mL.h^{-1}) à 90°C, des poudres d20 et d5 du verre SON 68 par une solution contenant 120 ppm ou 240 ppm en Si, 380 ppm en B, 1015 ppm en Na de pH initial 4,8 ; 7,2 ou 9,8.

Dans la majorité des expériences, les vitesses obtenues sont similaires. Nous pouvons donc conclure que les vitesses de dissolution du lithium, césium, molybdène sont indépendantes de la concentration en silicium (120 ou 240 ppm).

Nous avons également constaté que, comme dans les expériences réalisées avec une solution contenant 120 ppm en silicium, la concentration en silicium, déterminée par ICP/MS, reste constante c'est à dire de l'ordre de 240 ppm indiquant que les processus d'hydrolyse et de dissolution de la matrice vitreuse sont .négligeables.

VII.6. ANALYSE PAR IRTF

Dans cette partie, seules les expériences indiquées dans le tableau VII-3 seront décrites. Toutes les expériences ont été réalisées en mode dynamique. Celles qui ne sont pas présentées se trouvent dans l'annexe G.

Expérience à 50°C + solution synthétique [Si] = 120 ppm ; [B] = 380 ppm ; [Na] = 1015 ppm	Poudre d20 pH initial = 7,2
Expérience à 90°C + solution synthétique [Si] = 120 ppm ; [B] = 380 ppm ; [Na] = 1015 ppm	Poudre d5 pH initial = 7,2
Expérience à 90°C + solution synthétique [Si] = 240 ppm ; [B] = 380 ppm ; [Na] = 1015 ppm	Poudre d20 pH initial = 4,8

Tableau VII-2 : *Expériences d'altération du verre SON 68 en mode dynamique (0,6 mL.h⁻¹) pour lesquelles l'analyse par spectroscopie infrarouge est décrite.*

VII.6.1. Expériences d'altération, en mode dynamique à 50°C, de la poudre d20 par une solution enrichie en silicium (120 ppm), bore (380 ppm) et sodium (1015 ppm) de pH initial 7,2

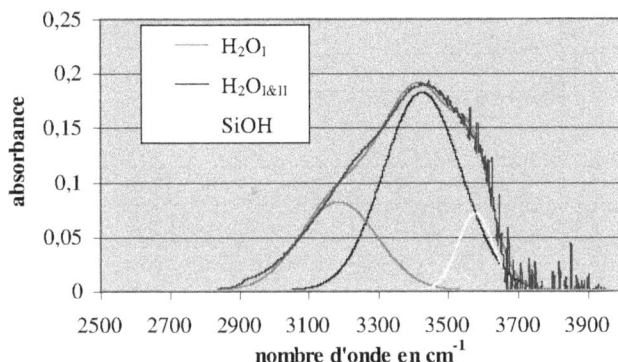

Figure VII-18 : *Déconvolution du spectre IR obtenu après 44 jours lors de l'altération, en mode dynamique (0,6 mL.h^{-1}) à 50°C, de la poudre d20 du verre SON 68 par une solution enrichie en Si (120 ppm), B (380 ppm) et Na (1015 ppm) de pH initial 7,2.*

La figure VII-18 représente la déconvolution du spectre infrarouge obtenu après 44 jours d'altération, en mode dynamique à 50°C, de la poudre d20 du verre SON 68 par une solution enrichie en silicium, bore et sodium de pH initial 7,2. Nous retrouvons les trois bandes caractéristiques de l'hydratation décrites dans paragraphe VI.1.5.1.3. Au cours de l'altération, nous n'observons pas de déplacement significatif de la position des bandes. La bande caractéristique de H_2O_I se situe à 3200 ± 20 cm^{-1} ; la bande caractéristique de $(H_2O_{I\&II})$ à 3438 ± 9cm^{-1} ; la bande caractéristique de SiOH à 3580 ± 4 cm^{-1}. Pour une bande donnée, les largeurs à mi-hauteur sont similaires au cours du temps ce qui est nécessaire pour une bonne déconvolution des spectres. Elles sont autour de 260 cm^{-1} pour les bandes caractéristiques de H_2O_I et $H_2O_{I\&II}$ et de 112 cm^{-1} pour la bande caractéristique de SiOH. Entre 14 jours et 44 jours d'altération, l'absorbance de H_2O_I augmente de 0,062 à 0,081 ; celle de $H_2O_{I\&II}$ de 0,143 à 0,182 ; celle de SiOH de 0,045 à 0,071. A partir des absorbances, en se basant sur la bande caractéristique de $H_2O_{I\&II}$ et sur la bande caractéristique de SiOH, les concentrations sont déterminées selon la méthode décrite dans le chapitre V au paragraphe V.5.1.4. La figure VII-19 représente les concentrations en eau, en silanol et en hydrogène (calculée à partir de $H_2O_{I\&II}$ et de SiOH) en fonction du temps d'altération.

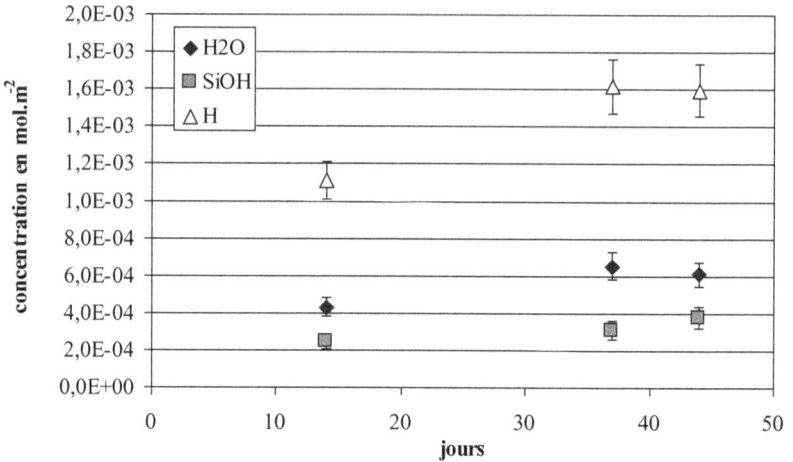

Figure VII-19 : *Concentrations (mol.m^{-2} de verre) en eau, en silanol et en hydrogène en fonction du temps lors de l'altération, en mode dynamique (0,6 mL.h^{-1}) à 50°C, de la poudre d20 du verre SON 68 par une solution enrichie en Si (120 ppm), B (380 ppm) et Na (1015 ppm) de pH initial 7,2.*

En 30 jours d'altération, la concentration en eau augmente de $4,323.10^{-4}$ à $6,092.10^{-4}$ mol.m^{-2} de verre; celle en silanol augmente également de $2,434.10^{-4}$ à $3,774.10^{-4}$ mol. m^{-2} de verre.

Il faut signaler que dans cette série d'expérience d'altération en mode dynamique à 50°C, l'eau présente dans la lame de verre altérée par une solution enrichie en silicium, bore et sodium de pH initial 9,8 ne peut être quantifiée. Les absorbances sont inférieures à 0,02.

VII.6.2. Expériences d'altération en mode dynamique à 90°C de la poudre d5 du verre SON 68 par une solution enrichie en silicium (120 ppm), bore (380 ppm) et sodium (1015 ppm) de pH initial 7,2

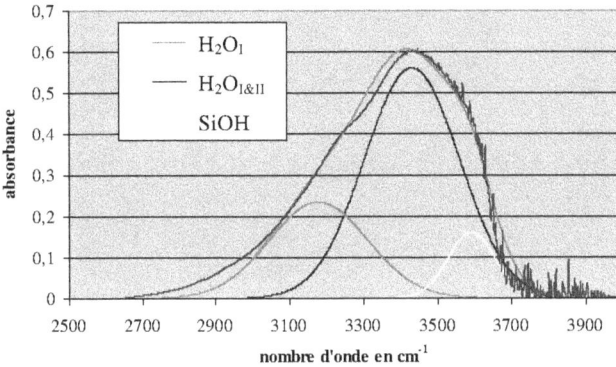

Figure VII-20 : *Déconvolution du spectre IR obtenu après 37 jours lors de l'altération, en mode dynamique (0,6 mL.h^{-1}) à 90°C, de la poudre d5 du verre SON 68 par une solution enrichie en Si (120 ppm), B (380 ppm) et Na (1015 ppm) de pH initial 7,2.*

La figure VII-20 représente la déconvolution du spectre infrarouge obtenu après 37 jours d'altération en mode dynamique à 90°C de la poudre d5 du verre SON 68 par une solution synthétique enrichie en silicium, bore, sodium de pH initial 7,2. Au cours de l'altération, nous n'observons pas de déplacement significatif de la position des bandes. La bande caractéristique de H_2O_I se situe à 3183 ± 5 cm^{-1} ; la bande caractéristique de $(H_2O_{I\&II})$ à 3428 ± 4 cm^{-1} ; la bande caractéristique de SiOH à 3584 ± 6 cm^{-1}. Les largeurs à mi-hauteur sont similaires au cours du temps. Elles sont autour de 204 et 284 cm^{-1} pour les bandes caractéristiques de H_2O_I et $H_2O_{I\&II}$ et de 150 cm^{-1} pour la bande caractéristique de SiOH. Entre 14 jours et 37 jours d'altération, l'absorbance de H_2O_I augmente de 0,167 à 0,234 ; celle de $H_2O_{I\&II}$ de 0,38 à 0,56 ; celle de SiOH de 0,128 à 0,2. La figure VII-21 représente les concentrations en eau, en silanol et en hydrogène en fonction du temps d'altération.

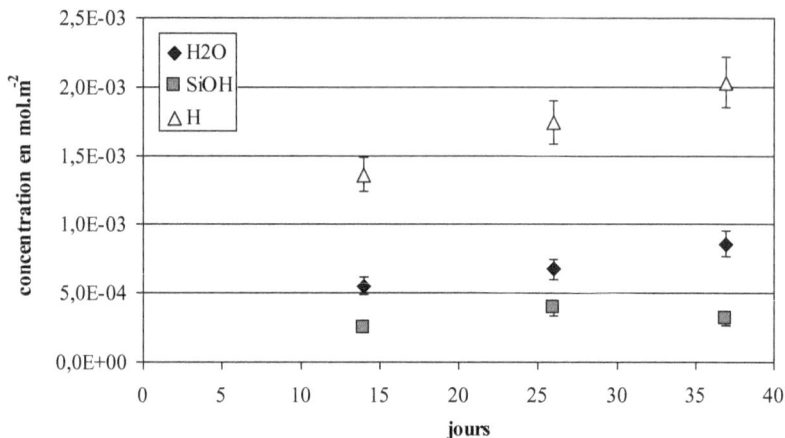

Figure VII-21 : *Concentrations (mol.m^{-2} de verre) en eau, en silanol et en hydrogène en fonction du temps lors de l'altération, en mode dynamique à 90°C, de la poudre d5 du verre SON 68 par une solution enrichie en Si (120 ppm), B (380 ppm) et Na (1015 ppm) de pH initial 7,2.*

En 23 jours d'altération, la concentration en eau augmente de $5,555.10^{-4}$ à $8,589.10^{-4}$ mol.m^{-2} de verre ; celle en silanol augmente également de $2,502.10^{-4}$ à $3,119.10^{-4}$ mol.m^{-2} de verre. Nous pouvons constater que l'hydratation est plus importante à 90°C qu'à 50°C.

Il faut signaler que dans le cas de l'altération de la lame en mode dynamique à 90°C par une solution enrichie en silicium, bore et sodium de pH initial 9,8, le spectromètre infrarouge n'a pas une sensibilité adéquate pour quantifier l'eau et ceci même après 2 mois d'altération. L'absorbance est inférieure à 0,02.

VII.6.3. Expériences d'altération, en mode dynamique à 90°C, de la poudre d20 du verre SON 68 par une solution enrichie en silicium (240 ppm), bore (380 ppm) et sodium (1015 ppm) de pH initial 4,8

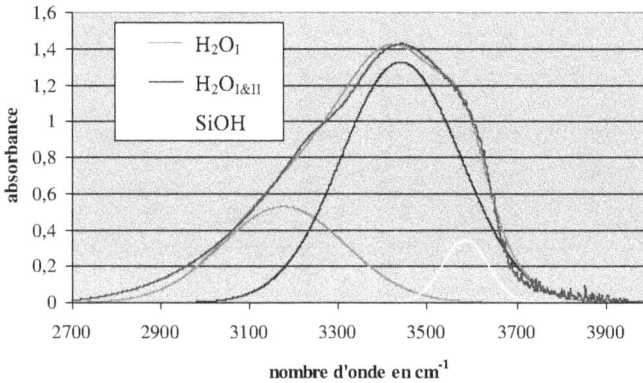

Figure VII-22 : *Déconvolution du spectre IR obtenu après 41 jours lors de l'altération, en mode dynamique (0,6 mL.h^{-1}) à 90°C, de la poudre d20 du verre SON 68 par une solution enrichie en Si (240 ppm),B (380 ppm) et Na (1015 ppm) de pH initial 4,8.*

La figure VII-22 représente la déconvolution du spectre infrarouge obtenu après 41 jours d'altération, en mode dynamique à 90°C, de la poudre d20 du verre SON 68 par une solution synthétique enrichie en silicium (240 ppm), bore (380 ppm) et sodium (1015 ppm) de pH initial 4,8. Au cours de l'altération, nous n'observons pas de déplacement significatif de la position des bandes. La bande caractéristique de H_2O_I se situe à 3176 ± 5 cm^{-1} ; la bande caractéristique de ($H_2O_{I\&II}$) à 3443 ± 4 cm^{-1} ; la bande caractéristique de SiOH à 3587 ± 4 cm^{-1}. Les largeurs à mi-hauteur sont similaires au cours du temps. Elles sont autour de 306 cm^{-1} pour les bandes caractéristiques de H_2O_I et $H_2O_{I\&II}$ et de 110 cm^{-1} pour la bande caractéristique de SiOH. Entre 14 jours et 41 jours d'altération, l'absorbance de H_2O_I augmente de 0,168 à 0,357 ; celle de $H_2O_{I\&II}$ de 0,409 à 0,913 ; celle de SiOH de 0,106 à 0,209. La figure VII-23 représente les concentrations en eau, en silanol et en hydrogène en fonction du temps d'altération.

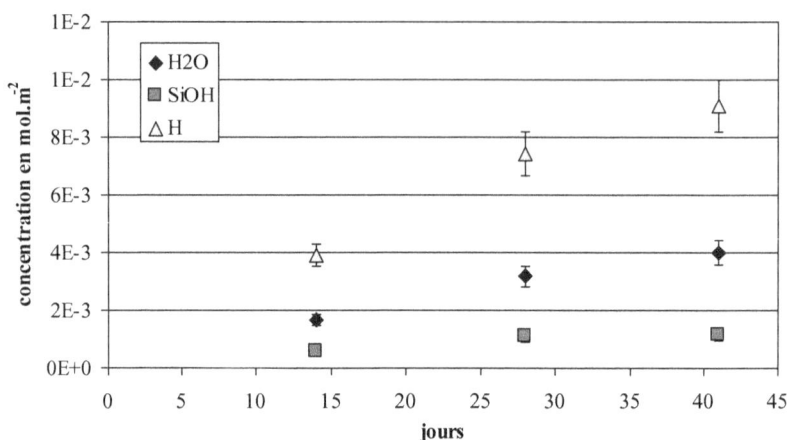

Figure VII-23 : *Concentrations (mol.m^{-2} de verre) en eau, en silanol et en hydrogène en fonction du temps lors de l'altération, en mode dynamique (0,6 mL.h^{-1}) à 90°, de la poudre d20 du verre SON 68 par une solution enrichie en Si (240 ppm), B (380 ppm) et Na (1015 ppm) de pH initial 4,8.*

En 27 jours d'altération, la concentration en eau augmente de $1,660.10^{-3}$ à $3,990.10^{-3}$ mol.m^{-2} de verre ; celle en silanol augmente également de $5,690.10^{-4}$ à $1,121.10^{-3}$ mol.m^{-2} de verre.

Le tableau VII-4 compare les absorbances des trois espèces H_2O_I, $H_2O_{I\&II}$ et SiOH lors de l'altération, en mode dynamique (0,6 mL.h^{-1}) à 90°C, de la poudre d20 du verre SON 68 par une solution synthétique contenant 120 ppm ou 240 ppm en silicium de pH initial 4,8. Nous constatons que les absorbances aux positions des bandes caractéristiques de H_2O_I, $H_2O_{I\&II}$ et SiOH sont similaires pour des temps d'altération également similaires. Cette observation est en accord avec la similitude des vitesses de dissolution obtenues lors des altérations par ces solutions (paragraphe VI.5).

[Si] en ppm	Temps d'altération en j	Absorbance		
		H_2O_I	$H_2O_{(I\&II)}$	SiOH
120	14	0,183	0,419	0,132
	29	0,293	0,694	0,217
	47	0,359	0,812	0,244
240	14	0,168	0,409	0,106
	28	0,305	0,736	0,201
	41	0,357	0,913	0,203

Tableau VII-3 : *Absorbances des espèces H_2O et SiOH lors de l'altération, en mode dynamique (0,6 mL.h^{-1}) à 90°C, de la poudre d20 du verre SON 68 par une solution synthétique contenant 120 ppm ou 240 ppm en Si de pH initial 4,8.*

VII.6.4. Détermination du rapport H / Na

A partir des concentrations du lithium obtenues par ICP/MS, nous avons calculé la somme des alcalins (Na + Cs + Li) relâchés du verre SON 68 en supposant une dissolution congruente. Les figures VII-24, VII-25, VII-26 présentent la concentration d'hydrogène en mol.m^{-2} de verre déterminée par spectroscopie infrarouge en fonction de la somme des alcalins. Elles permettent de définir un rapport H / $(Na^+ + Cs^+ + Li^+)$ de 2,6 ± 0,3 aussi bien à 50°C qu'à 90°C. Nous constatons également que ce rapport est le même quelle que soit la concentration en silicium présente dans la solution synthétique (120 ppm ou 240 ppm). Ceci suggère donc un mécanisme similaire à 50°C et à 90°C et indépendant de la concentration en silicium de la solution d'altération.

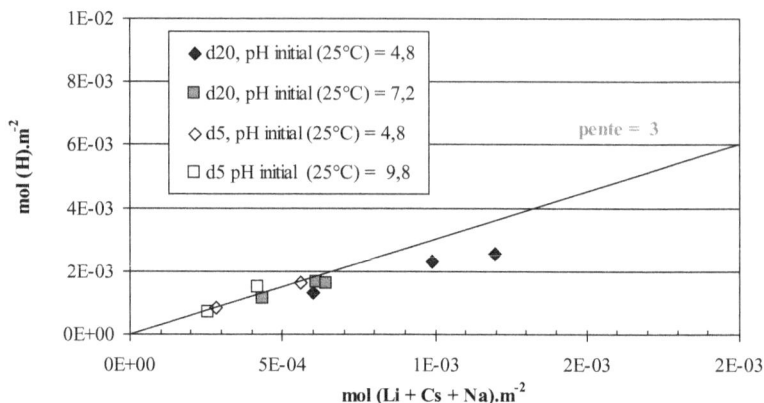

Figure VII-24 : *Concentration de l'hydrogène en mol.m^{-2} de verre déterminée par infrarouge en fonction de la somme des alcalins relâchés en mol. m^{-2} de verre déterminée par ICP/MS lors de l'altération, en mode dynamique (0,6 mL.h^{-1}) à 50°C, des poudres d20 et d5 du verre SON 68 par une solution enrichie en Si (120 ppm), B (380 ppm) et Na (1015 ppm) de pH initial 4,8 ou 7,2.*

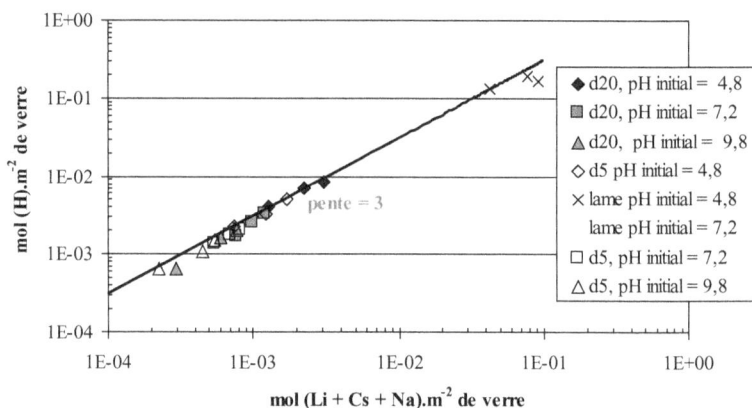

Figure VII-25 : *Concentration de l'hydrogène en mol.m^{-2} de verre déterminée par infrarouge en fonction de la somme des alcalins relâchés en mol.m^{-2} de verre déterminée par ICP/MS lors de l'altération, en mode dynamique (0,6 mL.h^{-1}) à 90°C, des trois types d'échantillons du verre SON 68 par une solution enrichie en Si (120 ppm), B (380 ppm) et Na (1015 ppm) de pH initial 4,8, 7,2 ou 9,8.*

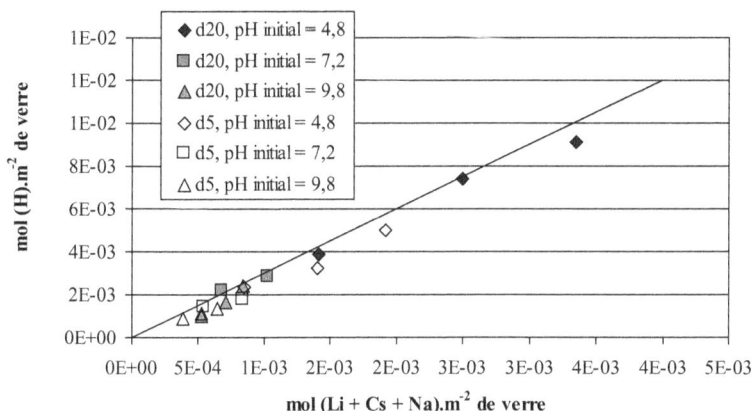

Figure VII-26 : *Concentration de l'hydrogène en mol.m^{-2} de verre déterminée par infrarouge en fonction de la somme des alcalins relâchés en mol.m^{-2} de verre déterminée par ICP/MS lors de l'altération, en mode dynamique (0,6 mL.h^{-1}) à 90°C, des poudres d20 et d5 du verre SON 68 par une solution enrichie en Si (240 ppm), B (380 ppm) et Na (1015 ppm) de pH initial 4,8, 7,2 ou 9,8.*

VII.6.5. Discussion

L'infrarouge nous permet donc de quantifier l'eau et les groupes silanols. Nous constatons que, quel que soit le type d'échantillon du verre SON 68, les concentrations en eau et en silanol augmentent avec la diminution du pH initial de la solution d'altération. En effet, plus le pH est acide, plus le relâchement des alcalins via l'échange ionique est favorisée et donc plus l'hydratation est grande. Nous remarquons également que la concentration en eau est toujours supérieure à celle en silanol. Dans les échantillons altérés, environ 80% de l'hydrogène se trouve sous forme de $H_2O_{I\&II}$ et 20% sous forme de groupements silanols.

La majorité des études sur le suivi de l'hydratation par spectroscopie infrarouge sont menées sur des verres silicatés simples (Clark et al., 1977 ; Husung et Doremus, 1990 ; Lee et al., 1997 ; Davis et Tomozawa, 1995,1996). Très souvent, l'hydratation est conduite à haute température (> 550°C) et sous faible pression de vapeur. L'espèce SiOH est alors l'espèce prédominante. Dans notre étude, où le verre est hydraté au contact d'une solution aqueuse à 50°C ou 90°C, ce n'est pas le cas et l'espèce prédominante est l'eau moléculaire.

En 1969, Doremus propose que l'eau moléculaire est l'espèce diffusante et qu'elle pénètre dans le verre jusqu'à la rencontre d'un site favorable où elle réagit pour former des groupes silanols immobiles selon la réaction :

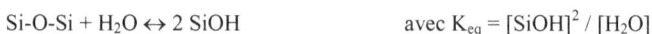

$$\text{Si-O-Si} + H_2O \leftrightarrow 2 \text{ SiOH} \qquad \text{avec } K_{eq} = [SiOH]^2 / [H_2O]$$

Cette réaction est en équilibre local dans le verre. Ce modèle a permis d'interpréter les résultats de nombreux autres auteurs (Roberts et Roberts, 1964 ; Zhang et al., 1991)
Cette équation est également en accord avec nos observations. En effet, l'eau est l'espèce diffusante et une fraction proportionnelle aux alcalins est transformée en groupements silanols
Toutefois, une faible concentration en silanols est observée. Il faut donc considérer la recondensation des groupements silanols en eau libre.

Rapport H / Na
Dans un premier temps, avant d'établir un bilan de masse, de charge et de volume, nous allons rappeler les différents modèles décrivant les mécanismes d'altération liant le relâchement des alcalins avec l'augmentation d'hydrogène dans le verre. Ainsi, les modèles proposés peuvent être classés en quatre catégories qui sont les suivantes :

- le modèle I : ce modèle est basé sur un simple échange ionique entre les ions alcalins et soit un proton soit un hydronium. Dans ce cas, les facteurs déterminant la vitesse sont les diffusivités de ces espèces (Doremus, 1975).
- le modèle II : il favorise la diffusion de l'eau moléculaire suivie par une attaque rapide du réseau et le relâchement de Na^+ et OH^-. Dans ce cas, le paramètre limitant est la diffusion de l'eau (Smets et Lommen, 1982).

- le modèle III : il repose sur deux étapes dans lesquelles l'échange ionique H^+-Na^+ est suivi par la migration de l'eau moléculaire à travers la structure poreuse résultante. Dans ce cas, tout comme dans le modèle I, les facteurs déterminant la vitesse sont les diffusivités des ions échangeables (Tsong et al., 1980).

- le modèle IV : c'est celui de Ernsberger (1986) dans le lequel à la fois H_3O^+ et l'eau moléculaire interviennent simultanément. Il prédit la formation d'une zone constituée de plusieurs couches formées à partir de réactions se produisant avec le réseau silicaté.

Dans un premier temps, lors de la corrosion des verres, la quantité d'éléments relâchés a été déterminée par analyse chimique de la solution (Douglas et Isard, 1949 ; Rana et Douglas, 1961) puis la consommation de proton a été définie par titrimétrie (Bunker et al., 1983). Ensuite, des techniques de faisceau d'ions qui permettent l'analyse directe de la surface des verres altérés se sont développées (Lanford et al., 1979 ; Smets et al., 1984 ; Della Mea et al., 1983 ; Bach et Grosskopf, 1987). Elles permettent de déterminer avec une bonne résolution la quantité totale d'éléments relâchés ou incorporés (alcalins, hydrogène) ainsi que leur distribution en profondeur. Cette nouvelle instrumentation a donc été mise à profit pour déterminer les mécanismes de dissolution à partir du rapport de la quantité d'hydrogène total incorporé sur la quantité de sodium relâché (H / Na) et de la forme des profils obtenus. De nombreux rapports H / Na ont été déterminés ; ils dépendent des conditions expérimentales telles que, par exemple, la composition du verre ou le pH. Quelques rapports trouvés dans la littérature sont indiqués dans le tableau VII-5. Dans ces expériences, la détermination de la concentration atomique en hydrogène se fait à l'aide d'une de deux réactions nucléaires suivantes :

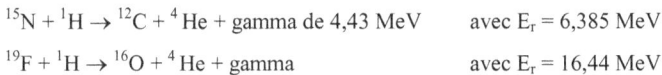

$$^{15}N + {}^1H \rightarrow {}^{12}C + {}^4He + gamma \ de \ 4,43 \ MeV \qquad avec \ E_r = 6,385 \ MeV$$
$$^{19}F + {}^1H \rightarrow {}^{16}O + {}^4He + gamma \qquad avec \ E_r = 16,44 \ MeV$$

Quant à la concentration atomique en sodium, elle est le plus fréquemment déterminée à partir de la rétrodiffusion Rutherford. Toutefois, deux réactions nucléaires peuvent être utilisées :

129

$^{23}Na + p \rightarrow \, ^{20}Ne + \, ^{4}He$ $\qquad\qquad$ $E_r = 592 \text{ keV}$

$^{23}Na + \, ^{1}H \rightarrow \, ^{24}Mg + \text{gamma de } 1,32 \text{ MeV}$ $\qquad$ $E_r = 0,308 \text{ MeV}$

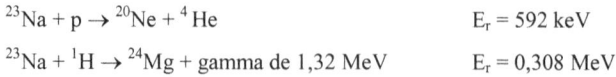

La valeur de ce rapport H / Na a mené les auteurs à favoriser un modèle plutôt qu'un autre. Ainsi, un rapport de 1 mène au choix du modèle I en considérant H^+ ou au modèle II ; un rapport de 3 favorise le modèle I avec l'espèce H_3O^+ ; un rapport compris entre 1 et 3 est associé au modèle II et III ; enfin, un rapport supérieur à 3 caractérise le modèle IV. Toutefois, l'utilisation de ce rapport n'est pas aussi simple puisqu'il peut refléter plusieurs processus d'hydratation simultanés ou consécutifs qui ont chacun leur propre rapport H / Na. Il peut également caractériser l'altération de la couche hydratée lors de la polymérisation des groupes silanols. Dans notre étude, un rapport de 2,6 peut caractériser le modèle II ou III.

Bilan de masse, de charge et de volume
A partir de la composition massique du verre donnée dans le tableau II-2, la composition molaire est déduite et le verre peut s'écrire sous la forme suivante :

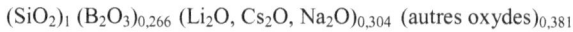

$$(SiO_2)_1 \, (B_2O_3)_{0,266} \, (Li_2O, Cs_2O, Na_2O)_{0,304} \, (\text{autres oxydes})_{0,381}$$

Nous avons vu dans le chapitre II au paragraphe II-4.2 que le verre SON 68 est composé de bore tétravalent et trivalent. La formule peut donc être écrite sous une autre forme contenant la formule de la reedmergnérite ($NaBSi_3O_8$) qui caractérise le bore tétravalent et de l'oxyde de bore B_2O_3 dans lequel le bore est trivalent. En tenant compte de la conservation de masse pour chaque élément, la formule devient :

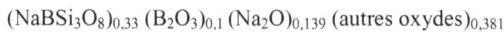

$$(NaBSi_3O_8)_{0,33} \, (B_2O_3)_{0,1} \, (Na_2O)_{0,139} \, (\text{autres oxydes})_{0,381}$$

Les réactions avec l'eau pour les trois oxydes principaux peuvent s'écrire de la façon suivante :

$$0,1 \, [(B_2O_3)_{verre} + 6 \, H_2O \rightarrow 2 \, (H_3BO_3)_{solution} + (3 \, H_2O)_{verre}]$$

Le bore sortant du verre se retrouve dans la solution sous forme d'acide borique H_3BO_3. Compte tenu que la réaction est isovolumique et que le rayon du bore est négligeable par rapport à celui de l'oxygène ceci entraîne le remplacement de l'oxyde de bore par 3 molécules d'eau dans le verre.

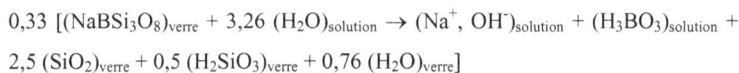

$$0,33\ [(NaBSi_3O_8)_{verre} + 3,26\ (H_2O)_{solution} \rightarrow (Na^+, OH^-)_{solution} + (H_3BO_3)_{solution} + 2,5\ (SiO_2)_{verre} + 0,5\ (H_2SiO_3)_{verre} + 0,76\ (H_2O)_{verre}]$$

La pénétration de 3,26 moles d'eau de la solution dans la reedmergnérite entraîne le départ en solution de la paire d'ions Na^+ et OH^- et de l'acide borique. Dans le verre, une partie de l'eau est présente sous forme de silanols dans l'entité H_2SiO_3.

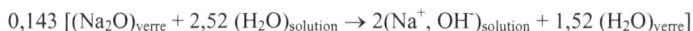

$$0,143\ [(Na_2O)_{verre} + 2,52\ (H_2O)_{solution} \rightarrow 2(Na^+, OH^-)_{solution} + 1,52\ (H_2O)_{verre}]$$

2,52 moles d'eau de la solution réagissent avec une mole d'oxyde de sodium pour former deux moles de paire d'ions Na^+, OH^- en solution et 1,52 moles d'eau dans le verre.

La réaction étant isovolumique, le coefficient 1,52 correspond au rapport des volumes moléculaires ou des volumes molaires de l'oxyde de sodium et de l'eau. Les volumes molaires sont donnés ci-dessous :

$$\rho_{Na_2O} = 2,27\ \text{g.cm}^{-3} \qquad \text{d'où } V_{Na_2O} = (M_{Na_2O} / \rho_{Na_2O}) = 27,30\ \text{cm}^3$$

$$\rho_{H_2O} = 1\ \text{g.cm}^{-3} \qquad \text{d'où } V_{H_2O} = (M_{H_2O} / \rho_{H_2O}) = 18,01\ \text{cm}^3$$

La réaction globale s'écrit donc:

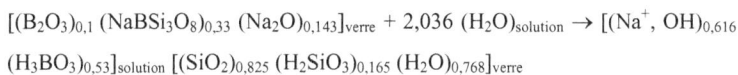

$$[(B_2O_3)_{0,1}\ (NaBSi_3O_8)_{0,33}\ (Na_2O)_{0,143}]_{verre} + 2,036\ (H_2O)_{solution} \rightarrow [(Na^+, OH)_{0,616}\ (H_3BO_3)_{0,53}]_{solution}\ [(SiO_2)_{0,825}\ (H_2SiO_3)_{0,165}\ (H_2O)_{0,768}]_{verre}$$

En considérant cette réaction, le rapport H / Na est égal à 3,02, valeur proche de la valeur expérimentale (2,6).

A partir de cette équation, nous constatons que sur 1,866 moles d'hydrogène présentes dans le verre, 0,33 moles sont sous forme de groupements silanols et 1,536 moles sont sous forme d'eau moléculaire. Par conséquent, environ 82% de l'hydrogène est sous forme d'eau et 18% sous forme de silanol, ce qui est en accord avec ce que nous trouvons expérimentalement compte tenu des incertitudes sur les concentrations en eau et en silanols.

En tenant compte que la réaction est isovolumique, la densité du verre hydraté peut être calculée. Soit ρ_1, la densité volumique du verre avant hydratation (2,75 g.cm^{-3}) et ρ_2, la densité volumique du verre après hydratation, nous avons donc les équations suivantes :

$$\rho_1 = \frac{m_1}{V_1} \text{ et } \rho_2 = \frac{m_2}{V_2} \qquad \text{or } V_1 = V_2 \qquad \text{donc } \frac{\rho_1}{\rho_2} = \frac{m_1}{m_2}$$

m$_1$ correspond à la masse du verre avant hydratation ; dans l'équation globale, elle correspond à la masse des trois composants principaux qui réagissent avec l'eau : B$_2$O$_3$; NaBSi$_3$O$_8$ et Na$_2$O.

m$_2$ correspond à la masse du verre après hydratation; elle correspond à la masse des constituants du verre : SiO$_2$; H$_2$SiO$_3$; H$_2$O.

$$\frac{\rho_1}{\rho_2} = \frac{n_{B_2O_3} M_{B_2O_3} + n_{NaBSi_3O_8} M_{NaBSi_3O_8} + n_{Na_2O} M_{Na_2O}}{n_{SiO_2} M_{SiO_2} + n_{H_2SiO_3} M_{H_2SiO_3} + n_{H_2O} M_{H_2O}}$$

$$\frac{\rho_1}{\rho_2} = \frac{0,11 \times 69,6202 + 0,33 \times 246,0525 + 0,143 \times 61,9789}{0,825 \times 60,0843 + 0,165 \times 78,1025 + 0,768 \times 18,0182} = 1,27$$

d'où ρ_2 = 2,17 g.cm^{-3}

La densité du verre hydraté calculée est donc de 2,17 g.cm^{-3}.

Type de verre	Conditions expérimentales et rapport H/Na	réf
mol % 0,4 K_2O ; 0,6 Na_2O ; $3SiO_2$	Mode statique à 30°C dans de l'eau ajustée à pH 5,5 sur 400 min H / Na = 1	[1]
Corning 015 en mol% 72,2 SiO_2 ; 21,4 Na_2O ; 6,4 CaO	Mode statique à 90°C dans de l'eau à pH neutre TRIS/HCl H / Na = 2,1	[2]
Corning 015 en mol% *Kimble R6 en mol%* 72 SiO_2 ; 3 Na_2O ; 5 CaO 4 MgO ; 3 Al_2O_3 ; 1 BaO 1 B_2O_3 ; 1 autres oxydes	Mode statique dans l'eau pure à des températures de 23°, 50° et 80°C H / Na = 2,89 ± 0,20 Mode statique à 80°C dans l'eau pure H / Na = 3,19 ± 0,23	[3]
Verre naturel : obsidienne	H / Na > 2	[4]
% massique 72,03 SiO_2 ; 1,4 Al_2O_3 ; 0,06 Fe_2O_3 ; 7,86 CaO ; 2,39 MgO ; 15,87 Na_2O ; 0,143 K_2O	Mode statique à 90°C dans de l'eau désionisée H / Na = 2,9 ± 0,3	[5]
Corning 0080 en mol% 72 SiO_2 ; 0,6 Al_2O_3 ; 16,2 Na_2O 5,9 MgO ; 5,3 CaO *Penn Vernon Sheet en mol%* 72,5 SiO_2 : 0,7 Al_2O_3 : 12,8 Na_2O : 5,2 MgO : 8,7 CaO 0,1 K_2O : 0,04 Fe_2O_3 *Verre silicaté calcique et sodique en mol %* 69,3 SiO_2 18,8 Na_2O 11,9 CaO	48 H en mode statique à 88°C dans de l'eau désionisée H / Na = 3,2 ± 0,4 48 H en mode statique à 88°C dans de l'eau désionisée H / Na = 2,6 ± 0,4 1H en mode statique à 88°C dans de l'eau désionisée H / Na = 2 ± 0.3	[6]

Type de verre	Conditions expérimentales et rapport H/Na	réf
	24 H en mode statique à 100°C dans une solution contenant SiO_2 152 ppm et Na_2O 37,4 ppm H / Na de 1,5 à 2,5 sur 150 nm et de 2,5 à 1 sur 50 nm	[7]
% massique 75 SiO_2 ; 1 Al_2O_3 ; 11,2 Na_2O ; 3,5 MgO ; 0,13 K_2O ; 9 CaO	24 H en mode statique à 100°C dans une solution contenant SiO_2 152 ppm et Na_2O 37,4 ppm H / Na de 2 à 3 sur 400 nm et de 3 à 1 sur 200 nm	
	24 H en mode statique à 100°C dans l'eau désionisée H / Na de 1,8 à 2,5 sur 150 nm et de 2,5 à 1 sur 50 nm	
	24 H en mode statique à 200°C dans l'eau désionisée H / Na égal à 2 jusqu'à 300 nm	
I 117 en % massique 48 SiO_2 ; 15 B_2O_3 ; 5 Al_2O_3 ; 8,49 Na_2O ; 0,22 SrO 0,33 BaO ; 0,28 Y_2O_3 ; 0,63 La_2O_3 ; 0,31 Pr_2O_3 0,99 Nd_2O_3 ; 1,12 $S_{m2}O_3$; 0,76 CeO_2 ; 0,03 SnO ; 1,06 ZrO ; 1,51 MnO_3 ; 3,25 Fe_2O_3 ; 0,32 NiO ; 0,04 CuO ; 0,03 ZnO ; 1,38 U_3O_8	Mode statique à 50 ou 80°C dans une solution saturée en silice (210 ppm) et dont la concentration maximale en sodium est de 1,1 ppm H / Na = 1	[8]

Tableau VII-4 : *Rapports H / Na déterminés lors de l'altération de verres silicatés*

[1] Bunker B.C., Arnold G.W., Beauchamp E.K., Day D.E., (1983).
[2] Doremus R.H., Mehrota Y., Lanford W.A., Burman C., (1983).
[3] Schnatter K.H., Doremus R.H., (1988).
[4] Doremus R.H., (1975).
[5] Lanford W.A., Davis K., Lamarche P., Laursen T., Groleau R., Doremus R.H., (1979).
[6] Tsong I.S.T, Houser C.A, White W.B, Wintenberg A.L, Miller P.D, Moak C.D., (1981).
[7] Dran J-C., Della Mea G., Paccagnella A., Petit J-C., Trotignon L., (1988).
[8] Lanza F., Manara A., Blasi P., Ceccone G., (1988).

VII.7. ANALYSE PAR MICROSCOPIE ELECTRONIQUE

VII.7.1. Microscopie électronique à balayage

A la fin des expériences d'altération en mode dynamique, les poudres et les lames sont séchées à 105°C et observées au microscope électronique à balayage JSM 5800 LV JEOL afin de constater l'éventuelle présence d'un gel d'altération et de phases secondaires. Toutefois, il faut signaler que cette technique microscopique n'est pas très sensible pour détecter des couches d'altération, l'échantillon n'étant pas coupé perpendiculairement à cette couche.

Les échantillons sont placés sur un disque adhésif de carbone à la surface d'un plot en laiton et une fine couche de carbone est déposée sur l'ensemble pour assurer la conductivité électrique de l'échantillon. Un exemple de photographie de poudre du verre SON 68 au MEB est donné dans la figure VII-27. Les grains ne sont pas sphériques mais ont plutôt une forme d'esquilles. A plus fort grossissement, la surface des grains est assez lisse.

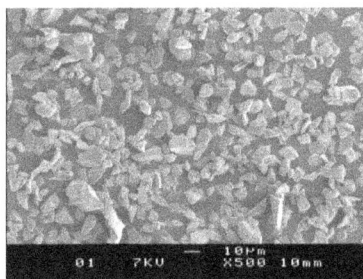

Figure VII-27 : Vue au MEB des grains du verre SON 68 non altérés.

Pour les expériences réalisées en mode dynamique (0,6 mL.h^{-1}) à 50°C avec les poudres du verre SON 68, quel que soit le pH initial de la solution d'altération enrichie en silicium (120 ppm), bore (380 ppm) et sodium (1015 ppm), les observations au microscope électronique à balayage ne mettent en évidence ni gel d'altération ni précipités. La figure VII-28 représente une vue d'ensemble des grains du verre SON 68 après 56 jours d'altération par une solution synthétique de pH initial 9,8.

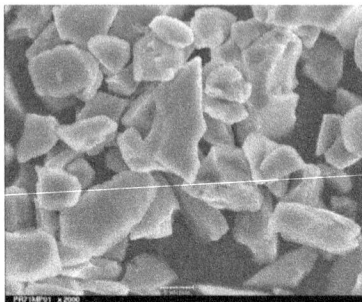

Figure VII-28 : *Poudre du verre SON 68 après 56 jours d'altération, en mode dynamique (0,6 mL.h^{-1}) à 50°C, par une solution synthétique enrichie en Si (120 ppm), B (380 ppm) et Na de pH initial 9,8.*

Les lames du verre SON 68 non altérées présentaient de nombreux pores dans lesquels un restant d'oxyde de cérium résultant du polissage est observé (Figure VII-29). Rappelons que, la présence de ces pores est certainement à l'origine d'une sous-estimation de la surface lors des calculs des vitesses d'altération.

Lors de l'altération en mode dynamique (0,6 mL.h^{-1}) à 50°C, par une solution synthétique enrichie en silicium (120 ppm), bore (380 ppm) et sodium (1015 ppm) de pH initial 9,8, l'oxyde de cérium est toujours présent mais au-dessus, des cristaux qui pourraient être des phyllosilicates de type gyrolite (Ca$_8$Si$_4$O$_{10}$)$_3$(OH)$_4$ 6H$_2$O sont observés (Figure VII-30). L'analyse semi-quantitative des cristaux montre une composition du type Ca : 66,68 %, Si : 33,32 %.

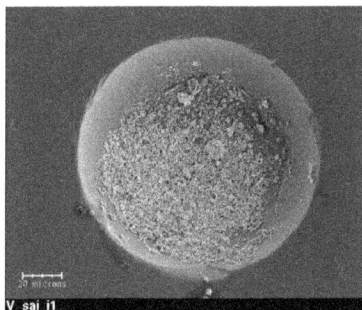

Figure VII-29 : Pore dans la lame du verre SON 68 non altéré. De l'oxyde de cérium résultant du polissage est présent.

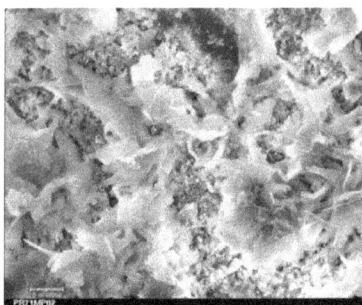

Figure VII-30 : Lame altérée pendant 56 jours, en mode dynamique (0,6 mL.h^{-1}) à 50°C, par une solution synthétique enrichie en Si (120 ppm), B (380 ppm) et Na (1015 ppm) de pH initial 9,8. De l'oxyde de cérium et des phyllosilicates sont présents à l'intérieur du pore.

Dans le cas des poudres d20 altérées en mode dynamique (0,6 mL.h^{-1}) à 90°C par une solution enrichie en silicium (120 ppm), bore (380 ppm) et sodium (1015 ppm), des images ont été obtenues sur un microscope destiné uniquement à l'imagerie. Elles ont permis de constater que certaines particules présentent un gel d'altération et des phyllosilicates dans le cas des expériences menées avec une solution d'altération de pH initial 4,8 (Figure VII-31). Les observations de la poudre altérée par une solution de pH

137

9,8 ont également montré la formation de couches de type gel (Figure VII-32). Sur ce microscope, l'analyse quantitative n'étant pas possible, la composition de ce gel n'a pu être établie.

Figure VII-31 : *Poudre d20 altérée pendant 47 jours, en mode dynamique (0,6 mL.h^{-1}) à 90°C, par une solution synthétique enrichie en Si (120 ppm), B (380 ppm) et Na (1015 ppm) de pH initial 4,8*

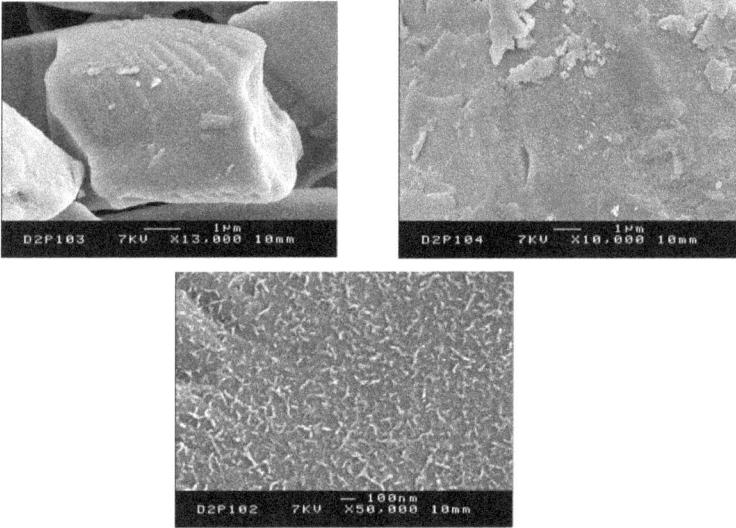

Figure VII-32 : Poudre d20 altérée pendant 34 jours, en mode dynamique (0,6 mL.h⁻¹)
à 90°C, par une solution enrichie en Si (120 ppm), B (380 ppm) et Na (1015 ppm) de
pH initial 9,8

L'observation de la lame altérée en mode dynamique (0,6 mL.h^{-1}) à 90°C par une solution synthétique enrichie en silicium (120 ppm), bore (380 ppm) et sodium (1015 ppm) de pH initial 4,8 est similaire à celle de la poudre d20. Ainsi, après 47 jours, un gel d'altération est observé (Figure VII-33). Le tableau VII-6 indique les pourcentages atomiques obtenus par microanalyse X. D'après les analyses, le gel est enrichi en Si et Al et est appauvri en Na. Cette composition est de même nature que celle des gels formés à la surface du verre SON 68 altérés dans d'autres conditions. Ces types de gel sont souvent appauvris en alcalins et enrichis en Si et en éléments lourds comparés au verre sain.

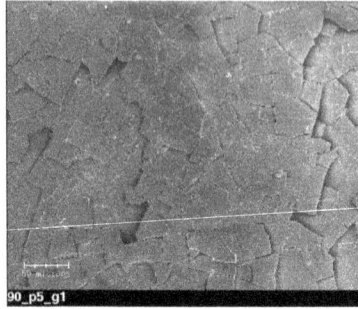

Figure VII-33 : *Gel d'altération obtenu sur la lame du verre SON 68 altérée pendant 47 jours, en mode dynamique (0,6 mL.h⁻¹) à 90°C, par une solution synthétique enrichie en Si (120 ppm), B (380 ppm) et Na (1015 ppm) de pH initial 4,8.*

Eléments	% atomique gel d'altération	% atomique verre sain
Si	23,48	18,68
Al	3,10	2,44
Na	3,15	8,63
Zr	0,68	0,55
Mo	0,41	0,34
Fe	1,04	1,1
O	68,13	66,48
Ca		1,82

Tableau VII-5 : *% atomique des éléments dans le verre sain et dans le gel d'altération formé sur la lame du verre SON 68 altérée pendant 47 jours, en mode dynamique (0,6 mL.h⁻¹) à 90°C, par une solution synthétique enrichie en Si (120 ppm), B (380 ppm) et Na (1015 ppm) de pH initial 4,8.*

La lame de verre altérée pendant 34 jours en mode dynamique (0,6 mL.h^{-1}) à 90°C par une solution synthétique enrichie en Si (120 ppm), B (380 ppm) et Na (1015 ppm) de pH initial 9,8 présente un anneau de précipités (Figure VII-34). D'après la morphologie des précipités, il pourrait s'agir de cristaux ayant précipités après saturation de la solution.

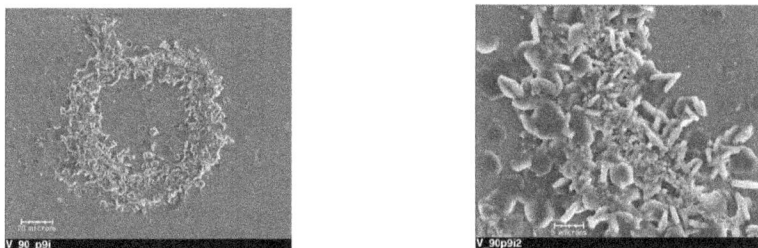

Figure VII-34 : *Précipités obtenus après 34 jours d'altération de la lame, en mode dynamique (0,6 mL.h^{-1}) à 90°C, par une solution synthétique enrichie en Si (120 ppm), B (380 ppm) et Na (1015 ppm) de pH initial 9,8.*

VII.7.2. Microscopie électronique à transmission

Des coupes ultramicrotomiques des poudres du verre SON 68, dont le diamètre est de 5 microns, altérées en mode dynamique (0,6 mL.h^{-1}) à 50°C et à 90°C par des solutions synthétiques enrichies en silicium (120 ppm), bore (380 ppm) et sodium (1015 ppm) de pH initial 4,8 et 9,8 ont été observées au MET. Une couche d'altération a pu être observée seulement après 47 jours d'altération du verre SON 68 à 90°C par une solution de pH initial 4,8 (Figure VII-35). Son épaisseur est inférieure à 1 micron et sa composition est donnée dans le tableau VII-7. Un enrichissement relatif est observé en Zn, Zr, Mo et La et le gel a perdu la plupart du Na et du Ca comme cela a déjà été observé au MEB.

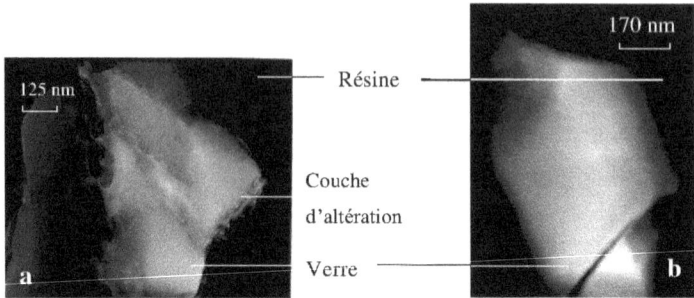

Figure VII-35 : a) Couche d'altération sur la poudre d5du verre SON 68 altérée pendant 47 jours, en mode dynamique (0,6 mL.h^{-1}) à 90°C, par une solution synthétique enrichie en Si (120 ppm), B (380 ppm) et Na (1015 ppm) de pH initial 4,8

b) Vue d'une coupe d'un grain du verre SON 68 altéré pendant 34 jours, en mode dynamique (0,6 mL.h^{-1}) à 90°C, par une solution synthétique enrichie en Si (120 ppm), B (380 ppm) et Na (1015 ppm) de pH initial 9,8.

Elément	Verre sain	Gel d'altération
Si	49,0	52,6 ± 2,3
Al	6,0	6,8 ± 1,0
Na	16,8	1,2 ± 0,6
Ca	6,7	1,7 ± 0,2
Fe	4,7	3,0 ± 0,2
Zn	4,6	17,0 ± 4,0
Zr	4,5	6,9 ± 1,1
Mo	2,6	5,6 ± 0,9
La	1,8	2,7 ± 0,3
Nd	3,1	2,6 ± 0,3

Tableau VII-6 : Composition chimique du verre sain et du gel d'altération formé lors de l'altération pendant 47 jours, en mode dynamique (0,6 mL.h^{-1}) à 90°C, de la poudre d5 du verre SON 68 par une solution synthétique enrichie en Si (120 ppm), B (380 ppm) et Na (1015 ppm) de pH initial 4,8 (en cation en % massique, moyenne de 8 analyses ignorant l'oxygène et le bore).

Les coupes correspondant à l'altération pendant 34 jours en mode dynamique (0,6 mL.h^{-1}) à 90°C par une solution synthétique enrichie en silicium (120 ppm), bore (380 ppm) et sodium (1015 ppm) de pH initial 9,8 ont alors été observées au microscope à haute résolution mais aucun gel d'altération n'a été visible. Les photos obtenues sont données dans la figure VII-36.

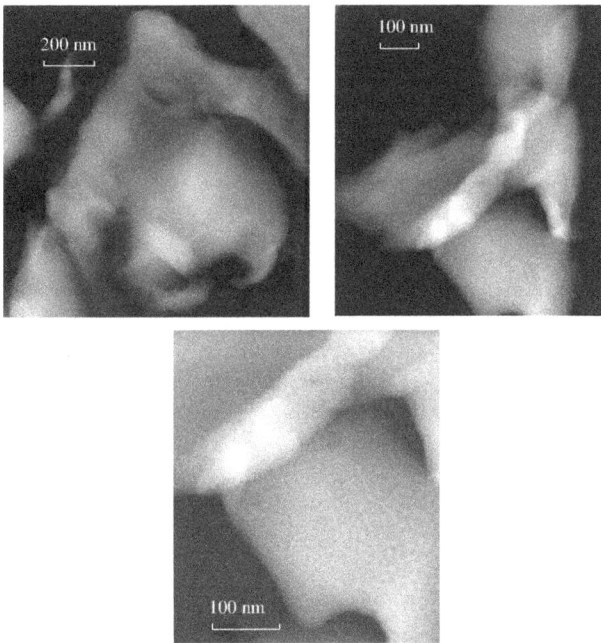

Figure VII-36 : Photos obtenues au microscope à haute résolution sur la poudre d5 du verre SON 68 altérée pendant 34 jours, en mode dynamique (0,6 mL.h^{-1}) à 90°C, par une solution synthétique enrichie en Si (120 ppm), B (380 ppm) et Na (1015 ppm) de pH initial 9,8.

VII.7.3. Conclusion

Les observations au MEB et au MET ont montré que la couche d'altération développée à la surface du verre SON 68 est de faible épaisseur. Ainsi, une couche de type gel s'est formée lors de l'altération de la poudre par une solution de pH 4,8 sans toutefois dépasser un micron. Pour les autres pH, nous avons pu observer une couche trop fine pour être chimiquement analysée. En revanche, dans toutes les expériences, nous n'avons pas observé une précipitation massive de minéraux secondaires. Par conséquent, la procédure expérimentale que nous avons adopté a permis de minimiser voire d'éviter la précipitation de phases secondaires qui pourrait affecter la cinétique de dissolution du verre SON 68.

VII.8. ANALYSE PAR REFLECTIVITE

Dans le but d'analyser les lames du verre SON 68 par réflectivité, deux expériences d'altération sont réalisées en mode dynamique (0,6 mL.h^{-1}) à 90°C. Pour chaque essai, la lame est altérée dans de la poudre d20 recouverte de solution synthétique. Le rapport S/V est égal à 4333 m^{-1} et la durée d'altération est de 57 jours. Dans la première expérience, la solution d'altération est la solution enrichie en silicium (120 ppm), bore (380 ppm) et sodium (1015 ppm) de pH 9,8 alors que dans la seconde, la concentration en silicium est divisée par 2 (60 ppm).

VII.8.1. Résultats

Les concentrations en lithium, césium, molybdène obtenues par ICP/MS sont données dans l'annexe E. Nous constatons que, dans le cas l'expérience menée avec la solution contenant 120 ppm en silicium, les concentrations sont similaires à celles obtenues avec la poudre d20 altérée sans lame avec la même solution et le même rapport S/V, ce qui confirme que les concentrations des éléments relâchés par la lame sont très faibles.

Les figures VII-37 et VII-38 représentent les courbes de réflectivité expérimentales et simulées obtenues sur les deux lames altérées. Le tableau VII-8 indique les résultats des simulations.

144

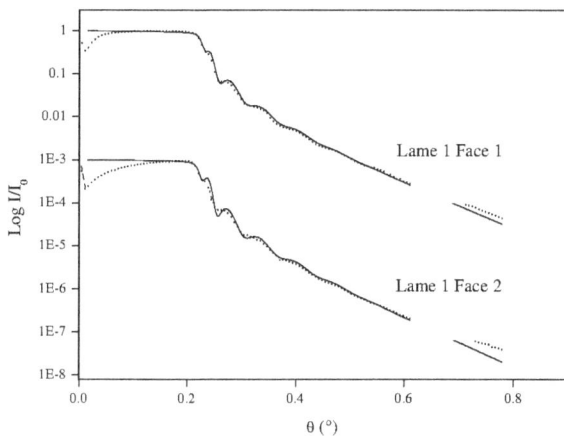

Figure VII-37 : *Courbes de réflectivité expérimentales (pointillées) et simulées (traits pleins) pour la lame altérée pendant 57 jours, en mode dynamique (0,6 mL.h^{-1}) à 90°C, par une solution enrichie en Si (120 ppm), B (380 ppm) et Na (1015 ppm) de pH initial 9,8.*

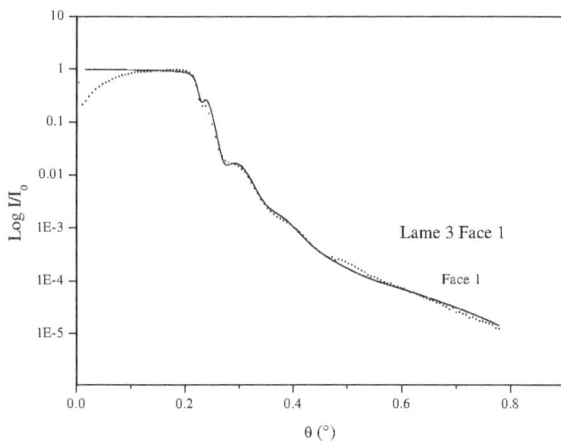

Figure VII-38 : *Courbes de réflectivité expérimentales (pointillées) et simulées (traits pleins) pour la lame altérée pendant 57 jours, en mode dynamique (0,6 mL.h^{-1}) à 90°C, par une solution contenant 60 ppm en Si, 380 ppm en B et 1015 ppm en Na de pH initial 9,8.*

Echantillons	Couche 2			Couche 1			substrat	
	$\sigma_{air/2}$ (nm)	e_{R2} (nm)	ρ_{R2} (g.cm^{-3})	$\sigma_{2/1}$ (nm)	e_{R1} (nm)	ρ_{R1} (g.cm^{-3})	$\sigma_{1/s}$ (nm)	ρ_{S} (g.cm^{-3})
Lame altérée par une solution contenant 120 ppm en Si Face 1				1,5 ± 0,1	52 ± 1	2,32 ± 0,02	4,0 ± 0,1	2,63 ± 0,02
Lame altérée par une solution contenant 120 ppm en Si Face 2				1,6 ± 0,1	52 ± 1	2,21 ± 0,02	4,0 ± 0,1	2,63 ± 0,02
Lame altérée par une solution contenant 60 ppm en Si Face 1	1,5 ± 0,1	5 ± 1	0,60 ± 0,05	1,7 ± 0.1	39 ± 1	2.17 ± 0.02	5.0 ± 0.1	2.63 ± 0.02

Tableau VII-7 : Résultats de simulation des essais pour les lames altérées pendant 57 jours, en mode dynamique (0,6 mL.h^{-1}) à 90°C, par une solution contenant 60 ou 120 ppm en Si, 380 ppm en B, 1015 ppm en Na de pH initial 9,8.

Pour la lame altérée en mode dynamique (0,6 mL.h^{-1}) à 90°C par une solution enrichie en silicium (120 ppm), bore (380 ppm) et sodium (1015 ppm) de pH 9,8, les résultats présentés mettent en évidence l'existence d'une couche de forte densité ne présentant pas de gradient de densité. Les couches des deux faces présentent des épaisseurs semblables et des densités peu différentes. L'altération semble relativement homogène d'une face à l'autre. En revanche dans le cas de la lame altérée par une solution ne contenant que 60 ppm en silicium, la simulation est plus complexe. D'après les résultats, la pellicule d'altération présente une zone de faible densité en surface suivie d'une zone plus dense.

VII.8.2. Conclusion

Dans le cas de la lame altérée par une solution enrichie en silicium (120 ppm), bore (380 ppm) et sodium (1015 ppm) de pH initial 9,8, les résultats de réflectivité confirment les observations au microscope. En effet, une couche de 52 nm est mise en évidence. A partir de la concentration en lithium en solution, une épaisseur d'altération de 63 nm est calculée ce qui est proche de la valeur trouvée par réflectivité. Nous constatons également que la densité volumique obtenue à partir des simulations de réflectivité est proche de celle calculée (2,17 g.cm^{-3}) à partir des équations décrites dans le paragraphe VI.6.5. Considérant que, dans le calcul de la densité, seules les implications du bilan de masse et de volume pendant l'hydratation et l'échange ionique du verre sont prises en compte, nous pouvons conclure que cette couche est plutôt un verre hydraté qu'un gel. L'absence de gradient de densité permet de conclure également qu'il y a peu de gradients de concentration dans ce verre hydraté, indiquant que l'interface entre le verre sain et le verre hydraté est très mince.

VII.9. EXPERIENCES D'IRRADIATION

VII.9.1. Irradiation alpha

Pour ces expériences, la poudre d5 du verre SON 68 est altérée, en mode statique à 90°C pendant 10 jours, par une solution enrichie en silicium (120 ppm), bore (380 ppm), sodium (1015 ppm) de pH initial 9,7. Le rapport S/V est de 3475 m^{-1}. Le système verre-solution est ensuite irradié à 25°C pendant 30 minutes sous agitation magnétique par des particules alpha de 5,75 MeV. Le calcul de la dose est détaillé dans le paragraphe VI.2.2. Deux expériences similaires sont réalisées, l'une servant pour le dosage de H_2O_2. Le système verre-solution altéré dans les mêmes conditions mais non irradié est également étudié. Après l'irradiation, l'altération en mode statique à 90°C est reprise.

La figure VII-39 montre l'évolution du pH en fonction du temps.

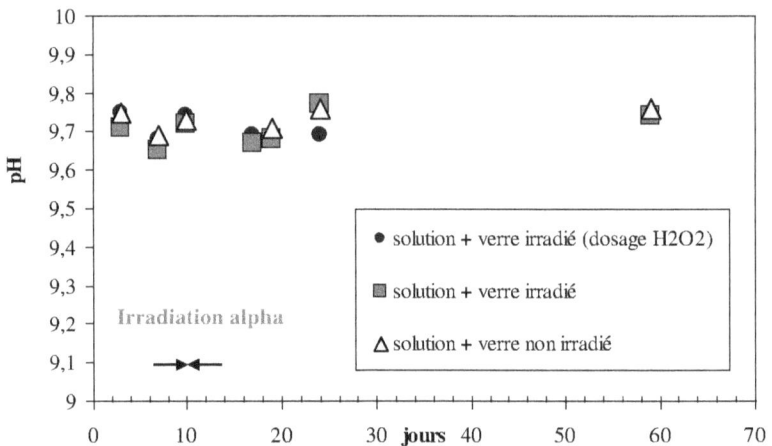

Figure VII-39 : pH (25°C) en fonction du temps lors de l'altération du système verre-solution, en mode statique à 90°C, par une solution enrichie en Si (120 ppm), B (380 ppm), Na (1015 ppm). L'irradiation alpha avec une dose de 2292 Gy est réalisée après 10 jours d'altération (S/V = 3475 m^{-1}).

Nous constatons que les pH sont similaires que le système verre-solution soit irradié ou pas : l'irradiation alpha avec une dose de 2292 Gy n'a donc pas d'effet sur le pH. L'arrêt du chauffage après 10 jours à 90°C n'a également pas eu d'effet sur le pH.

Les figures VII-40 et VII-41 représentent les pertes de masse normalisées calculées à partir des concentrations du lithium et du césium. Elles sont similaires dans les expériences avec irradiation alpha et celle sans irradiation. Par conséquent, l'irradiation alpha avec une dose de 2292 Gy n'a pas changé la concentration des ions en solution.

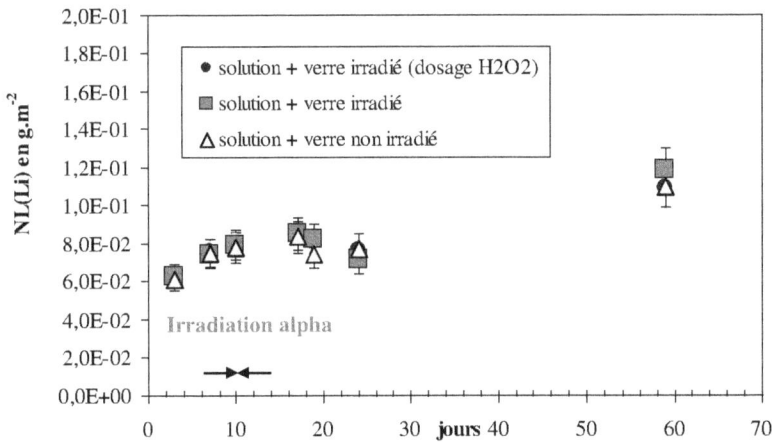

Figure VII-40 : Pertes de masse normalisées, calculées à partir des concentrations du lithium, en fonction du temps lors de l'altération du système verre-solution, en mode statique à 90°C, par une solution enrichie en Si (120 ppm), B (380 ppm), Na (1015 ppm). L'irradiation alpha avec une dose de 2292 Gy est réalisée après 10 jours d'altération (S/V = 3475 m^{-1}).

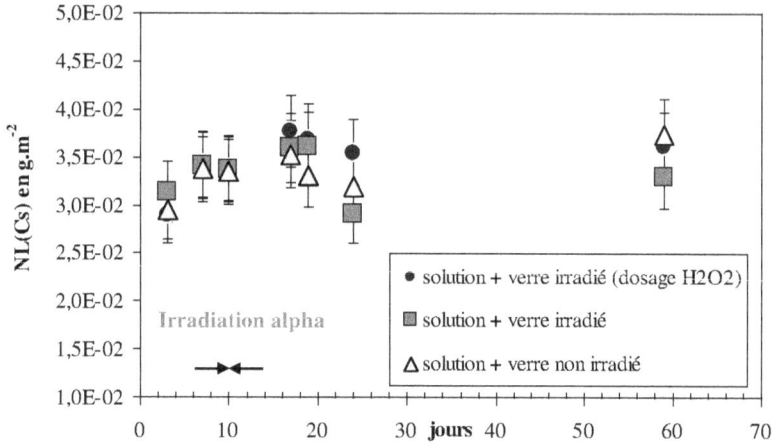

Figure VII-41 : *Pertes de masse normalisées, calculées à partir des concentrations du césium, lors de l'altération du système verre-solution, en mode statique à 90°C, par une solution enrichie en Si (120 ppm), B (380 ppm), Na (1015 ppm). L'irradiation alpha avec une dose de 2292 Gy est réalisée après 10 jours d'altération (S/V = 3475 m^{-1}).*

Nous constatons également que la perte de masse normalisée pour le molybdène reste constante au cours du temps (Figure VII-42).

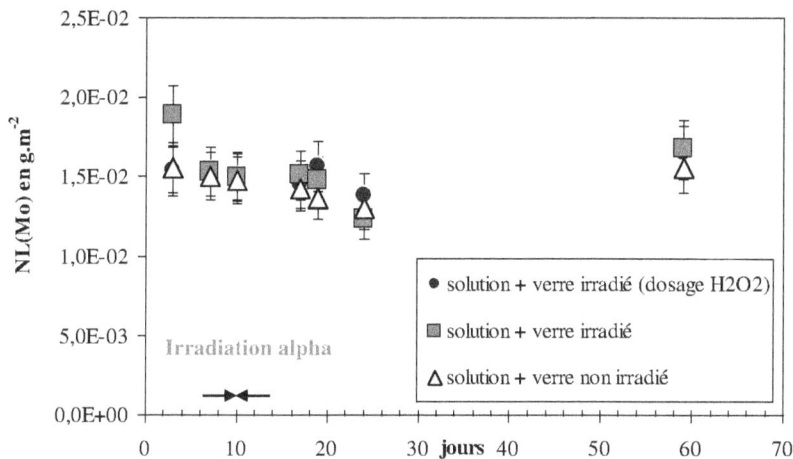

Figure VII-42 : *Pertes de masse normalisées, calculées à partir des concentrations du molybdène, en fonction du temps lors de l'altération du système verre-solution, en mode statique à 90°C, par une solution enrichie en Si (120 ppm), B (380 ppm), Na (1015 ppm). L'irradiation alpha avec une dose de 2292 Gy est réalisée après 10 jours d'altération (S/V = 3475 m⁻¹).*

La concentration en eau oxygénée est mesurée par la méthode de Ghormley décrite dans le paragraphe VI.2.1. Les spectres UV-Visible de l'espèce I_3^- formée par la réaction de H_2O_2 avec I^- sont donnés dans la figure VII-43. Les valeurs des pH et des concentrations pour la solution seule irradiée et le système verre - solution irradié sont données dans le tableau VII-9.

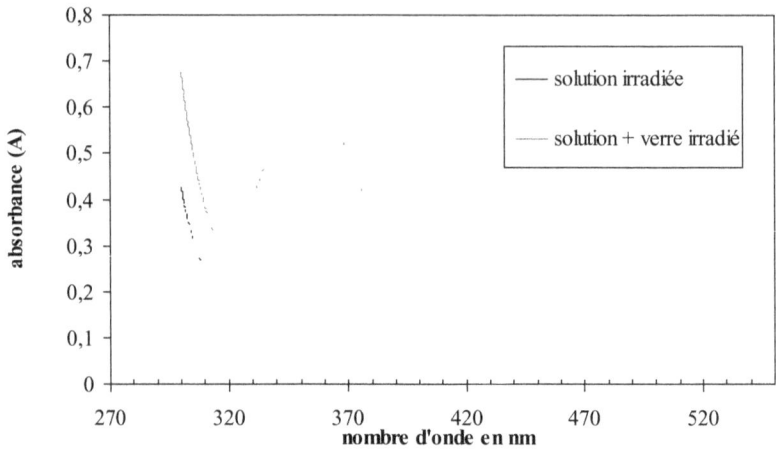

Figure VII-43 : Spectres UV-Visible de l'espèce I_3^- formée à partir de H_2O_2 lors de l'irradiation alpha de la solution synthétique seule et du système verre –solution avec une dose de 2292 Gy.

Expérience	Solution	Solution + verre
pH	9,83	9,79
$[H_2O_2]$ en mol.L^{-1}	$4,3.10^{-5}$	$7,27.10^{-5}$

Tableau VII-8 : pH des solutions et concentrations en H_2O_2 après l'irradiation alpha de la solution synthétique seule et du système verre-solution avec une dose de 2292 Gy.

Il apparaît que la concentration en eau oxygénée après irradiation alpha avec une dose de 2292 Gy est légèrement plus grande dans le système verre-solution que dans la solution seule. Toutefois, cette augmentation n'a pas d'influence sur le pH.et la formation d'eau oxygénée ne favorise pas la reprise de l'altération du verre SON 68.

152

Comme le montre la figure VII-44, au cours de ces expériences, la concentration en silicium est contrôlée et reste constante autour de 120 ppm.

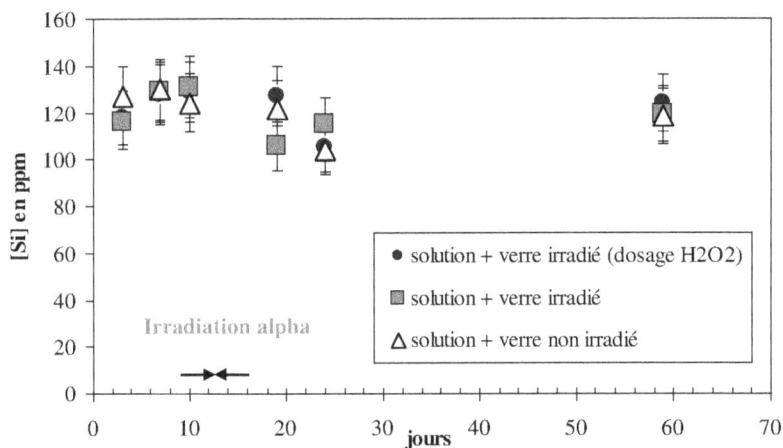

Figure VII-44 : Concentration en Si lors de l'altération du système verre-solution, en mode statique à 90°C, par une solution enrichie en Si (120 ppm), B (380 ppm) et Na (1015 ppm). L'irradiation alpha avec une dose de 2292 Gy est réalisée après 10 jours d'altération (S/V = 3475 m^{-1}).

Conclusions et perspectives

Pour conclure, nous pouvons dire que l'irradiation alpha avec une dose de 2292 Gy du système verre SON 68 et solution enrichie en silicium (120 ppm), bore (380 ppm) et sodium (1015 ppm) n'a pas d'influence sur le pH ni sur la corrosion du verre altéré en mode statique à 90°C. Dans le futur, des irradiations plus longues ou avec une énergie des particules incidentes plus grandes pourraient être réalisées afin d'étudier l'influence de doses plus grandes sur la corrosion du verre SON 68.

VII.9.2. Irradiation gamma

Pour ces expériences, la poudre d5 du verre SON 68 est altérée, pendant une semaine en mode statique à 90°C, par une solution enrichie en silicium (120 ppm), bore (380 ppm) et sodium (1015 ppm) de pH 9,8. Le rapport S/V est de 3971 m^{-1}. Ensuite, des irradiations gamma à 25°C pendant 14,6 h avec trois débits de dose (150, 300 et 3953 Gy.h^{-1}) sont réalisées. Les doses reçues sont donc de 2190 Gy, 4380 Gy et 57714 Gy. Après irradiation, l'altération en mode statique à 90°C est reprise.

La figure VII-45 présente l'évolution du pH en fonction du temps pour les trois doses utilisées.

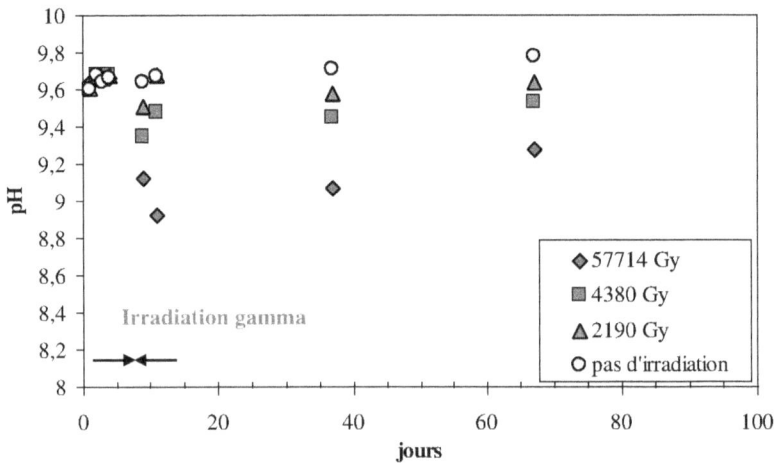

Figure VII-45 : *pH en fonction du temps lors de l'altération, en mode statique à 90°C, de la poudre d5 du verre SON 68 par une solution enrichie en Si (120 ppm), B (380 ppm), Na (1015 ppm). Les irradiations gamma avec une dose de 2190, 4380 ou 57714 Gy sont réalisées après une semaine d'altération (S/V = 3971 m^{-1}).*

154

Deux jours après les irradiations gamma, nous observons une légère diminution du pH pour les doses de 2190 et 4180 Gy et une plus marquée pour la dose la plus élevée, 57714 Gy. En effet, dans ce dernier cas, le pH chute de 0,7 unité. Ensuite, le pH augmente à nouveau. D'après ces évolutions du pH, nous pouvons penser que seul le débit de dose le plus grand aura une influence sur la corrosion du verre SON 68.

Cette hypothèse est confirmée par la perte de masse normalisée du lithium calculée à partir des concentrations obtenues par ICP/MS. Comme le montre la figure VII-46, la perte de masse normalisée après 93 jours est de 0,18 g.m^{-2}.j^{-1} à la place de 0,12 g.m^{-2}.j^{-1} dans les autres expériences dont celle où le système verre-solution n'est pas irradié.

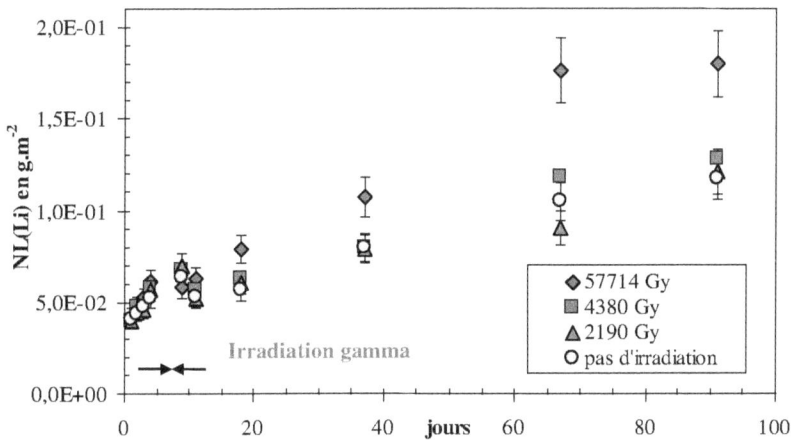

Figure VII-46 : *Pertes de masse normalisées, calculées à partir des concentrations du lithium, en fonction du temps lors de l'altération, en mode statique à 90°C, de la poudre d5 du verre SON 68 par une solution enrichie en Si (120 ppm), B (380 ppm), Na (1015 ppm). Les irradiations gamma avec une dose de 2190, 4380 ou 57714 Gy sont réalisées après une semaine d'altération (S/V = 3971 m^{-1}).*

La figure VII-47 indique que les pertes de masse normalisées calculées à partir des concentrations du molybdène restent inchangées par rapport à l'expérience où le système verre-solution n'est pas irradié.

155

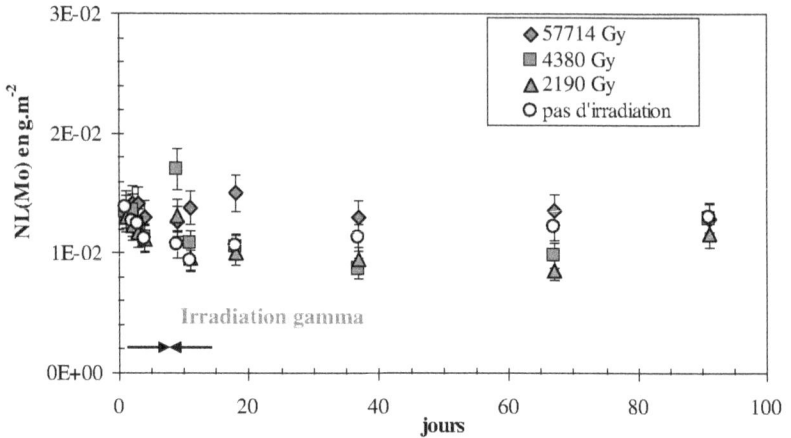

Figure VII-47 : Pertes de masse normalisées, calculées à partir des concentrations du molybdène, en fonction du temps lors de l'altération, en mode statique 90°C, de la poudre d5 du verre SON 68 par une solution enrichie en Si (120 ppm), B (380 ppm), Na (1015 ppm). Les irradiations gamma avec une dose de 2190, 4380, 57714 Gy sont réalisées après une semaine d'altération (S/V = 3971 m^{-1}).

Nous constatons donc une reprise de la corrosion du verre via l'échange ionique, qui entraîne l'augmentation du pH vers sa valeur initiale. Lemmens et Van Iseghem (2001) observent également une diminution du pH augmentant l'échange ionique lors de l'irradiation gamma à 90°C sous bullage d'argon de différents verres nucléaires y compris le verre SON 68. Dans leur étude, l'irradiation est obtenue à partir de quatre sources de ^{60}Co et la dose maximale est de 2,5 MGy.

Comme nous l'avons expliqué dans le paragraphe IV.2, la diminution du pH peut être la conséquence de la formation d'acide nitrique via la radiolyse de l'air présent dans nos réacteurs. La diminution du pH étant plus marquée pour l'irradiation avec la plus grande dose, nous pouvons estimer quelle proportion de N_2 a été transformée en HNO_3. Pour cela, nous utilisons l'expression définie par Burns et al. (1982) qui caractérise la concentration en acide nitrique N après un temps d'irradiation t dans un système eau / air fermé :

$$N = 2\, C_0 R_0 [1 - \exp(-1,45.10^{-5}\, GDt\,)]$$

Où C_0 : concentration initiale de N_2 en mol.L^{-1},

           R_0 : rapport volume de gaz sur volume de liquide

           G : rendement radiolytique de la formation de HNO_3

           D : débit de dose en Mrad.h^{-1}

A partir de cette expression nous pouvons calculer la concentration maximale en acide nitrique formé si tout N_2 est transformé. La concentration N_{max} (mol.L^{-1}) est donc la suivante :

$$N_{max} = 2C_0 R_0$$

Dans notre cas, le volume d'air dans le réacteur est d'environ 25 cm^3.

Le volume de solution est de 35 cm^3 d'où la rapport R = (25/35) = 0,71.

Dans l'air, le pourcentage volumique de N_2 est de 78% d'où le volume de nitrogène initial :
25× (78/100) = 19,5 cm^3 = 1,95.10^{-5} m^3

Appliquons la loi des gaz parfaits pour définir le nombre de moles de N_2
PV = nRT d'où n = (101300×1,95.10^{-5})/ (8,314×298) = 7,97.10^{-4} mole donc
C_0 = 7,35.10^{-4} / 0,0195 = 4,08.10^{-2} mol.l^{-1} et N_{max} = 2×4,08.10^{-2} ×0,71 = 5,80.10^{-2} mol.l^{-1}

Par expérience nous avons défini une concentration de 1,49.10^{-2} mol.l^{-1} d'acide nitrique à ajouter dans la solution synthétique enrichie en silicium, bore et sodium pour diminuer le pH de 0,7 unités. Nous en déduisons donc que près de 26 % de N_2 s'est transformé en HNO_3 lors de l'irradiation gamma avec une dose de 57714 Gy.

La concentration en silicium reste également constante au cours du temps comme le montre la figure VII-48.

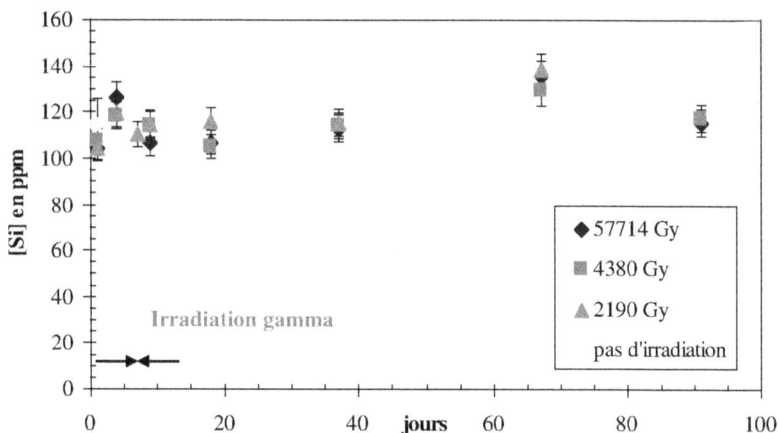

Figure VII-48 *: Concentration en Si au cours du temps lors de l'altération, en mode statique à 90°C de la poudre d5 du verre SON 68 par une solution enrichie en Si (120 ppm), B (380 ppm), Na (1015 ppm). Les irradiations gamma avec une dose de 2190, 4380 ou 5771 Gy sont réalisées après une semaine d'altération (S/V = 3971 m^{-1}).*

La concentration en eau oxygénée est déterminée par la méthode de Ghormley. Les différents spectres UV-Visibles de l'espèce I_3^- sont représentés dans la figure VII-49. Les concentrations en eau oxygénée calculées sont données dans le tableau VII-10.

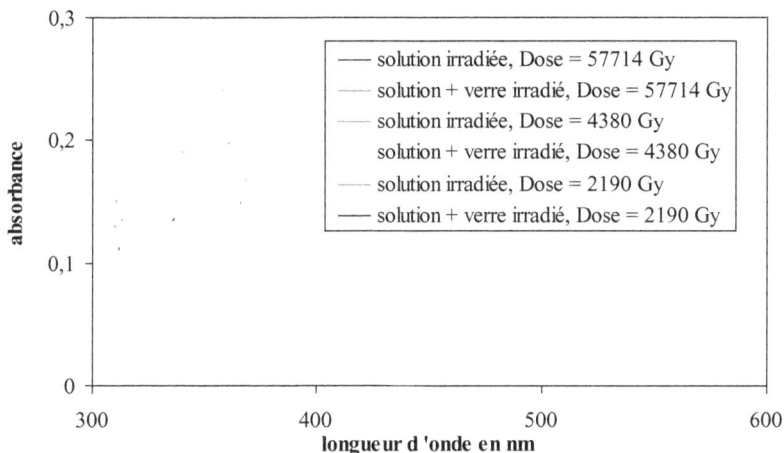

Figure VII-49 : *Spectres UV-Visible de l'espèce I_3^- formée à partir de H_2O_2 lors des irradiations gamma des solutions synthétiques seules et des systèmes verre-solution avec des doses de 2190, 4380 ou 57714 Gy.*

Débit de dose en $Gy.h^{-1}$	*150*	*300*	*3953*
Dose en Gy	*2190*	*4380*	*57714*
Concentration de l'eau oxygénée dans le système solution – verre en $mol.L^{-1}$	$1,59.10^{-5}$	$1,70.10^{-5}$	$2,38.10^{-5}$
Concentration de l'eau oxygénée dans la solution en $mol.L^{-1}$	$2,04.10^{-5}$	$1,59.10^{-5}$	$1,82.10^{-5}$

Tableau VII-9 : *Conditions expérimentales et concentrations en eau oxygénée lors des irradiations gamma.*

Les concentrations en eau oxygénée obtenues dans les expériences où seule la solution enrichie en Si, B et Na est irradiée sont indépendantes de la dose et du débit de dose ce

159

qui indique qu'un état stationnaire de production et de recombinaison est atteint. Ceci est confirmé par des calculs utilisant MAKSIMA-CHEMIST pour l'irradiation dans de l'eau pure. Cependant, les concentrations en eau oxygénée calculées sont dix fois plus grandes, ce qui laisse supposer un schéma radiolytique plus complexe impliquant probablement des carbonates et des borates.

Tout comme pour l'irradiation alpha, nous constatons que pour une dose maximale de 57714 Gy, la concentration en eau oxygénée est légèrement plus grande dans le système verre-solution que dans la solution seule irradiée.

Conclusion

Il est reconnu que pour des doses inférieures à 10^6 Gy, les effets directs de l'irradiation peuvent être négligés donc il est probable que la production des ions H_3O^+ provenant de la réaction $HNO_3 + H_2O \rightarrow NO_3^- + H_3O^+$ soit le facteur essentiel de l'augmentation de l'échange ionique (Burns et al., 1982 ; Weber et Roberts, 1983 ; Day et al., 1985; Ewing et al. 1995).. C'est pourquoi, nous avons réalisé des expériences de simulation de l'irradiation gamma en diminuant le pH par ajout d'acide nitrique 60% ultrapur.

VII.9.3. Simulation de l'irradiation gamma

Le même rapport surface de verre sur volume de solution (S/V = 3970 m^{-1}) que dans l' expérience d'irradiation gamma avec une dose de 57714 Gy est utilisé. Après une semaine en mode statique à 90°C, le pH est diminué de 9,7 à 9 par ajout d'acide nitrique 60% ultrapur, la dilution étant ainsi négligeable. Dans une première expérience, l'échantillon est replacé immédiatement à l'étuve après diminution du pH et dans une seconde, il reste une journée à température ambiante comme c'est le cas lors des irradiations gamma, avant de retourner à l'étuve. Un blanc dont le pH n'est pas diminué est également réalisé. Au cours de l'expérience, le pH est mesuré après refroidissement de la solution. Son évolution en fonction du temps est donnée sur la figure VII-50.

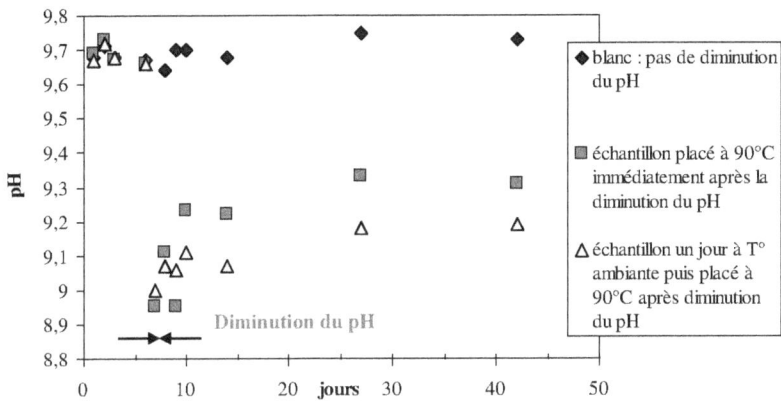

Figure VII-50 : pH en fonction du temps lors de l'altération, en mode statique à 90°C,
de la poudre d5 du verre SON 68 par une solution enrichie en Si (120 ppm), B (380
ppm), Na (1015 ppm). Après une semaine, le pH est diminué avec HNO_3 60% ultrapur
pour simuler l'irradiation gamma avec une dose de 57714Gy. Un échantillon est
replacé à 90°C immédiatement après, l'autre est laissé 1 jour à t° ambiante avant d'être
replacé à 90°C. (S/V = 3970 m^{-1}).

L'analyse par ICP/MS du lithium a permis de comparer les pertes de masses
normalisées après la simulation par diminution du pH et celles obtenues après
l'irradiation gamma avec une dose de 57714 Gy comme le montre la figure VII-51.

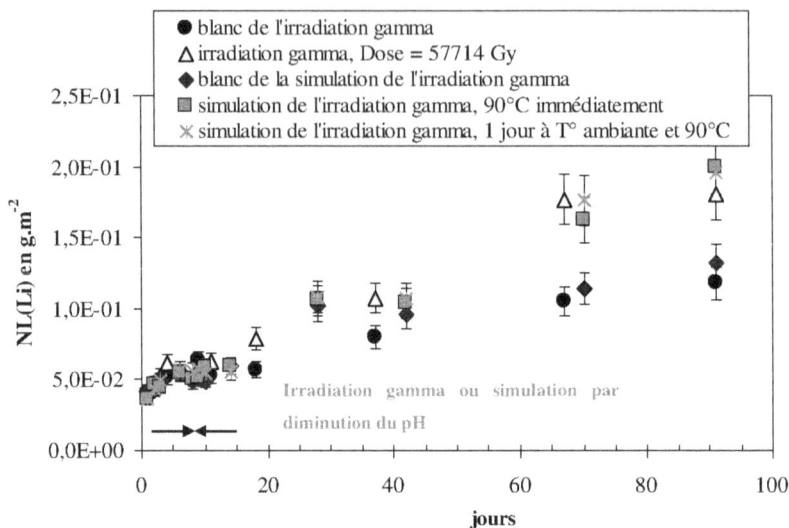

Figure VII-51 : *Comparaison des pertes de masse normalisées, calculées à partir des concentrations du lithium, en fonction temps lors de l'altération, en mode statique à 90°C, de la poudre d5 du verre SON 68 par une solution enrichie en Si (120 ppm), B (380 ppm), Na (1015 ppm). Une irradiation gamma avec une dose de 57714 Gy ou une diminution du pH avec HNO₃ 60% ultrapur est réalisée après une semaine d'altération (S/V = 3970 m⁻¹).*

Nous constatons que les pertes de masses normalisées du lithium sont similaires pour l'expérience d'irradiation gamma avec une dose de 57714 Gy et la simulation de cette irradiation par diminution du pH. Diminuer le pH avec de l'acide nitrique permettrait donc de simuler les irradiations gamma qui engendrent une diminution du pH. Nous remarquons également qu'il n'y a pas de différence entre l'échantillon replacé directement à 90°C et celui replacé à 90°C après un jour à température ambiante.

La figure VII-52 indique que dans toutes les expériences, les pertes de masse normalisées calculées à partir des concentrations du molybdène restent constantes au cours du temps.

162

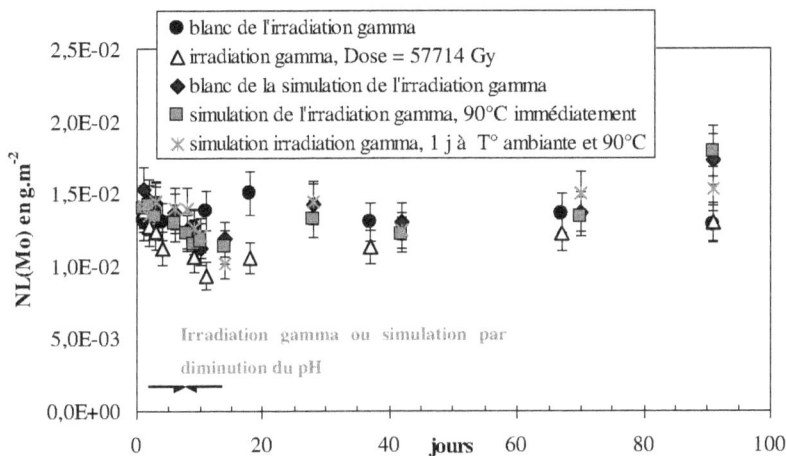

Figure VII-52 : *Comparaison des pertes de masse normalisées, calculées à partir des concentrations du molybdène, en fonction du temps lors de l'altération 68, en mode statique à 90°C, de la poudre d5 du verre SON 68 par une solution enrichie en Si (120 ppm), B (380 ppm), Na (1015 ppm). Une irradiation gamma avec une dose de 57714 Gy ou une diminution du pH avec HNO₃ 60% ultrapur est réalisée après une semaine d'altération (S/V = 3970 m⁻¹).*

Tout comme pour les expériences d'irradiation gamma, la concentration en silicium est mesurée et reste constante au cours de l'expérience de simulation (Figure VII-53).

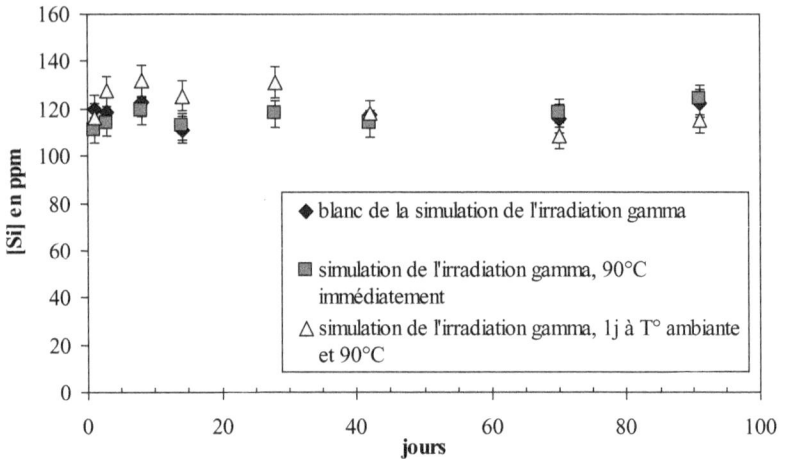

Figure VII-53 : *Concentration en Si en fonction du temps lors de l'altération, en mode statique à 90°C, de la poudre d5 du verre SON 68 par une solution enrichie en Si (120 ppm), B (380 ppm), Na (1015 ppm). Après une semaine, le pH est diminué avec HNO_3 60% ultrapur pour simuler l'irradiation gamma avec une dose de 57714Gy. Un échantillon est replacé à 90°C immédiatement après, l'autre est laissé 1 jour à t° ambiante avant d'être replacé à 90°C*

(S/V = 3970 m^{-1}).

Conclusion

Les pertes de masse normalisées du lithium calculées pour les expériences de simulation, qui consistaient à diminuer le pH avec de l'acide nitrique afin de reproduire l'observation faite lors de l'irradiation gamma avec une dose de 57714 Gy, sont similaires à celles obtenues lors de cette irradiation. Par conséquent, l'augmentation de l'échange ionique observée lors de l'irradiation gamma avec une dose de 57714 Gy serait due à la diminution du pH provoquée par la radiolyse du N_2 contenu dans le réacteur (environ 26% du N_2 serait transformé en acide nitrique). Toutefois, dans le cadre d'un éventuel stockage en couche géologique profonde, la concentration en N_2 est très faible donc l'effet d'une telle irradiation gamma serait négligeable.

CHAPITRE VIII : MODELISATION DES EXPERIENCES D'ALTERATION DU VERRE SON 68 EN MODE DYNAMIQUE

Dans de nombreuses études d'altération du verre SON 68, le modèle r(t) simule avec succès les valeurs expérimentales après l'optimisation des trois paramètres $D_{gel,}$ C^* et α. Ainsi, Vernaz et al. (2001) présente la modélisation d'un verre altéré un an à 90°C avec un rapport S/V de 6000 m^{-1}. Afin de vérifier ce modèle, plus de 50 expériences menées, entre 1983 et 2001, sous différentes conditions d'altération ont été simulées avec le modèle r(t) (Ribet et al.). Dans ces expériences, la température variait entre 50° et 90°C, le pH entre 7 et 9, le renouvellement de la solution était entre 0 et 1,24 j^{-1} et les rapports S/V entre 125 et 2000 m^{-1}. Certaines d'entre elles ont été publiées (Noguès, 1984 ; Godon, 1988 ; Caurel, 1990 ; Advocat, 1991 ; Delage, 1992 ; Tovena, 1995 ; Jégou, 1998 ; Gin et al., 2001 ; Frugier et al., 2001). Toutefois, le modèle r(t) ne semble pas approprié à la modélisation de nos expériences en mode dynamique. En effet, la concentration en silicium reste constante au cours du temps et la concentration en bore n'est pas mesurée car la concentration initiale est de 380 ppm ce qui ne nous permet pas de détecter la quantité relâchée par le verre. Mais surtout, ce modèle ne prend pas en compte la diffusion de l'eau. Par conséquent, nous présentons ici la modélisation de nos résultats à l'aide du modèle GM 2001.

Pour une température donnée, certains paramètres expérimentaux sont fixés :

- le flux F : 0,014 L.j^{-1}
- le volume de solution V : 0,035 L
- la molalité en silicium m_{CCB} : 4.10^{-3} mol.kg^{-1} ou 8.10^{-3} mol.kg^{-1}
- la fraction de silicium retenu dans le gel qui s'exprime à l'aide de deux coefficients $f_{pc} = 1$ et $f_x = 2,5$ contenus dans une loi du type $f_S (C_{Si,} K_S) = f_{pc} - exp(-C_{Si} f_x / K_S)$
- la porosité du gel ϕ : 0,2
- le facteur de rétention du bore kd_B et du lithium kd_{Li} : 100 kg.m^{-3} et 10 kg.m^{-3}

Il faut signaler que la modélisation des résultats n'est pas sensible aux effets de la silice dans le gel d'altération car le contrôle du transport de la silice ne se produit que si la concentration en silice à saturation n'est pas atteinte. Or, dans nos expériences, nous sommes sursaturés en Si.

VIII.1. MODELISATION DES EXPERIENCES D'ALTERATION EN MODE DYNAMIQUE (0,6 ML.H^{-1}) PAR UNE SOLUTION ENRICHIE EN SILICIUM (120 PPM), BORE (380 PPM) ET SODIUM (1015 PPM)

Seul les pH initiaux et finaux mesurés à température ambiante sont indiqués, les pH mesurés au cours de l'expérience sont donnés dans l'annexe F1.

VIII.1.1. Expériences avec la poudre d20 du verre SON 68

pH initial (25°C) = 4,8 ; S/V = 4286 m^{-1}

Température : 50°C

pH final (25°C) = 5,8

Température : 90°C

pH final (25°C) = 7,4

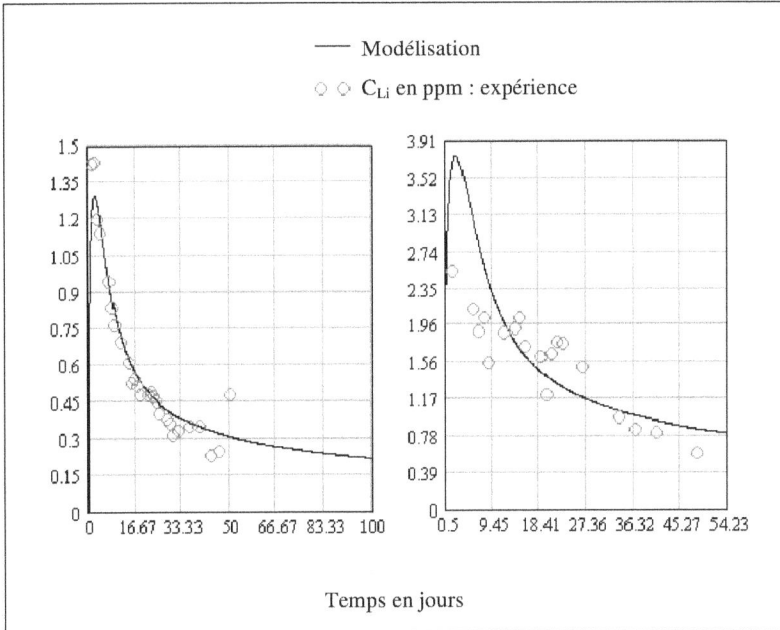

Légende : Modélisation ; C_{Li} en ppm : expérience ; Temps en jours

$D_{H2O} = 4.10^{-22}$ m^2.s^{-1}

$D_{Si} = 2,822.10^{-14}$ m^2.s^{-1}

K_S (T, log K_{R7T7}) = 29,07

$D_{H2O} = 3.10^{-21}$ m^2.s^{-1}

$D_{Si} = 5,219.10^{-14}$ m^2.s^{-1}

K_S (T, log K_{R7T7}) = 75,66

pH initial (25°C) = 7,2 ; S/V = 4286 m^{-1}

Température : 50°C
pH final (25°C) = 7,2

Température : 90°C
pH final (25°C) = 8,7

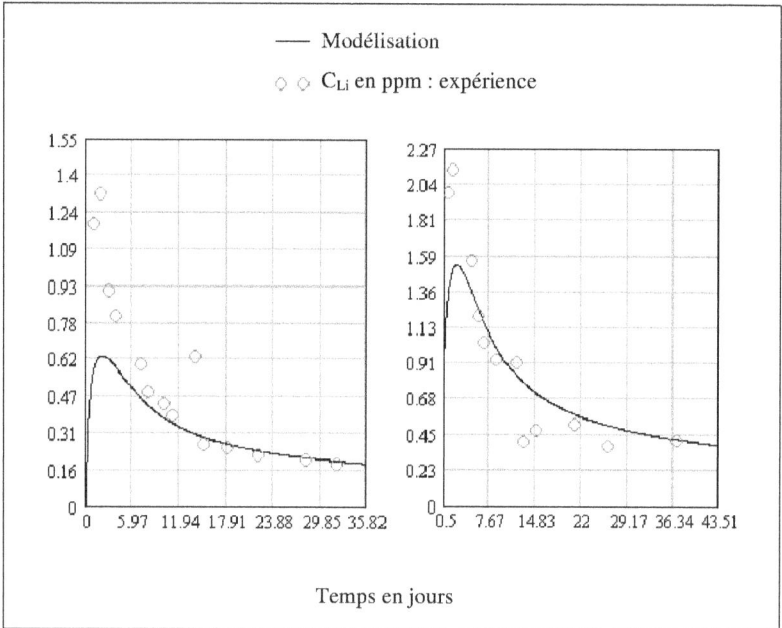

$D_{H2O} = 10^{-22}$ m^2·s^{-1}
$D_{Si} = 2,822.10^{-14}$ m^2·s^{-1}
K_S (T, log K_{R7T7}) = 29,07

$D_{H2O} = 5.10^{-22}$ m^2·s^{-1}
$D_{Si} = 5,219.10^{-14}$ m^2·s^{-1}
K_S (T, log K_{R7T7}) = 75,66

pH initial (25°C) = 9,8 ; S/V = 14450 m⁻¹ à 50°C

S/V = 4286 m⁻¹ à 90°C

Température : 50°C   Température : 90°C

pH final (25°C) = 9,8   pH final (25°C) = 9,6

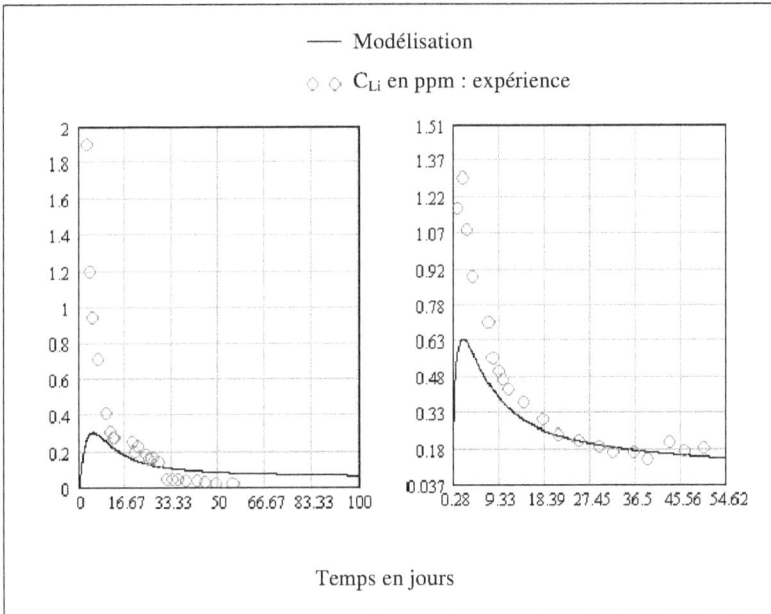

Temps en jours

$D_{H2O} = 3.10^{-24}\,m^2 s^{-1}$ $D_{H2O} = 10^{-22}\,m^2 s^{-1}$

$D_{Si} = 2,839.10^{-14}\,m^2 s^{-1}$ $D_{Si} = 5,219.10^{-14}\,m^2 s^{-1}$

K_S (T, log K_{R7T7}) = 29,34 K_S (T, log K_{R7T7}) = 75,66

VIII.1.2. Expériences avec la poudre d5 du verre SON 68

pH = 4,8 ; S/V = 11910 m^{-1}

Température : 50°C	Température : 90°C
pH final (25°C) = 6,0	pH final (25°C) = 7,6

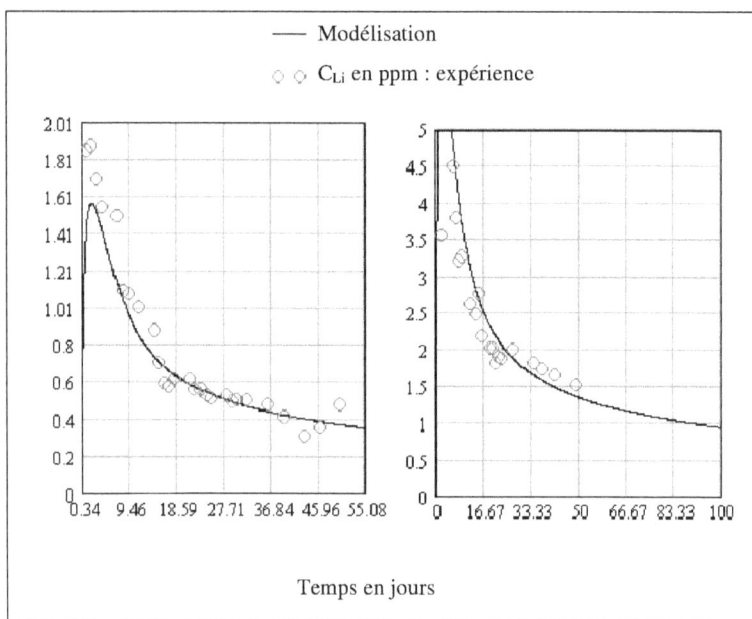

Temps en jours

$D_{H2O} = 8.10^{-23}$ m^{2}s^{-1}	$D_{H2O} = 10^{-21}$ m^{2}s^{-1}
$D_{Si} = 2,839.10^{-14}$ m^{2}s^{-1}	$D_{Si} = 5,219.10^{-14}$ m^{2}s^{-1}
K_S (T, log K_{R7T7}) = 29,34	K_S (T, log K_{R7T7}) = 75,66

pH initial (25°C) = 7,2 ; S/V = 11910 m^{-1}

Température : 50°C

pH final (25°C) = 7,2

Température : 90°C

pH final (25°C) = 8,7

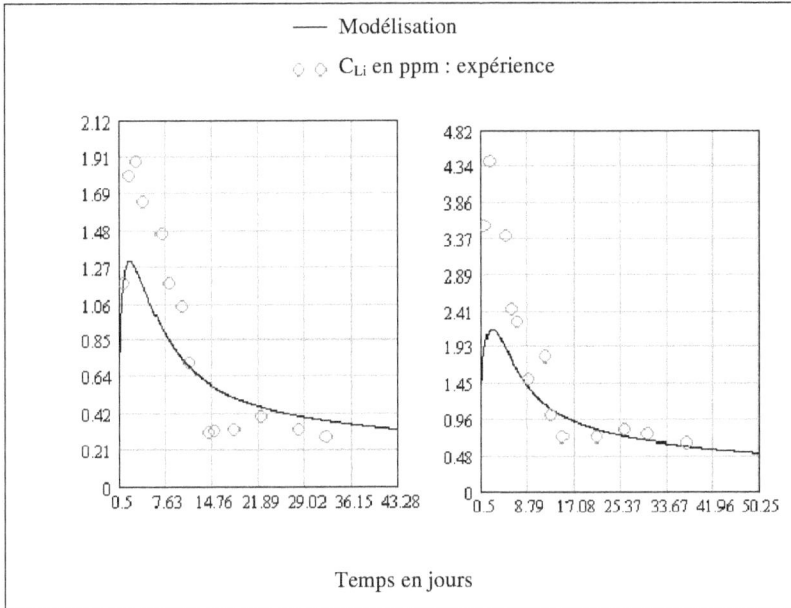

Temps en jours

$D_{H2O} = 5,3.10^{-23} \, m^2.s^{-1}$

$D_{Si} = 2,822.10^{-14} \, m^2.s^{-1}$

$K_S \, (T, \log K_{R7T7}) = 29,07$

$D_{H2O} = 1,5.10^{-22} \, m^2.s^{-1}$

$D_{Si} = 5,219.10^{-14} \, m^2.s^{-1}$

$K_S \, (T, \log K_{R7T7}) = 75,66$

pH initial (25°C) = 9,8 ; S/V = 11910 m⁻¹

Température : 50°C

Température : 90°C

pH final (25°C) = 9,6

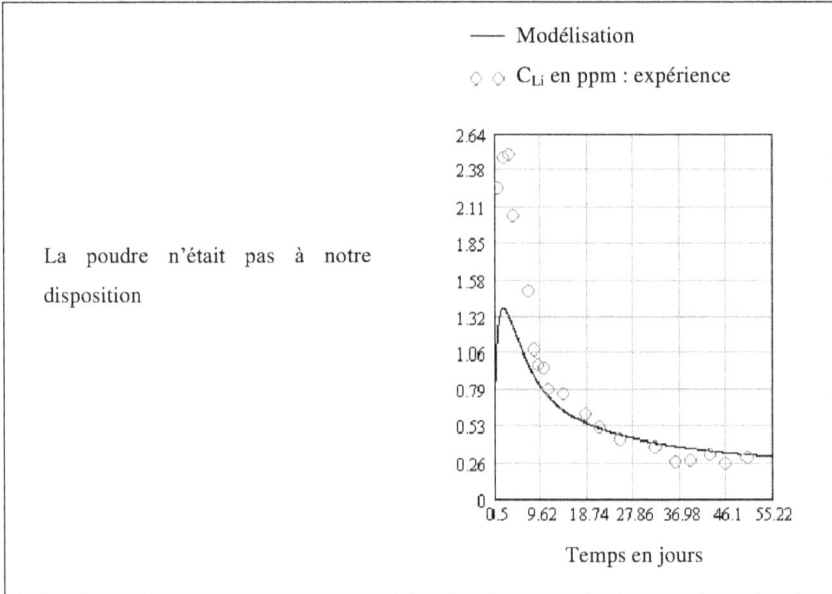

La poudre n'était pas à notre disposition

$D_{H2O} = 6.10^{-23}\ m^2\ s^{-1}$

$D_{Si} = 5,219.10^{-14}\ m^2\ s^{-1}$

$K_S\ (T,\ \log K_{R7T7}) = 75,66$

VIII.1.3. Expériences avec les lames du verre SON 68

$$\text{pH initial } (25°C) = 4{,}8 \text{ ; } S/V = 25{,}71 \text{ m}^{-1}$$

Température : 50°C	Température : 90°C
pH final (25°C) = 6,6	pH final (25°C)= 7,6

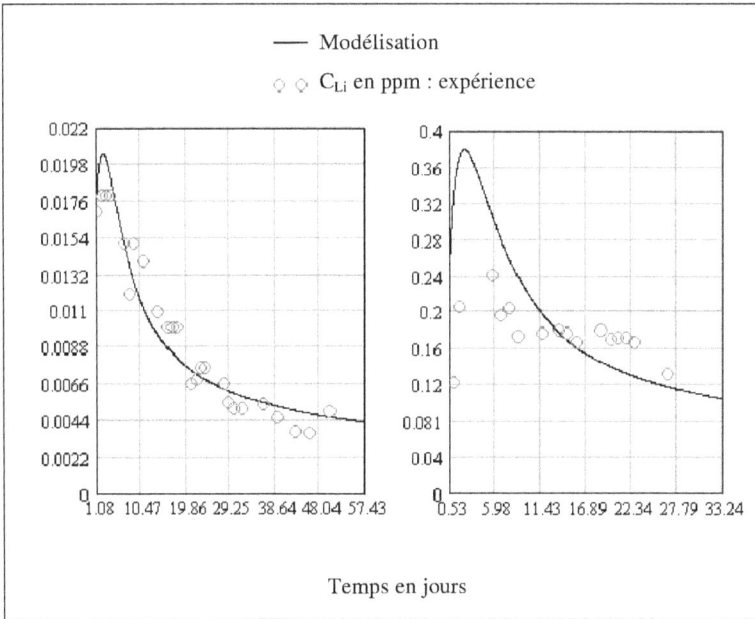

Temps en jours

$D_{H2O} = 2{,}5.10^{-21} \text{ m}^2.\text{s}^{-1}$	$D_{H2O} = 8.10^{-19} \text{ m}^2.\text{s}^{-1}$
$D_{Si} = 2{,}822.10^{-14} \text{ m}^2.\text{s}^{-1}$	$D_{Si} = 5{,}219.10^{-14} \text{ m}^2.\text{s}^{-1}$
$K_S \ (T, \log K_{R7T7}) = 29{,}07$	$K_S \ (T, \log K_{R7T7}) = 75{,}66$

pH initial (25°C) = 7,2 ; S/V = 25,71 m^{-1}

Température : 50°C   Température : 90°C

pH final (25°C) = 7,3   pH final (25°C)= 8,7

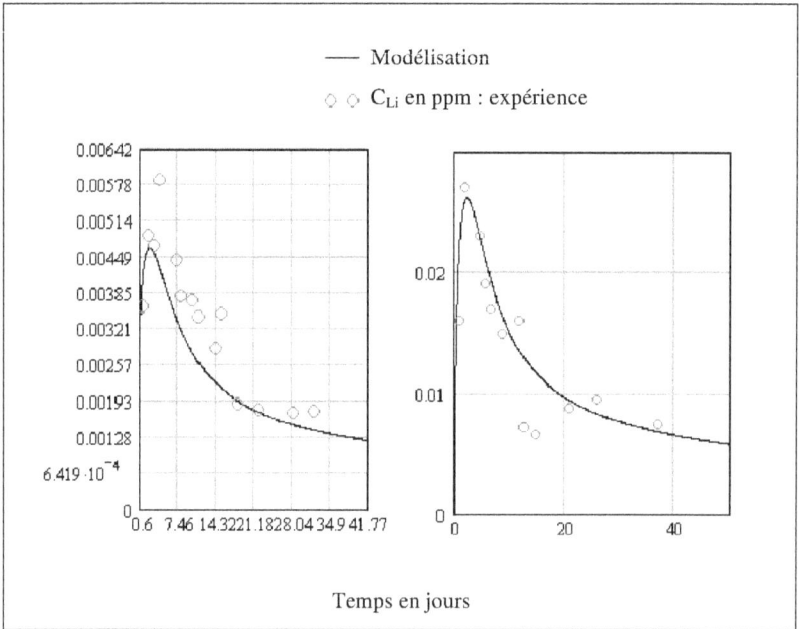

Temps en jours

D_{H2O} = 1,5.10^{-22} m^2.s^{-1} D_{H2O} = 4.10^{-21} m^2.s^{-1}

D_{Si} = 2,822.10^{-14} m^2.s^{-1} D_{Si} = 5,219.10^{-14} m^2.s^{-1}

K_S (T, log K_{R7T7}) = 29,07 K_S (T, log K_{R7T7}) = 75,66

pH initial (25°C) = 9,8 ; S/V = 25,71 m^{-1}

Température : 50°C

Température : 90°C

pH final (25°C) = 9,6

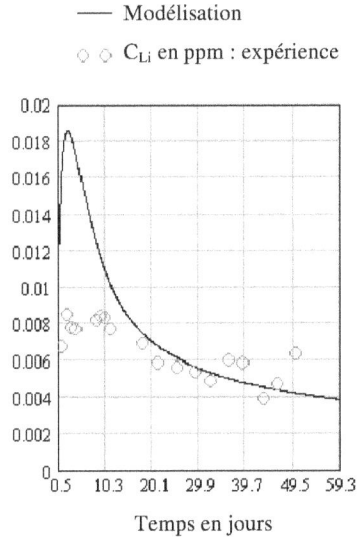

— Modélisation

○ ○ C_{Li} en ppm : expérience

Limite de détection pour les concentrations du Li par ICP/MS

Temps en jours

$D_{H2O} = 2.10^{-21}$ m^2.s^{-1}

$D_{Si} = 5,219.10^{-14}$ m^2.s^{-1}

K_S (T, log K_{R7T7}) = 75,66

VIII.2. MODELISATION DES EXPERIENCES D'ALTERATION EN MODE DYNAMIQUE (0,6 ML.H^{-1}) PAR UNE SOLUTION ENRICHIE EN SILICIUM (240 PPM), BORE (380 PPM) ET SODIUM (1015 PPM)

La figure VIII-1 représente la modélisation des expériences de lixiviation réalisées en mode dynamique (0,6 mL.h^{-1}) à 90°C sur les poudres d20 et d5 avec une solution enrichie en silicium (240 ppm), bore (380 ppm) et sodium (1015 ppm)de pH initial 4,8 ; 7,2 ou 9,8.

—— Modélisation

◌ ◌ C$_{Li}$ en ppm : expérience

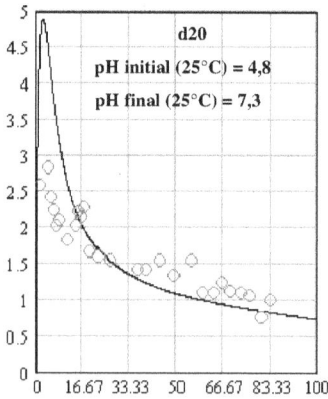
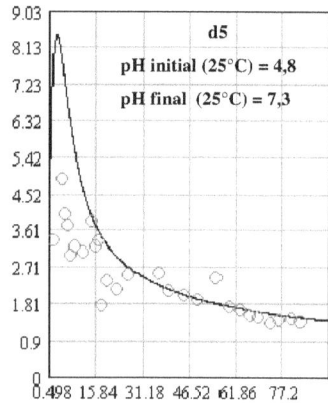

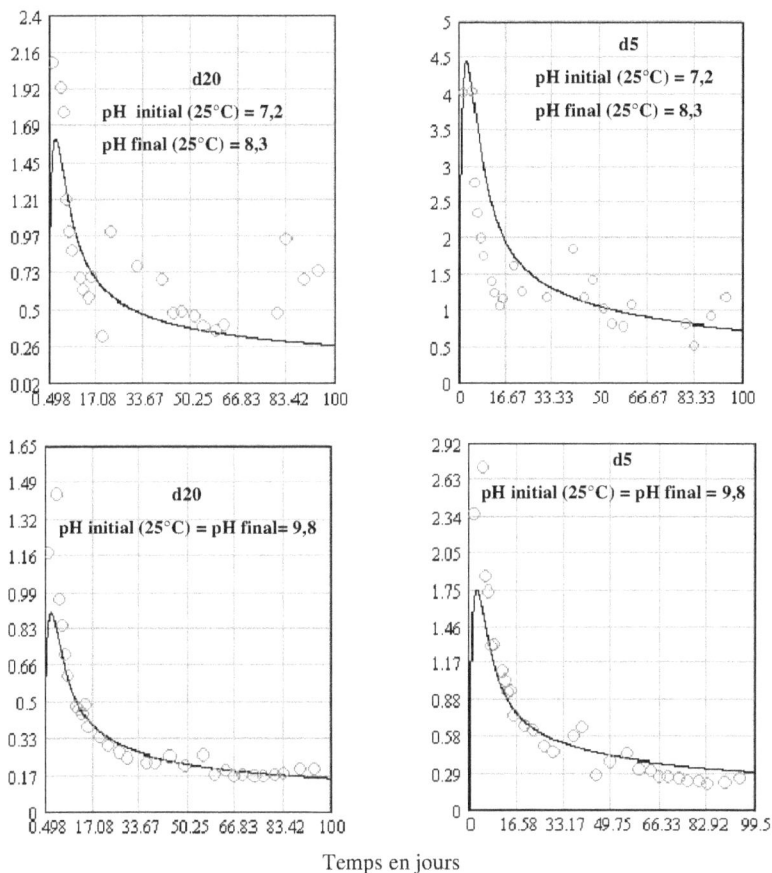

Figure VIII-1 : *Modélisation des expériences d'altération, en mode dynamique (0,6 mL.h⁻¹) à 90°C, des poudres d20 et d5 du verre SON 68 par une solution enrichie en Si (240 ppm), B (380 ppm) et sodium (1015 ppm) de pH initial 4,8 ; 7,2 ou 9,8.*

VIII.3. DISCUSSION

Compte tenu que, les paramètres comme la constante de solubilité de la silice (K_S), la constante cinétique (kf), le coefficient de diffusion de la silice (D_{Si}), le facteur de rétention du Li et du B (kd_{Li} et kd_B), le facteur de rétention de la silice dans le gel (f_S), la porosité du gel (ϕ), sont fixés d'une manière constante pour toutes les expériences à une température donnée, l'application du modèle aux données expérimentales obtenues sous différents pH, rapports S/V et température peut être décrite par l'ajustement d'un seul paramètre : le coefficient de diffusion de l'eau dans le verre.

Dans le tableau VIII-1 sont indiqués les coefficients de diffusion de l'eau ($m^2.s^{-1}$) déterminés par le modèle GM2001 lors de l'altération des trois types d'échantillons du verre SON 68, en mode dynamique (0,6 mL.h^{-1}) à 50°C ou 90°C, par une solution enrichie en silicium (120 ppm), bore (380 ppm) et sodium (1015 ppm) de pH initial 4,8 ; 7,2 ou 9,8.

Température	50°C			90°C		
pH	**4.8**	**7.2**	**9.8**	**4.8**	**7.2**	**9.8**
d20	4.10^{-22}	6.10^{-23}	3.10^{-24}	3.10^{-21}	5.10^{-22}	10^{-22}
d5	8.10^{-23}	$5,3.10^{-23}$	Pas de poudre	10^{-21}	$1,5.10^{-22}$	6.10^{-23}
Lame	$2,5.10^{-21}$	$1,5.10^{-22}$		8.10^{-19}	4.10^{-21}	2.10^{-21}

Tableau VIII-1 : *Coefficients de diffusion de l'eau en $m^2.s^{-1}$ obtenus à partir du modèle GM2001 pour les expériences d'altération, en mode dynamique (0,6 mL.h^{-1}) à 50°C ou 90°C, des poudres d20, d5 et des lames du verre SON 68 par une solution enrichie en Si (120 ppm), B (380 ppm) et Na (1015 ppm) de pH initial 4,8 ; 7,2 ou 9,8.*

Quel que soit le type d'échantillon, nous constatons que, le coefficient de diffusion de l'eau augmente quand le pH diminue, ce qui est en accord avec le fait que plus le pH est acide, plus l'échange ionique est important. La diffusion de l'eau pourrait être augmentée car la structure serait plus ouverte de par la formation de groupes silanols.

Nous remarquons également l'influence de la température sur le coefficient de diffusion de l'eau. En effet, pour un pH donné, les coefficients de diffusion sont plus grands à 90°C qu'à 50°C en concordance avec la loi d'Arrhénius, loi vérifiée sur une grande gamme de température.

Les coefficients de diffusion obtenus pour les deux types de poudres sont similaires. En revanche, ils diffèrent d'un à deux ordres de grandeur de ceux obtenus pour les lames. Cela pourrait s'expliquer par le fait que les concentrations obtenues pour les lames en ICP/MS sont moins fiables car elles se trouvent dans le bas de la gamme d'étalonnage. En effet, compte tenu que la matrice est très chargée en sodium, une dilution minimale est nécessaire, ce qui augmente les incertitudes sur la mesure.

Dans le tableau VIII-2 sont indiqués les coefficients de diffusion de l'eau déterminés par le modèle GM2001 lors de l'altération en mode dynamique (0,6 mL.h^{-1}) à 90°C par une solution enrichie en silicium (240 ppm), bore (380 ppm) et sodium (1015 ppm)de pH initial 4,8 ; 7,2 ou 9,8. Nous constatons que les coefficients de diffusion de l'eau obtenus pour les deux poudres d20 et d5 du verre SON 68, sont similaires pour un pH donné. Plus le pH est acide, plus le coefficient de diffusion de l'eau est grand sans toutefois dépasser un facteur 25.

Ces coefficients de diffusion de l'eau sont similaires à ceux obtenus dans le cas des expériences réalisées avec une solution contenant 120 ppm en silicium.

Température	90°C		
pH initial (25°C)	4.8	7.2	9.8
d20	5.10^{-21}	6.10^{-22}	2.10^{-22}
d5	2.10^{-21}	6.10^{-22}	10^{-22}

Tableau VIII-2 : Coefficients de diffusion de l'eau en m^2.s^{-1} obtenus pour les expériences d'alération, en mode dynamique (0,6 mL.h^{-1}) à 90°C, des poudres d20 et d5 du verre SON 68 par une solution enrichie en silicium (240 ppm), bore (380 ppm) et sodium (1015 ppm) de pH initial 4,8 ; 7,2 ou 9,8.

Les coefficients de diffusion de l'eau déterminés pour nos expériences en mode dynamique avec des poudres ou des lames du verre SON 68 sont donc compris entre 10^{-19} et 10^{-24} $m^2.s^{-1}$.

Ils sont comparables à ceux obtenus dans les solides à température ambiante et qui varient de 10^{-20} à 10^{-26} $m^2.s^{-1}$ (Madé, 1991).

De nombreux auteurs (Moulson et Roberts, 1960; Lanford et al., 1979 ; Houser et al., 1980 ; Doremus et al., 1983 ; Kronenberg et al., 1986 ; Wakabayashi et Tomozawa, 1989 ; Yanagisawa et al., 1997) ont calculé des coefficients de diffusion de l'hydrogène ou de l'eau en se basant sur diverses techniques telles que l'infrarouge, la réaction nucléaire résonnante, la spectrométrie de masse à ions secondaires, l'électrolyse. Dans la littérature, la plupart des coefficients de diffusion de l'eau ou des ions hydronium sont déterminés pour des verres synthétiques moins complexes le verre SON 68. Toutefois, la comparaison peut se faire avec les verres naturels considérés comme analogues des verres nucléaires (Shaw, 1974 ; Zhang et al., 1991). La figure VIII-2 représente le diagramme d'Arrhénius permettant de comparer les coefficients de diffusion trouvés dans la littérature pour différents types de verres. Nos valeurs sont du même ordre de grandeur que celles mesurées lors d'expériences d'hydratation à 50°C d'un verre Li_2O-SiO_2 dans une solution 0,1N de H_2SO_4 par Doremus (1975) ou encore à 90°C sur un verre $Na_2O-Ca_2O-SiO_2$ dans de l'eau pure par Lanford et al. (1979).

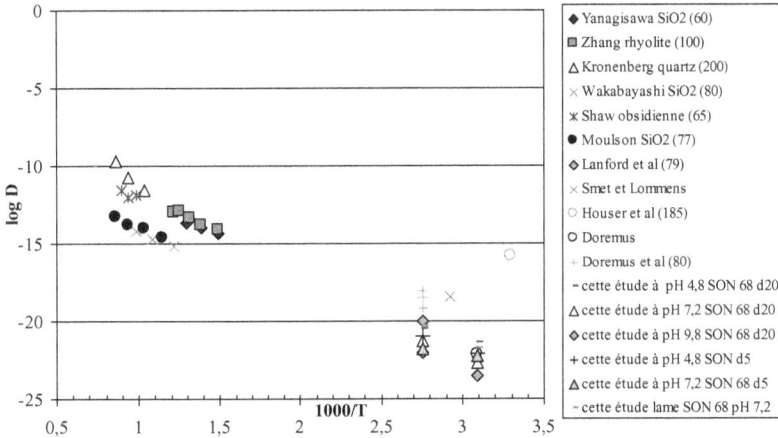

Figure VIII-2 : *Diagramme d'Arrhénius comparant les coefficients de diffusion obtenus dans notre étude et ceux de la littérature. Les énergies d'activation en kJ.mol[-1] sont indiquées entre parenthèses.*

VIII.4. DETERMINATION DE L'ENERGIE D'ACTIVATION

Nous allons calculer les énergies d'activation pour chaque expérience à un pH défini à partir de la loi d'Arrhenius transformée en logarithme népérien :

$$Ln\ D = -E_A/RT + ln\ D_0$$

De cette façon, en traçant ln D en fonction de 1/RT, l'énergie d'activation est donnée par la pente de la droite et l'ordonnée à l'origine correspond à ln D_0.

VIII.4.1. Cas de la poudre d20

Dans le cas des expériences d'altération en mode dynamique (0,6 mL.h[-1]) de la poudre d20 du verre SON 68 par une solution enrichie en silicium (120 ppm), bore (380 ppm) et sodium (1015 ppm) de pH initial 4,8 ; 7,2 ou 9,8, les énergies d'activation sont de 49, 52 et 85 kJ.mol[-1] (Figure VIII-3). Il faut signaler que, lors de l'altération à 50°C par une solution de pH 9,8, les données jusqu'à 30 jours peuvent être modélisées avec un coefficient de diffusion de l'eau de 8.10^{-24} m^2.s^{-1} à la place de 3.10^{-24} m^2.s^{-1} , coefficient de diffusion obtenu pour l'ensemble des résultats. Dans ce cas, l'énergie d'activation serait de 61 kJ.mol^{-1}.

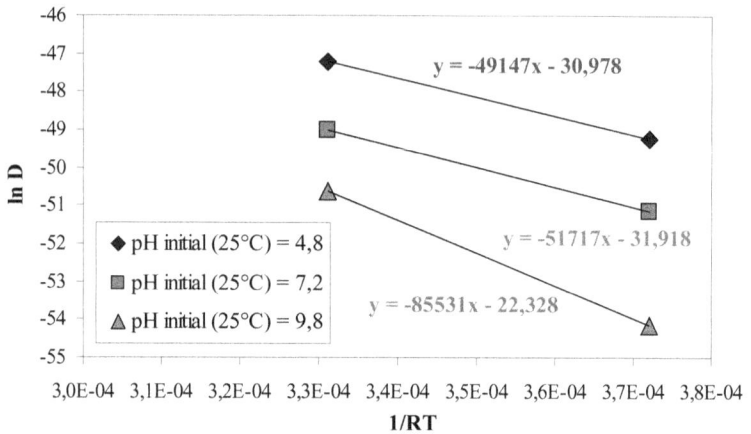

Figure VIII-3 : *Ln D = ln (1/RT) pour la détermination des énergies d'activation dans le cas de l'altération en mode dynamique (0,6 mL.h^{-1}) de la poudre d20 du verre SON 68 par une solution enrichie en Si (120 ppm), B (380 ppm), Na (1015 ppm) de pH initial 4,8 ; 7,2 ou 9,8.*

VIII.4.2. Cas de la poudre d5

Dans le cas des expériences d'altération en mode dynamique (0,6 mL.h^{-1}) de la poudre d5 du verre SON 68 par une solution enrichie en silicium (120 ppm), bore (380 ppm) et sodium (1015 ppm) de pH initial 4,8 , l'énergie d'activation déterminée est de 61 kJ.mol^{-1} (Figure VIII-4).

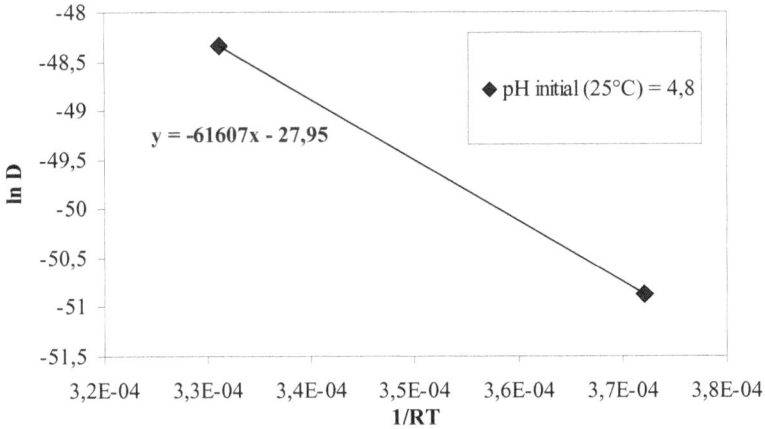

Figure VIII-4 : Ln D = ln (1/RT) pour la détermination des énergies d'activation dans le cas de l'altération, en mode dynamique (0,6 mL.h⁻¹), de la poudre d5 du verre SON 68 par une solution enrichie en Si (120 ppm), B (380 ppm), Na (1015 ppm) de pH initial 4,8 .

VIII.4.3. Cas des lames

Dans le cas des expériences d'altération en mode dynamique (0,6 mL.h⁻¹) de la lame du verre SON 68 par une solution enrichie en silicium (120 ppm), bore (380 ppm) et sodium (1015 ppm) de pH initial 7,2, l'énergie d'activation déterminée est de 80 kJ.mol⁻¹ (Figure VIII-5).

Les expériences à pH 4,8 ne sont pas représentées dans la représentation de ln D en fonction de (1/RT) car la modélisation pour l'expérience à 90°C n'est pas satisfaisante.

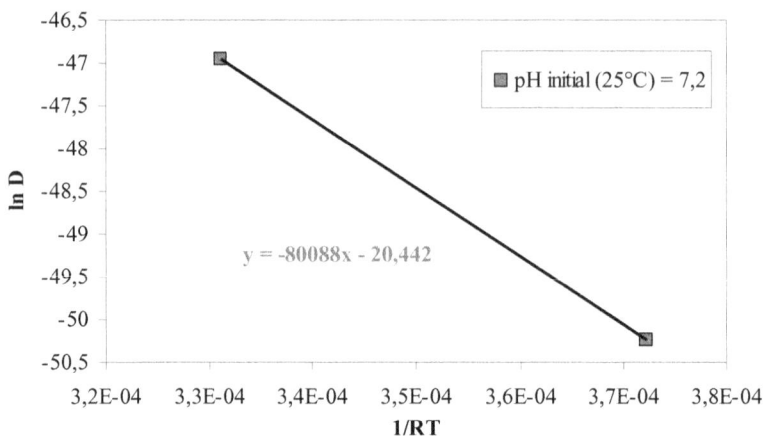

Figure VIII-5 : *Ln D = ln (1/RT) pour la détermination des énergies d'activation dans le cas de l'altération, en mode dynamique (0,6 mL.h⁻¹), de la lame du verre SON 68 par une solution enrichie en Si (120 ppm), B (380 ppm), Na (1015 ppm) de pH initial 7,2.*

Nous trouvons donc une énergie d'activation comprise entre 50 et 80 kJ.mol⁻¹. Typiquement, des énergies d'activation comprises entre 15 et 20 kJ.mol⁻¹ caractérisent de la diffusion alors qu'entre 40 et 80 kJ.mol⁻¹, elles caractérisent une réaction de surface. Toutefois, attribuer un mécanisme à une énergie d'activation reste délicat. Ainsi, pour Yanagisawa et al. (1997), une énergie d'activation de 60 kJ.mol⁻¹ est associée à la diffusion de l'eau dans la couche hydratée d'un verre de silice. L'énergie d'activation peut être considérée comme une énergie d'activation apparente regroupant plusieurs mécanismes. Elle ne permet donc pas d'identifier le mécanisme contrôlant l'altération du verre à un progrès de réaction donné.

La valeur d'énergie d'activation déterminée est en accord avec la majorité des valeurs trouvées dans la littérature (Figure VIII-2). En 1992, Delage a également défini une énergie d'activation pour le verre SON 68 de 60 kJ.mol⁻¹ mais dans son cas, ce processus était la vitesse initiale de la dissolution du verre (hydrolyse). La similarité entre l'énergie d'activation pour l'hydrolyse et pour la diffusion d'eau pourrait être considéré comme indicatrice d'un processus similaire gouvernant à la fois la dissolution du verre et la diffusion de l'eau. La diffusion de l'eau dans le verre pourrait être considérée comme un transport réactif avec hydrolyse des liaison chimiques du verre comme étape limitante.

VIII.5. CONCLUSION

Les données des expériences d'altération des trois types d'échantillons du verre SON 68 en mode dynamique (0,6 mL.h^{-1}) à 50°C et 90°C par une solution synthétique enrichie en silicium (120 ppm), bore (380 ppm) et sodium (1015 ppm) de pH initial 4,8 ; 7,2 ou 9,8 peuvent être modélisées avec le modèle GM 2001. C'est le seul modèle prenant en compte la diffusion de l'eau comme mécanisme d'altération parallèle à la dissolution du réseau. Cependant, il est à signaler que certaines modélisations ne sont pas satisfaisantes.

Les coefficients de diffusion de l'eau obtenus varient entre 10^{-19} et 10^{-24} m^2.s^{-1}. Ils sont donc similaires aux coefficients de diffusion déterminés dans les solides. L'énergie d'activation obtenue à partir de la relation d'Arrhénius est comprise entre 50 et 80 kJ.mol^{-1} ce qui est en accord avec les données littéraires. Toutefois, elle ne nous permet pas l'identification du mécanisme de dissolution.

CONCLUSION GENERALE

Le matériau retenu en France pour le confinement des déchets nucléaire est le verre borosilicaté SON 68, verre complexe constitué d'une trentaine d'oxydes. Dans le cadre d'un éventuel stockage en couche géologique profonde, en cas de contact avec les eaux souterraines, une bonne connaissance du comportement à long terme (10^4 -10^6 ans) des blocs de verre est nécessaire. Trois phases lors de l'altération aqueuse du verre ont été mises en évidence : une phase où le verre se dissout à une vitesse initiale maximale, une seconde phase caractérisée par une chute de la vitesse et enfin une troisième phase durant laquelle la vitesse d'altération reste inférieure de plusieurs ordres de grandeur à la vitesse initiale. La diffusion de l'eau pourrait être une étape à prendre en compte pour la simulation du comportement des verres à long terme.

Dans ce but, les altérations du verre SON 68 en mode dynamique à 50°C et 90°C par une solution synthétique enrichie en silicium (120 ppm ou 240 ppm), bore (380 ppm) et sodium (1015 ppm) de pH initial 4,8 ; 7,2 ou 9,8 (mesuré à 25°C) ont été réalisées. Les concentrations choisies simulent les concentrations dans des solutions obtenues lors de la lixiviation à long terme du verre SON 68 en mode statique à 90°C avec un rapport surface sur volume de solution élevé (S/V = 20000m^{-1})

Lors de ces expériences, nous constatons que, dans un premier temps, le molybdène, le césium et le lithium sont relâchés avec une vitesse proche de 10^{-2} g.m^{-2}.j^{-1} qui est similaire à la vitesse de dissolution initiale déterminée lors de l'altération en mode statique à 90°C dans de l'eau pure. Puis, le relâchement du lithium et du césium est contrôlé par un processus de diffusion caractérisé par une pente de $-1/2$ dans la représentation des vitesses en fonction du temps. Les vitesses obtenues à partir des concentrations du lithium et du césium sont comprises entre 10^{-2} et 10^{-3} g.m^{-2}.j^{-1}. Le molybdène, élément qui, comme dans les travaux de McGrail et al. (2001), pourrait être considéré comme caractérisant la dissolution de la matrice vitreuse ne suit pas un profil de diffusion. Dans la majorité des expériences, les vitesses diminuent de 10^{-2} à 10^{-4} g.m^{-2}.j^{-1}. La vitesse en fin d'expérience est en accord avec la vitesse déterminée par Curti (communication personnelle) après 13 ans d'altération du verre SON 68 en mode statique à 90°C dans de l'eau pure. Par conséquent, l'utilisation d'une solution synthétique enrichie en silicium, bore et sodium permet bien de simuler les conditions de saturation de la solution à long terme.

Une saturation en silice est une condition nécessaire mais, Jégou (1998) a montré qu'elle n'est pas suffisante pour expliquer la diminution de la vitesse de dissolution du verre. Grambow et Müller (2001) ont proposé qu'une autre condition pourrait être la formation d'un verre hydraté desalcalinisé constituant une barrière de diffusion face à la pénétration des molécules d'eau dans le réseau vitreux. Cette barrière de diffusion n'est pas forcément un gel d'altération mais peut être considérée comme faisant partie du verre. La diffusion a longtemps été ignorée car elle était considérée comme un processus important à court terme ou secondaire ayant peu voir pas d'effet à long terme et dans le relâchement des radionucléides (Vernaz et Dussossoy, 1992). Or, comme dans d'autres études (Chen et al., 1997 ; Sheng et al., 1998 ; McGrail et al., 2001), ces expériences mettent en évidence que la diffusion de l'eau est un processus important à prendre en compte pour la simulation du comportement du verre à long terme.

La spectroscopie par infrarouge à Transformée de Fourier, technique analytique rapide et peu coûteuse, nous a permis de faire la spéciation de l'eau dans le verre SON 68 altéré. Deux espèces sont distinguées : l'eau moléculaire et les groupes silanols. La quantification met en évidence que l'eau moléculaire est l'espèce prédominante. En effet, dans les échantillons altérés, nous trouvons environ 80% d'eau moléculaire et 20% de groupes silanols. Aux deux températures étudiées mais également indépendamment de la concentration en silicium (120 ppm ou 240 ppm), un rapport H / Na de 2,6 ± 0,3 a été déterminé. Cette valeur est en accord avec celles de la littérature obtenues, pour d'autres verres, par des techniques de faisceau d'ions telles que la réaction nucléaire résonnante ou la rétrodiffusion d'ions. Un bilan de masse, de charge et de volume a été réalisé. Il est basé sur les réactions de l'eau avec les oxydes de sodium, césium, lithium et le bore trivalent sous la forme d'oxyde mais également tétravalent sous forme de reedmergnérite. A partir de ce bilan, les mêmes proportions en eau et en groupes silanols ont été calculées ainsi qu'un rapport H / Na proche de 3, ce qui est en accord avec la valeur expérimentale (2,6). A l'aide de ce bilan, la densité du verre hydraté a également été calculée (2,17 g.m^{-3}). Cette valeur a été confirmée par des analyses de réflectivité.

Le modèle GM2001, un modèles actuel pour simuler le comportement à long terme des verres nucléaires, a été utilisé avec succès pour modéliser nos expériences en mode dynamique aussi bien à 50°C qu'à 90°C. Il prend en compte la pénétration de l'eau qui est à l'origine de la dissolution de la matrice et de l'échange ionique. Les coefficients de diffusion de l'eau obtenus lors de l'altération du verre SON 68 par une solution synthétique enrichie en silicium, bore et sodium sont compris entre 10^{-19} et 10^{-24} $m^2.s^{-1}$. Ils sont comparables à ceux obtenus dans les solides à température ambiante. Tout comme lors de la modélisation d'expérience d'altération du verre WAK en mode statique à 50°C dans de l'eau pure dont le pH est entre 2,5 et 9 (Grambow et Müller, 2001), nous constatons que les coefficients de diffusion des molécules d'eau pendant l'hydratation du verre et l'échange ionique diminuent quand le pH augmente, ce qui est en accord avec le fait que plus le pH est acide, plus l'échange ionique est important ce qui favorise l'augmentation de la diffusion de l'eau via la formation de groupements silanols créant ainsi une structure plus ouverte.

Une énergie d'activation, caractéristique de la diffusion de l'eau dans le verre hydraté, comprise entre 50 et 80 $kJ.mol^{-1}$ a pu être déterminée. Elle est similaire à la valeur trouvée par Delage (60 $kJ.mol^{-1}$) dans des expériences servant à mesurer la vitesse initiale de dissolution entre 90°C et 250°C (hydrolyse). La similarité entre l'énergie d'activation pour l'hydrolyse et pour la diffusion pourrait indiquer un processus similaire gouvernant à la fois la dissolution du verre et la diffusion de l'eau. La diffusion de l'eau dans le verre pourrait être considérée comme un transport réactif avec hydrolyse des liaisons chimiques du verre comme étape limitante.

L'ensemble des observations expérimentales et les simulations théoriques est en accord avec un mécanisme combiné des effets de saturation en solution et de la diffusion de l'eau dans le verre contrôlant la chute de la vitesse de dissolution avec le temps vers une vitesse finale de l'ordre de $10^{-4}g.m^{-2}.j^{-1}$.

L'étude de la cinétique de dissolution de la poudre du verre SON 68 au contact d'une solution synthétique enrichie en silicium, bore et sodium sous irradiation externe a permis de mettre en évidence :

- que l'irradiation par des particules alpha, ayant une énergie incidente de 5,75 MeV, pendant 30 minutes ne provoque aucune variation significative du pH ni la reprise de l'altération du verre.

- qu'une irradiation gamma avec une dose de 57714 Gy (débit = 3953 Gy.h^{-1}) entraîne une diminution du pH d'environ 0,7 unité et une légère reprise de l'altération du verre. Les pertes de masse normalisées restent toutefois du même ordre de grandeur (0,12 et 0,18 g.m^{-2}.j^{-1}). Lors d'irradiation avec des doses beaucoup plus faibles, 2190 et 4380 Gy, aucune variation significative du pH n'est observée et la perte de masse normalisée du lithium reste identique à celle obtenue lors une expérience conduite sans irradiation gamma. Par conséquent, dans notre étude, pour la dose maximale, la diminution du pH entraînerait la reprise de la corrosion via l'échange ionique. Des expériences de simulation de l'irradiation gamma par diminution du pH avec de l'acide nitrique ultrapur 60% ont montré la concordance des pertes de masse normalisées du lithium obtenues avec l'irradiation et avec la simulation. Ceci confirme que la reprise de l'altération du verre SON 68 est la conséquence de cette diminution du pH. Celle-ci, compte tenu de la présence d'air dans le réacteur irradié, serait due à la radiolyse de N_2 qui engendrerait la formation d'acide nitrique. Il faut cependant signaler que, dans le cadre d'un éventuel stockage en couche géologique profonde, la quantité de N_2 est très faible et un tel effet serait négligeable.

perspectives

- Dans la continuité de ce travail, il serait intéressant de pouvoir valider la méthode de quantification de l'eau par spectroscopie infrarouge à partir de l'hydratation d'un oxyde simple qui pourrait également être analysé par analyse thermogravimétrique.

- Des profils de diffusion de l'hydrogène par spectrométrie de masse d'ions secondaires ou par réaction nucléaire résonnante seraient également complémentaires à la spéciation de l'hydrogène réalisée à partir de la spectroscopie infrarouge.

- Des expériences d'hydratation du verre par la vapeur d'eau où l'échange ionique n'intervient pas auraient pu être envisagées. Le rôle du taux d'humidité pourrait ainsi être déterminé.

- L' étude des phénomènes de condensation dans les gels de surface et leur rôle sur la diffusion de l'eau et sur le ralentissement du phénomène d'altération pourrait être envisagée en utilisant de l'eau contenant les isotopes D et ^{18}O ce qui pourrait aider à élucider ces phénomènes de condensation et éventuellement les quantifier dans différentes conditions de pH, température et de saturation.

- Pour l'établissement d'un modèle commun de simulation du comportement à long terme des verres nucléaires, tout un ensemble de paramètres doit être considéré : ceux qui dépendent du verre telles que la composition chimique du verre et la surface réactive ; ceux qui dépendent de l'environnement tels que le pH, le flux et la composition de la solution d'altération, et la température mais également la nature et la réactivité des produits de corrosion des conteneurs ou de la barrière ouvragée. Actuellement, la plupart des expériences mènent à une vitesse de dissolution du verre nucléaire à long terme proche de 10^{-4} g.m^{-2}.j^{-1}. Toutefois, un des problèmes majeurs est la détermination des incertitudes sur cette vitesse.

RÉFÉRENCES BIBLIOGRAPHIQUES

Aagaard P. Helgeson H.C., Thermodynamic and kinetic contraints on reaction among minerals and aqueous solutions, J. Amer. Sci., **282**, p 235-287, (1982).

Abbas A., Serruys Y., Ghaleb D., Delaye J.M., Boizot B., Reynard B., Calas G., Evolution of nuclear glass structure under α-irradiation, Nucl. Instrum. Meth. Phys. Res., **B 166-167**, p 445-450, (2000).

Abdelouas A. Crovisier J.L., Lutze W., Fritz B., Mosser A., Müller R., Formation of hydrotalcite-like compounds during R7T7 nuclear waste glass ad basaltic glass alteration, Clays and Clay Miner., **42**, p 526-533, (1994).

Abdelouas A., Crovisier J.L., Caurel J., Vernaz E., Analyse par microscopie électronique à transmission des produits de l'altération hydrothermale à 250°C du verre nucléaire R7T7, C. R. Acad. Sci. Paris, **317**, série II, p 1333-1340, (1993).

Abdelouas A., Etude de l'altération de verres rhyolithiques au contact de saumures naturelles (Bolivie) ; application à l'étude du comportement à long terme du verre nucléaire R7T7, thèse de l'Université Louis Pasteur de Strasbourg, (1996).

Abraitis P.K., McGrail B.P., Trivedi B.P., The effects of silicic acid, aluminate ion activity and hydroilicate gel development on the dissolution rate of simulated British Magnox waste glass, Scientific Basis for Nuclear Management, **556**, p 401-408, (1999).

Advocat T., Chouchan J.L., Crovisier J.L., Guy C., Daux V., Jégou C.,Gin S., Vernaz E., Borosilicate nuclear waste glass alteration kinetics : chemical inhibition and affinity control, Scientific Basis for Nuclear Management, **506**, p 63-70, (1998).

Advocat T., Les mécanismes de corrosion en phase aqueuse du verre nucléaire R7T7. Approche expérimentale. Essai de modélisation thermodynamique et cinétique, thèse de l'Université Louis Pasteur de Strasbourg, (1991).

Allen A.O., Hochanadel J., Ghormley J.A., Davis T.W., Decomposition of water and aqueous solutions under mixed fast neutron and gamma radiation, J. Phys. Chem., **56**, p 575-586, (1952).

Angeli F., Structure et réactivité des verres silicatés . Apport de la résonnance magnétique nucléaire haute résolution. Thèse de l'Université Paris VI, (2000).

Antonini M., Camagni P., Lanza F., Manara A., Atomic displacements and radiation damage in glasses incorporating HLW, Scientific Basis for Nuclear Waste Management, **2**, p 127-133, (1980).

Arnold G.W., Ion implantation damage processes in nuclear waste glasse and other silicate glass, Scientific Basis for Nuclear Waste Management VIII, p 617-622, (1985).

Atassi H., Evaluation de la résistance à la corrosion de quelques verres silicatés, thèse de l'Université Louis Pasteur de Strasbourg, (1989).

Ayral A., Phalippou J., Caractérisation structurale du R7T7. Document interne, (1989).

Bach H., Grosskopf K., March P., Rauch F., In-depth analysis of elements and properties of hydrated subsurface layers on optical surfaces of a SiO_2-BaO-B_2O_3 glass with SIMS, IBSCA, RBS and NRA Glastech.Ber., **60**, p 21-30, (1987).

Baer D.R., Pederson L.R., McVay G.L., Glass reactivity in aqueous solutiond, Journal of Vacuum Science and Technology, **A2 (2)**, p 738-743, (1984).

Barkatt AA., Gibson B.C., Macedo P.B., Montrose C.J., Sousanpour W., Barkatt A., Boroomand M., Rogers V., Penafiel M., Mechanisms of defense waste glass dissolution, Nucl. Tech., **73**, p 140-164, (1985).

Bashin G., Bhatnagar A., Bhowmik S., Stehle C., Affatigato M., Feller S., MasKenzie J., Martin S., Short range order in sodium borosilicate glasses obtained via deconvolution of ^{29}Si MAS NMR spectra, Phys. Chem. Glasses, **39**, p 269-274, (1998).

Bataille C., Rapport sur la gestion des déchets nucléaires à haute activité, Office parlementaire d'évaluation des choix scientifiques et technologiques.

Berger G., Claparols C., Guy C., Daux V., Dissolution rate of a basalt glass in silica-rich solutions : implications for long term alteration, Geochimica et Cosmochimica Acta, **58**, p 4875-4886, (1994).

Bibler N.E., Effects of gamma and alpha recoil adiation on borosilicate glass containing Savannah River Plant defense high-level nuclear waste, Scientific Basis for Nuclear Waste Management, **6**, p 681-687, (1982).

Bogomolova L.D, Ivanov I.A., Stefanovskii S.V., Teplyakov Yu.G., Trul' O.A., the structure of aluminoborosilicate, borosilicophosphate and aluminoborosiliphosphate vitreous materials simulating vitrified radioactive wastes, Glass Phys.Chem, **19** (5), p 413-420, (1993).

Boizot B., Petite G., Ghaleb D., Calas G., Dose, dose rate and irradiation temperature effects in β–irradiated simplified nuclear waste glasses by EPR spectroscopy, J. Non. Crystal. Solids, **283**, p 179-185, (2001).

Bonniaud R., Cohen P., Sombret C., Essais d'incorporation de solutions concentrées de produits de fission dans les verres et les micas, 2ème conférence des Nations Unis sur l'utilisation pacifique de l'énergie atomique, (1958).

Bonniaud R.A., Jacquet Francillon N.R., Laude F.L., Sombret C.G., Glasses as materials used in France for management of high-level wastes, Ceramics in Nuclear Waste Management, p 57-61, (1979).

Bonnot-Courtois C. et Jaffrezic-Renault N., Etude des échanges entre terres rares et cations interfoliaires de deux argiles, Clay Minerals, **17**, p 409-420, (1982).

Boroomand M., Rogers V., Penafiel M., Mechanisms of defense waste glass dissolution, Nucl. Tehc., **73**, p 140-164, (1985)

Bourcier W.L., Peiffer D., Knauss K.G., MsKeegan K.D., Smith D.K., A kinetic model for borosilicate glass dissolution based on the dissolution affinity of a surface alteration layer, Scientific Basis for Nuclear Management, **176**, p 209-216, (1990).

Bunker B.C., Arnold G.W., Beauchamp E.K., Day D.E., Mechanisms for alkali leaching in mixed Na-K silicate glasses, J. Non.Crystal. Solids, **58**, p 295-322, (1983).

Bunker B.C., Headley T.J., Douglas S.C., Gel structure in leached alkali silicate glass, Scientific Basis for Nuclear Management, **32**, p 41-46, (1984).

Bunker B.C., Tallant D.R., Headley T.J., Turner G.L., Kirkpatrick R.J., The structure of leached sodium borosilicate glass leaching, Physics and Chemistry of Glasses, **29** n°3, p 106-120, (1988).

Bunker BC., Tallant D.R., Kirkpatrick R.J., Turner G.L., Multinuclear magnetic resonance of sodium borosilicate glass structures, Phys. Chem. Glasses, **31**, p 30-41, (1990).

Burnham C.W., Hydrothermal fluids at the magmatic stage, Geochemistry of Hydrothermal Ore Deposits, p 34-76, (1967).

Burns W.G., Hughes A.E., Marples J.A.C., Nelson R.S., Stoneham A.M., Effects of radiation damage and radiolysis on the leaching of vitrified waste, J. Nuc. Mater., **107**, p 339-348, (1982).

Carver M.B., Hanley D.V., Chaplin K.R., Maksima-Chemist : a program for mass action kinetics simulation by automatical chemical equation manipulation and integration using, (1979)

Caurel J., Altération hydrothermale du verre R7T7. Cinétiques de dissolution du verre à 150°C et 250°C, rôle des phases néoformées, thèse de l'Université de Poitiers, (1990).

Chah K., Boizot B., Reynard B., Ghaleb D., Petite G., Micro raman and EPR studies of β radiation damages in aluminosilicate glass, Nuc. Instr. Meth., **191**, p 337-341, (2002).

Charpentier H., Observation par microscopie électronique analytique et en transmission d'un verre de produits de fission lixivié. Note Technique SEM n° 30/87 du CEA, IRDI/DMECN, DMG-SEM.LECM, (1987).

Chen Y., McGrail B.P., Engel D.W., Source term analysis for Hanford low-activity tank waste using the reaction transport code AREST-CT, Mat. Res. Soc. Symp. Proc., **465**, p 1051-1058, (1997)

Chick L.A., Pederson L.R., The relationship between reaction layer thickness and leach rate for nuclear glasses, Scientific Basis for Nuclear Management, **26**, p 635-642, (1984).

Clark E., Ethridge E.C., Dilmore M.F., Hench L.L., Quantitative analysis of corroded glass using infrared frequency shifts, Glass Technology, **18** n°4, p 121-124, (1977).

Cousens D.R., Myrha S., The effects of ionizing radiation on HLW glasses, J. Non. Crystal. Solids, **54**, p 345-365, (1983).

Crank J., Mathematics of diffusion, (1975).

Crovisier J.L., Eberhart J.P., Thomassin J.H., Juteau T., Touray J.C., Ehret G., Interaction eau de mer-verre basaltique à 50°C. Formation d'un hydroxycarbonate et de produits silicatés amorphes (Al, Mg) et mal cristallisés (Al, Fe, Mg). Etude en microscopie électronique et par spectrosmètrie des photoélectrons (ESCA), CR. Acad. Sci Paris, **294 (II)**, p 989-995, (1982)

Crovisier J.L., Ehret G., Eberhart J.P., Juteau T., Altération expérimentale de verre basaltique tholéitique par l'eau de mer entre 3 et 50°C ; Sci. Géol. Mém., 36, p 197-206, (1983)

Crovisier J.L., Dissolution des verres basaltiques dans l'eau et dans l'eau douce. Essai de modélisation, thèse de l'Université Louis Pasteur de Strasbourg, (1989).

Crovisier J.L., Honnorez J., Eberhart J.P., Dissolution of basaltic glass in seawater : mechanism and rate, Geochimica et Cosmochimica Acta, **51**, p 2977-2990, (1987).

Davis K.M., Tomozawa M., An infrared spectroscopic study of water-related species in silica glasses, Journal of Non Crystalline Solids, **201**, p 177-198, (1996).

Davis K.M., Tomozawa M., Water diffusion into silica glass : structural changes in silica glass and their effect on water solubility and diffusivity, **185**, p 203, (1995).

Davis M.J., Ihinger P.D., Lasaga A.C., The influence of water on nucleation kinetics in silicate melt, J. Non-Cryst. Solids, **219**, p 62-69, (1997).

Day D.H., Hughes A.E., Leake J.W., Marples J.A.C, Marsh G.P., Rae J, Wade B.O., The management of radioactive wastes, Rep. Prog. Phys., **48**, p 101-169, (1985).

De Natale J.F., Howitt D.G., A mechanism for radiation damage in silicate glasses, Nucl. Instrum. Meth. Phys. Res., **B1**, p 489-497, (1984).

De Natale J.F., Howitt D.G., Arnold G.W., Radiation damage in silicate glass. Radiation effects, **98**, p 63-70, (1986).

De Natale J.F., Howitt D.G., Importance of ionization damage to nuclear waste storage in glass, Am. Ceram. Soc. Bull., **66**, p 1393-1396, (1987).

Delage F., étude de la fonction cinétique de la dissolution d'un verre nucléaire, thèse Université de Montpellier II, (1992).

Delage F., Ghaleb D., Dussossoy J.L., Chevallier O., Vernaz E., a mechanistic model for understanding nuclear waste glass dissolution, Journal of nuclear material, **190**, pp 191-197, (1992).

Dell W.J., Bray P.J., Xiao S.Z., ^{11}B NMR studies and structural modeling of Na_2O-B_2O_3-SiO_2 glasses of high soda content, J. Non-Cryst. Solids, **58**, p 1-16, (1983).

Della Mea, Dran J-C, Petit J-C., Bezzon G., Rossi-Alvarez C., Mat. Res. Soc. Symp. Proc, 26, p 747-754, (1984).

Delorme L., Mécanismes de volatilité des verres et des fontes borosilicatées d'intérêt nucléaire. Influence de la structure, thèse de l'Université d'Orléans, (1998).

Deruelle O., Etude in situ de la couche d'altération de verres, thèse de l'Université Pierre et Marie Curie, (1997).

Dingwell D.B., Romano C., Hess K.U., The effect of water on the viscosity of a haplogranitic melt under P-T-X conditions relevant to silicic volcanism, Contrib. Mineral. Petrol., **124**, p 19-28, (1996).

Doremus R.H., Interdiffusion of hydrogen and alkali ions in a glass surface, Journal of Non Crystalline Solids, **19**, p 137-144, (1975).

Doremus R.H., The diffusion of water in fused silica, Reactivity of Solids, p 667-673, (1969).

Doremus R.H., Y. Mehrota, W.A. Lanford, C. Burman, Reaction of water with glass : influence of transformed layer, Journal of Nuclear Material, **18**, p 612-622, (1983).

Douglas R.W., Isard J.O., J. Soc. Glass. Technol., **33**, p 289, (1949).

Dran J.C., Della Mea G., Paccagnella A., Petit J.C., Trotignon L., The aqueous dissolution dissolution of alkali silicate glasses : reappraisal of mechanisms by H and Na depth profiling with high energy ion beams, Physics. Chem. Glasses, **29**, p 249-255, (1988).

Dran J.C., Langevin Y., Maurette M., Petit J.C., Vasent B., Leaching behavior of ion-planted simulated HLW glasses and tentative prediction of their alpha-recoil aging, Scientific Basis for Nuclear Waste Management , p 651-659, (1982).

Dran J.C., Petit J.C., Brousse C., Mechanism of aqueous dissolution of silicate glasses tielded by fission tracks, Nature, **319**, p 485-487, (1986).

Dran J.C., Petit J.C., Trotignon L., Paccagnella A., Della Mea G., Hydration mechanisms of silicate glasses : discussion of the respective role of ion exchange and water penetration, Scientific Basis for Nuclear Management, **127**, p 25-32, (1989).

Dunken H.H., Treatise on Materials Science and Technology, **22**, p1, (1982).

Dupnee R., Holland D., Mc Millan P.W., The structure of soda silica glasses. A MAS NMR study, J. Non. Cryst. Solids, **68**, p 399-410, (1984)

Ehret G., Crovisier J.L., Eberhart J.P., A new method for studying leached glasses : analytical electron microscopy on ultramicrotomic thin sections, Journal of Non-Crystalline Solids, **86**, p 72-79, (1993)

El-Damrawi, Müller –Warmuth W., Doweidar H., Gohar I.A., [11]B, [29]Si and [27]Al nuclea magnetic resonance studies of $Na_2O-Al_2O_3-B_2O_3-SiO_2$ glasses, Phys. Chem. Glasses, **34**, p 52-57, (1993).

Emerson J.F., Stallevorth P.C., Bray P.J., High field ^{29}Si NMR studies of alkali silicate glasses, Journal of Non-Crystalline Solids, **113**, p 253-259, (1989)

Engelhardt G., Michel D., High resolution solid state NMR of silicates and zeolithes, Chichester et al, Wiley Eds. New York, (1988)

Erhet G., Une méthode de préparartion des coupes ultraminces en microscopie électronique des couches d'altération formées à la surface des verres. Application à un verre bioasimilable du système SiO_2-Na_2O-CaO-P_2O_5, Mém. D.E.S, Université de Strasbourg, (1985).

Ernsberger F.M., Current theories of glass durability, collected papers, XIV Intl. Congr. On, p 319-326, (1986).

Exarhos G.J., Conaway W.E., Raman study of glass/water interactions, J. Non-Cryst. Solids, **55**, p 445-449, (1983).

Eyring H., The activated complex in chemical reactions, J. Chem. Phys., **3**, p 107-115, (1935).

Ferris K.F., Pederson L.R., In situ charactrisation by Fourier transform infrared spectroscopy of the reactions between glass and water, Physics and Chemistry of Glasses, **29 n° 1**, p 9-12, (1988).

Fillet S., Mécanismes de corrosion et comportement des actinides dans le verre nucléaire R7T7, thèse de l'Université de Montpellier, (1987).

Fleet M.E., Muthupari S., Coordination in alkali borosilicates glasses using XANES, J. Non-Cryst. Solids, **255**, p 233-241, (1999).

Frugier P., Ribet I., Advocat T., Composition variations effects on the alteration kinetics of UOX1 'Light Water' borosilicate containment glass

Furukawa T., White W.B., Raman spectroscopic investigation of sodium borosilicate glass structure, J. Non-Cryst. Solids, 119, p 297, (1981).

Geotti-Bianchini, F., Geibler H., Kramer F., Smith I.H., Recommended procedure for the IR spectroscopic determination of water in soda-lime-silica glass, Glastech. Ber. Glass Sci. Technol.,**72** n°4, p 103-110, (1999).

Gin S., Jégou C., Vernaz E., Use of orthophosphate complexing agents to investigate mechanisms limiting the alteration kinetics of French SON 68 nuclear glass, Applied Geochemistry, **15**, p 1505-1525, (2000).

Gin S., Protective effect of the alteration layer : a key mechanism in the long-term behavior of nuclear waste glass, Scientific Basis for Nuclear Management, **663**, p 207-215, (2000).

Gin S., Ribet I., Couillard M., Role and properties of the gel formed during nuclear glass alteration : importance of gel formation conditions, Mater. Res. Soc. Symp. Proc.,**198**, p 1-10, (2001)

Gin S., Control of R7T7 nuclear glass alteration kinetics under saturation conditions, Scientific Basis for Nuclear Management, **412**, p 189-196, (1996).

Godon N., Effet des matériaux d'environnement sur l'altération du verre R7T7, thèse, (1988).

Godon N., Thomassin J.H., Vernaz E., Analyses au MET sur coupes ultraminces de verre lixivié à 100°C en mode d'écoulement continu. Tests d'intercomparaison des méthodes d'analyse de surface. Note technique SDHA/SEMC n° 87-34, (1987).

Goldschimdt V.M., Skrifter Norske, Videnskaps Akad (Oslo), I.Math.Naturwiss. Kl.Nr., 8, **7**, p156, (1926).

Goranson R.W., Silicate-water systems : phase equilibria in the $NaAlSi_3O_8$-H_2O and $KAl Si_3O_8$-H_2O systems at high temperatures and pressures, Am. J. Sci., **35A**, p 71-91, (1938).

Grambow B., A general rate equation for nuclear glass corosion, Scientific Basis for Nuclear Management, **44**, p 15-27, (1985).

Grambow B., Hermansson H.P., Björner I.K., Cistensen H., Werme L., Reaction of nuclear waste glass with slowly flowing solutions, Advances in Ceramics, **20**, p 465-474, (1986).

Grambow B., Nuclear waste glass dissolution : mechanism, model and application, JSS-Project Report SKB-JSSP-TR-87-02, SKB, Stockholm, (1987).

Grambow B., Strachan D.M., A comparison of the performance of nuclear waste glass by modeling, Scientific Basis for Nuclear Management, p 713-724, (1988).

Grambow B., Müller R., First order dissolution rate law and the role of the surface layers in glass performance assessment, Journal of Nuclear Material, **298**, p 112-124, (2001).

Grimmer A.R., Mägi N., Hähnert M., High resolution solid state ^{29}Si nuclear magnetic resonnance spectroscopic studies of binary alkali silicates glasses, Phys. Chem. Glasses, **25**, p 105-109, (1984)

Grover J.R., Glasses for the fixation of high-level radioactive wastes, Management of Radioactive Wastes from Fuel Reprocessing, p 593-612, (1973).

Haaker R., Malow G., Offermann P., The effect of phase formation on glass leaching, Scientific Basis for Nuclear Management, **44**, p 121-128, (1984).

Hall A.R., Dalton J.T., Hudson B. and Marples J.A.C., Development and radiation stability of glasses for highly radioactive wastes, Management of radioactive Wastes from the Nuclear Fuel Cycle, **II**, p 3-14, (1976).

Heuer J.P., Chan H.W, Howitt D.G., De Natale J.F., An accurate simulation of radiatin damage in a nuclear waste repository, Advances in Ceramics, **20**, Nuclear Waste Management II, p 175-80, (1986).

Heuer J.P., Gamma irradiation of nuclear waste glasses, M.S. Thesis, Department of Mechanical Engineeing, University of California, Davis, (1987).

Houser C.A., Herman J.S., Tsong I.S.T., White W.B., Lanford W.A., Sodium-hydrogen interdiffusion in sodium silicate glasses, Journal of Non Crystalline Solids, **41**, p 89-98 (1980).

Howitt D.G., Chen H.W., DeNatale J.F., Heuer J.P., Mechanisms for the radiolyticallyinduced decomposition of soda-silicate glasses, J. Am. Ceram. Soc., **74**, p 1145-1147, (1991).

Hui C-Y., Wu K.C., Lasky R.C., Kramer E.J., J. Appl. Phys., 61, p 5129, (1993).

Husung R.D., Doremus R.H., The infrared transmission spectra of fou silicate glasses before and after exposure to water, Journal of material ressource, **5** n°10, p 2209-2217, (1990).

Inagaki Y., Furuya H., Idemitsu K., Banba T., Matsumoto S., Muraoka S., Microstructure of simulated high-level waste glass doped with short-lived actinides, ^{238}Pu and ^{244}Cm, , Scientific Basis for Nuclear Waste Management XV, p 199-206, (1992).

Inagaki Y., Furuya H., Ono Y., Idemitsu K., Banba T., Matsumoto S., Muraoka S., Effect of α decay on mechanical properties of simulated waste glass, Scientific Basis for Nuclear Waste Management XVI, p 191-198, (1993).

Jantzen C., Plodinec M., Thermodynamic model of natural, medieval, nuclear waste glass durability, Journ. of Non. Cryst. Solids, **67**, p 207-223, (1984).

Jégou C., Mise en évidence des mécanismes limitant l'altération du verre R7T7 en milieux aqueux . Critique et proposition d'évolution du formalisme cinétique, thèse Université de Montpellier II, (1998).

Jégou C., Gin S., Larché F., Alteration kinetics of a simplified nuclear glass in an aqueous medium : effects of solution chemistry of protective gel properties on diminishing the alteration rate, Journal of Nuclear Material, **280**, p 216-229, (2000)

Jollivet P., Intégration dans les codes LIXIVER et PREDIVER de l'adsorption et de la diffusion du silicium dan sl'argile, document interne CEA, (1997)

Kronenberg A.K., Kirby S.H., Aines R.D., Rossman G.R., Solubility and diffusional uptake of hydrogen in quartz at high water pressures : implications for hydrolytic weakening, J. Geophys. Res., **91**, p 12723-12741, (1986).

Kushiro I., The system forsterite-diopside-silica with and without water at high pressures, Am J. Sci., **267-A**, p 269-294, (1969).

Lanford W.A., Davis K., Lamarche P., Laursen T., Groleau R., Doremus R.H., Hydration of soda-lime glass, Journal of Non Crystalline Solids, **33**, p 249-266, (1979).

Laval J.Y., Westmacott K.H., Electron beam sensitivity and stucture of the glassy phase of ceramics, Electron Microscopy and Analysis, No **52**, p 295-298,(1980).

Le Grand M., Les platinoïdes et le molybdène dans les verres d'intérêt nucléaire. Etude structurale, thèse de l'Université Paris VII.

Lebedev A.A., Structures des verres d'après les données de l'analyse aux rayons X et l'examen des propriétés optiques, Izvest. Akad. Nauk SSSR Ser. Fiz., **4**, p 548-587,(1940).

Lee Y.K., Peng Y.L., Tomozawa M., IR reflection spectroscopy of a soda-lime glass surface during ion –exchange, Journal of Non-Cystalline Solids, **222**, p 125-130, (1997).

Lemmens K., Van Iseghem P., Characterization and compatibility with the disposal medium of vitrified COGEMA and EUROCHEMIC reprocessing waste : effect of gamma irradiation, Tasks WM4-2 and GV6 of NIRAS/ONDRAF contracts CCHO-90/123 and CHO-90/123-2, final report for the period 1991-2000.

Linacre J.K., Marsh W.R., AERE Report R-10027, (1981).

Loshagin A.V., Sosnin E.P., Boron-11, silicon-29 and sodium-23 NMR in sodium borosilicate glasses, Glass Phys. Chem., **20**, p 250-258, (1994).

Madé B., Modélisation thermodynamique et cinétique des reactions géochimiques dans les interactions eau-roche, these de l'Université Louis Pasteur de Strasbourg, (1991).

Mallow G., Andresen H., Helium formation from α decay and its significance for radioactive waste glasses, Scientific Basis for Nuclear Waste Management, **1**, p 109-115, (1979).

Mallow G., Marples J.A.C., Sombret C., Thermal and radiation effects on properties of high level waste products, Radioact. Waste Manag. Disp., p 341-359, (1980).

Manara A., Antonini M., Camagni P., Gibson P.N., Radiation damage in silica-based glasses : point defects, microstructural changes and possible implications on etching and leaching, Nucl. Instrum. Meth. Phys. Res., **B1**, p 471-480, (1984).

Manara A., Gibson P.N., Antonini M., Structural effects of radiation damage in silica based glasses, Scientific Basis for Nuclear Waste Management, p 349-356, (1982).

Mc Vay G.L., Buckwalter C.Q., The nature of glass leaching, Nucl. Technol., **51**, p 123-129, (1980).

Mc Vay G.L., Pederson L.R., Effect of gamma radiation on glass leaching, J.Am. Ceram. Soc, **64**, p 154-158, (1981).

McGrail B.P. et al., Ion-exchange processes and mechanisms in glasses, rapport d'octobre 2001 pour U.S. Department of Energy.

Michaux L., Mouche E., Petit J.C., Geochemical modelling of the long term dissolution behaviour of the French nuclear glass R7T7, Applied Geochemistry, **1**, p 41-54, (1992).

Moulson A. J., Roberts J.P., Water in silica glass, J. Chem. Soc. Faraday. Trans., **57**, p 1208-1216, (1960).

Murphy W.M., Helgeson H.C., Thermodynamic and kinetic constraints on reaction rates among minerals and aqueous solutions.IV. Retrieval of rate contants and activation parameters for the hydrolysis of pyroxene, wollastonite, olivine, andalusite, quartz and nepheline, American Journal of Science, **289**, p 17-101, (1989).

Newman S., Stolper E.M., Epstein S., Measurement in rhyolitic glasses : calibration of an infrared spectroscopic technique, American Mineralogist, **71**, p 1527-1541, (1986).

Nguyen T., Byrd E., Bentz D., Quantifying water at the organic film / hydroxylated substrate interface, J. Adhesion, **48**, p 169-194, (1995).

Nogami M., Glass precipitation of the ZrO_2-SiO_2 by the sol-gel process from metal alkoxides, Journal-of-non-crystalline-solids, **69**, p 415-423, (1985).

Noguès J.L., Les mécanismes de corrosion des verres de confinement des produits de fission, thèse université de Montpellier, (1984).

Pacaud F., Characterization of the R7T7 LWE reference glass, 2nd International seminar on radioactive waste products, Julich, Germany, 28 mai-1er juin, (1990).

Paul A., Chemical durability of glasses : a thermodynamic approach, J. Mater. Sci., **12**, p 2246-2268, (1977).

Pederson L.R., Baer D.R., McVay G.L., Engelhard M.H., Reaction of soda lime silicate glass in isotopically labelled water, Journal of Non-Cryst. Solids, **86**, p 369-380, (1986).

Pederson L.R., Buckwalter C.Q., McVay G.L., The effect of surface area to solution volume on waste glass leaching, Scientific Basis for Nuclear Management, **6**, (1983).

Pelegrin E., Etude comparée de la structure locale des produits d'altération du verre SON 68 et de gels naturels, thèse de l'Université Paris VII, (2000).

Petit J.C., Della Mea G., Dran J.C., Magonthier M.C., Mando P.A., Paccagnella A., Hydrated-layer formation during dissolution of complex silicate glasses and minerals, Geochim. Cosmochim. Acta, **54**, p 1941-1955, (1990).

Petit J.C., Della Mea G., Dran J.C., Schott J., Berner R.A., Mechanisms of diopside dissolution from hydrogen depth profiling, Nature, **325**, p 705-707, (1987).

Petit J.C., Dran J.C., Paccagnella A., Della Mea G., Structural dependance of crystalline silicate hydration during aqueous dissolution, Earth and Planetary Science Letters, **93**, p 292-298, (1989).

Petit-Maire D., Structure local autour d'actinides et d'éléments nucléants dans les verres borosilicatés d'intérêt nucléaire : résultats de spectroscopie d'absorption des rayons X, thèse de l'Université Paris VI, (1988).

Pfeffer R., Lux R., Beckwitz H., Lanford W.A., Burman C., J. Appl. Phys, **53**, p 4226, (1982).

Poineau F., Spéciation du technétium en milieu chloré ; influence de la radiolyse alpha, thèse en cours..

Primak W., Radiation-enhanced saline leaching of silicate glasses, Nucl. Sci. Eng., **86**, p 191-205, (1982).

Rana M.A., Douglas R.W., Physics Chem. Glasses, **2**, p179, (1961).

Rawson H., The relationship between liquidus temperature, bond strengh and glass formation, C.R IVème congrès International du verre, Paris Imp, Chaix Paris, (1956).

Ribet I, Gin S., Minet Y., Vernaz E., Chaix P., Do Quang R., Long-term behavior of nuclear glass : the r(t) operational model, submitted.

Ricol S., Etude du gel d'altération des verres nucléaires et synthèse de gels modèles, thèse de l'Université Paris VI, (1995).

Rimstidt J.D., Barnes H.L., The kinetics of silica-water reactions, Geochimica and Cosmochimica Acta, **44**, p 1683-1699, (1980).

Roberts G.J., Roberts J.P., Influence of thermal history on the solubility and diffusion of water in silica glass, Phys. Chem.Glasses, **5**, p 26-32, (1964).

Routbort J.L, Matzke Hj., The effects of composition and radiation on the fracture of a nuclear waste glass, Mat. Sci. Eng, **58**, p 229-237, (1983).

Sato S., Furuya H., Asakura K., Ohta K., Tamai T., Radiation effect of simulated waste glass irradiated with ion, electron and γ-ray, Nucl. Instrum. Meth. Phys. Res, **B1**, p 534-537, (1984).

Sato S., Furuya H., Kozaka T., Inagaki Y., Tamai T., Volumetric change of simulated radioactive waste glasses irradiated by the $^{10}B(n,\alpha)^{7}Li$ reaction as simulation of actinide irradiation, J. Nucl. Mat., **152**, p 265-269, (1988).

Sato, S. Asakura K., Furuya H., Microstructure of high-level radioactive waste-glass heavily irradiated in a high-voltage electron microscope, Nucl. Chem. Waste Mgmt, **4**, p 147-151, (1983).

Schnatter R.H., Doremus R.H., Hydrogen analysis of soda lime silicate glass, J. Non Cryst. Solids, **102**, pp 11-18, (1988)

Schuler R.H., Allen A.O., Radiation chemistry studies with cyclotron beams of variable energy : yields in aereted ferrous sulfate solutions, J. Am. Chem. Soc., 79, p 1565-1572, (1957).

Schulze F., Behrens H., Holtz F., Roux J., Johannes W., The influence of H_2O on the viscosity of a haplogranitic melt, Am. Mineral. , **81**, p 1155-1165, (1996).

Shaw H.R., Diffusion of H_2O in granitic liquids, Geochimical Transport and Kinetics, p 139-170, (1974).

Shaw H.R., Obsidian-H_2O viscosities at 1000 and 2000 bar in the temperature range 700° to 900°C, J. Geophys. Res., **68**, p 6337-6343, (1963).

Shelby J.E., Effect of radiation on the physical properties of borosilicate glasses, J. Appl. Phys., **51**, p 2561-2565, (1980).

Sheng J., Luo S., Tang B., Temperature effects on the leaching behavior of the high-level waste glass form, Nucl Tech, **123**, p 296-303, (1998)

Smets B.M.J., Lommen T.P.A., J. Phys. Chem., 9/43, p 649, (1982).

Smets B.M.J., Tholen M.G.W., Lommen T.P.A., The effect of divalent cations on the leaching kinetics of glass, J. Non-Cryst. Solids, **65**, p 319-332, (1984).

Stanworth J.E., J.Soc.Glass. Technol., **30**, 54T, (1946); **32**, 154T, 366T, (1948); **36**, 217T, (1952).

Stebbins J.F., Effects of temperature and composition on silicate glass structure and dynamics 28Si NR results, J. Non Cryst. Solids, **106**, p 359-369, (1988)

Stevenson R.J., Bagdassarov N.S., Dingwell D.B. Romano C., The influence of trace amounts of wate on the viscosity of rhyolites, Bull. Volcanol., **60**, p 89-97, (1998).

Stolper E., Water in silicate glasses : an infrared spectroscopy study, Contrib. Mineral. Petrol. , **81**, p 1-17, (1982).

Stroebel H.A., Chemical instrumentation, p 253, (1973).

Sun K., Fundamental condition of glass formation,J. Amer. Ceram. Soc., **30**, p 277-281, (1947).

Thomas N.L., Windle A.H., A theory of Case II diffusion, Polymer, **23**, p 529, (1982).

Todd B.J., Linweaver J.L., Kerr J.T., Outgassing caused by electron bombardment of glass, J. Appl. Phys., **31**, p 51-55, (1960).

Tomozawa M., Capella S., Microstructure in hydrated silicate glasses, J.Am. Ceram. Soc. , **66**, C/24-5, (1983).

Tovena I., Influence de la composition des verres nucléaires sur leur altérabilité, thèse Université de Montpellier II, (1995).

Trupin-Wasselin, Processus primaires en chimie sous rayonnement ; influence du transfert d'énergie linéique et radiolyse de l'eau, thèse de l'Unversité Paris XI, (2000).

Tsong I.S.T., Houser C.A., White W.B., Power G.L., Glass leaching studies by sputter-induced photon spectrometry (SIPS)J. Non-Cryst.Solids, **38-39**, p 649-654, (1980).

Tsong I.S.T., Houser C.A., White W.B., Wintenberg A.L., Miller P.D., Moak C.D., Evidence for interdiffusion of hydronium and alkali ions in leached glasses, Appl. Phys. Lett., **39** n°8, pp 669-670, (1981).

Turcotte R.P., Radiation effects in solidified high-level wastes-part 2, helium behavior. Report No. BNWL-2051. Pacific Northwest Laboratory, Richland, WA, (1976).

Turcotte R.P., Radiation effects in high-level radioactive waste forms, Radioactive Waste Mgmt, **2**, p 169-177, (1981).

Tuttle O.F., Bowen N.L., Origin of granite in the light of experimental studies en the system $NaAlSi_3O_8$-H_2O and $KAl Si_3O_8$-H_2O, Geolog. Soc. Am. Memoirs, **74**, p 1-153, (1958).

Valle N., Traçage isotopique (^{29}Si et ^{18}O) des mécanismes de l'altération du verre de confinement des déchets nucléaires : SON 68, thèse de l'Institut National Polytechnique de Lorraine, (2000).

Vernaz E.Y., Dussossoy J.L., Current state knowledge of nuclear waste glass corrosion mechanisms : the case of R7T7 glass, Applied Geochemistry (Suppl. Issue n°1), p 13-22, (1992).

Vernaz E., Gin S., Apparent solubility limit of nuclear glass, Materials Research Society, **663**, (2000)

Vernaz E., Gin S., Jégou C., Ribet I., Present understanding of R7T7 glass alteration kinetics and their impact on long-term behavior modeling, Journal of Nuclear Materials, **298**, p 27-36, (2001).

Vidal O., Magonthier M-C., Joanny V., Creach M., Partitioning of la between solid and solution during the ageing of si-la-fe-ca under simulated near-field conditions of nuclear waste disposal, Applied Geochemistry, **10**, p 269-284, (1995).

Wakabayashi H., Tomozawa M., Diffusion of water into silica glass at low temperature, J. Amer. Ceram. Soc., **72**, p 1850-1855, (1989).

Wallace R., Wicks G., Leaching chemistr of defense borosilicate glass, Scientific Basis for Nuclear Management, **6**, p 23-28, (1983).

Warren B.E., Summary on work on atomic arrangement in glass. J.Am.Soc., **24**, p 256-261, (1941).

Wasserbug G.J., The effects of H_2O in silicate systems, J. Geol., **65**, p 15-23, (1957).

Watson E.B., Diffusion of cesium ions in H_2O saturated granitic melt, Science, **205**, p 1259-1260, (1979).

Weber W.J., Matzke Hj., Fracture toughness in nuclear waste glasses and ceramics : environmental and radiation effects. Europ. Appl. Res. Rep., **7**, p 1221-1234, (1987).

Weber W.J., Radiation effects in nuclear waste glasses, Nucl. Instrum. Meth. Phys. Res., **B32**, p 471-479, (1988).

Weber W.J., Roberts F.P., A review of radiation effects in solid in solid nuclear wase form, Nucl. Technol, **60**, p 178-198, (1983).

Westrich H.R., Casey W.H., Arnold G.H., Oxygen isotope exchange in the leached layer of labrodorite feldspar, Geochimica et cosmochimica Acta, **53**, p 1681-1685, (1989).

Wright J. Linacre W.R., Marsh W.R., Base T.H., Proc. Intern. Conf. On the Peaceful Uses of Atomic Energy, **7**, p 560, (1956).

Wyllie PJ., Magmas and Volatile components, Am. Mineral., **64**, p 469-500, (1979).

Yanagisawa N., Fujimoto K., Nakashima S., Kurata Y., Sanada N., Micro FT-IR study of the hydration –layer during dissolution of silica glass, Geochimica et Cosmochimica Acta, **61**, n° 6, p 1165-1170, (1997)

Zachariasen W.H., The atomic arrangement in glass, J.Am.Soc., **54**, p3841-3851, (1932).

Zarzycki J., Les verres et l'état vitreux, Ed.Masson, (1982).

Zdaniewski W.A., Easler T.E, Bradt R.C., Gamma radiation effects on the strength of a borosilicate glass, J. Am. Ceram. Soc., **66**, p 311-313, (1983).

Zhang Y., Stolper E.M., Wassenberg G.J., Diffusion of water in rhyolithic glasses, Geochim. Cosmochim. Acta, **55**, p 441-456, (1991).

Zhang Y., Belcher R., Ihinger P.D, Wang L., Xu Z., Newman S., New calibration of infrared measurement of dissolved water in rhyolitic glasses, Geochimica et Cosmochimica Acta, **61** n° **15**, p 3089-3100, (1997).

ANNEXES

ANNEXE A : DETERMINATION DE LA SURFACE SPECIFIQUE D'UNE POUDRE OU D'UN SOLIDE

La connaissance de la surface spécifique est d'une grande importance dans la caractérisation d'une poudre ou d'un solide. Elle contribue à améliorer le contrôle de la réactivité d'un échantillon quand il sera mis en présence d'autres matériaux car la vitesse de réaction varie avec l' état de division des matériaux.

Le principe physique pour la détermination de la surface spécifique est basé sur l'adsorption des gaz à basse température (travaux de Brunauer, Emmet et Teller 1938). Il permet une mesure sans modification de la structure géométrique de l'échantillon et la détermination de l'aire de la totalité de la surface des particules y compris la surface des pores ouverts ou critiques en cul de sac, accessible aux molécules de gaz extérieures.

Ce sont des forces faibles ou secondaires (forces de Van Der Waals) à la surface de la poudre ou du solide qui contrôlent ce phénomène d'adsorption. Ces forces agissent vers l'extérieur notamment sur des molécules de gaz qui entoureraient l'échantillon à analyser et elles se manifestent toujours à des températures basses, quelque soit la nature chimique des corps présents.

Par l'expérience, il est possible de déterminer la quantité de gaz adsorbé en une monocouche complète et de calculer l'aire de cette couche donc la surface spécifique de la poudre ou du solide. L'équation de BET permet de déterminer le volume adsorbé en monocouche puis la surface spécifique est calculée à partir de l'équation suivante :

$S = n.S_m = [(6.10^{23}.V_m/22214)S_m]$

avec S surface totale de l'échantillon en m^2, n le nombre de molécules de gaz adsorbées en monocouche , V_m le volume adsorbé en monocouche en cm^3, S_m la surface d'une molécule de gaz en m^2 .

En divisant S par la masse de l'échantillon, on obtient alors la surface spécifique en $m^2.g^{-1}$.

La molécule d'azote est caractérisée par une surface de 16,2 $Å^2$, celle du Krypton de 20,2 $Å^2$ et celle de l'argon de 16,6 $Å^2$ et ceci à 77K.

Réalisation d'une mesure

L'échantillon est dégazé sous vide et à température appropriée (respect des propriétés physiques) afin d'évacuer les molécules d'eau ou de CO_2 qui sont dans la structure poreuse de l'échantillon. La masse de l'échantillon dégazé est notée pour être introduite dans le calcul final. Ensuite, le porte-échantillon est immergé dans un bain réfrigérant (azote). Le volume mort du porte-échantillon est déterminé par de l'hélium car son adsorption à la surface de l'échantillon est considérée comme négligeable à basse température. L'azote est l'adsorbat et l'isotherme est déterminée par l'introduction séquentielle de quantités connues de gaz dans le porte-échantillon (importance de bien thermostater). A chaque étape, l'adsorption du gaz par l'échantillon se produit et la pression isolé chute jusqu'à ce que l'adsorbat et le gaz restants soient en équilibre.

L'application de la loi de Boyle-Mariotte permet de déterminer la quantité d'azote adsorbée pour chaque pression d'équilibre, par différence entre la quantité de gaz introduite initialement et celle restant effectivement gazeuse.

Ces mesures successives de quantités adsorbées et de pression d'équilibre permettent de construire l'isotherme d'adsorption ainsi que l'équation de BET correspondante ce qui permet de calculer la surface spécifique.

L'isotherme d'adsorption ne prend en compte que des pressions relatives comprises entre 0 et 0,3 (domaine de validité de l'équation de BET sous forme linéaire)

ANNEXE B : PRINCIPE DU COUPLAGE DU PLASMA DE TYPE ICP (INDUCTIVELY COUPLED PLASMA) AVEC LA SPECTROMETRIE DE MASSE

Le spectromètre de masse quadripolaire à source à plasma est l'instrument incontournable pour l'analyse des éléments en trace et en « ultra-traces » c'est à dire pour des éléments dont la teneur est inférieure à 10^{-6} g.g^{-1} et jusqu'à 10^{-12} g.g^{-1}. L'ICP utilisé avec de l'argon est une excellente source d'ionisation pour plus de 90% des éléments. L'analyse des échantillons par ICP-MS peut être divisée en quatre étapes à savoir la phase introduction-nébulisation, la phase ionisation, la phase séparation en masse et en charge et enfin la phase de détection. La première phase est assurée par un passeur automatique d'échantillons couplé à une pompe péristaltique et un nébuliseur. La nébulisation permet d'obtenir l'échantillon sous forme d'aérosol liquide. Ensuite, les micro-gouttelettes pénètrent dans la torche à plasma d'argon où elles sont vaporisées, dissociées, atomisées et ionisées sous l'effet de la température qui est de l'ordre de 7000K. Puis environ 10% de ce plasma est échantillonné par un premier orifice de 1 mm de diamètre au sommet d'un cône en nickel appelé le « sampler » et se détend sous l'effet du vide modéré (1-2mbar) qui règne dans une chambre de pompage différentiel. Il y a ensuite passage par un second orifice appelé le « skimmer ». Les ions sont guidés par une lentille ionique vers le spectromètre de masse dipolaire qui permet la séparation des éléments en fonction de leur charge et de leur masse. Les quatre barres cylindriques qui composent le spectromètre sont séparées en deux paires opposées et soumises à un courant continu (DC) et alternatif (RF). Les deux paires ont des tensions continues opposées et des tensions alternatives de même amplitude de signe opposé. Dans le plan formé par la paire positive, les ions légers sont trop déviés et heurtent les barres. L'ion à analyser et ceux ayant une masse supérieure restent entre les deux barres. Dans ce plan, le quadripôle joue le rôle d'un filtre passe-haut. Dans le plan de la paire négative, ce sont les ions lourds qui sont déviés ce qui équivaut à un filtre passe-bas. En combinant ces deux filtres, seuls les ions ayant le rapport m/z désiré seront transmis au détecteur. Un multiplicateur d'électrons à dynodes discrètes permet la détection. Une tension négative de quelques milliers de volts est appliquée pour la détection des ions positifs. L'ion positif en heurtant la surface semi-conductrice de la première dynode provoque l'émission d'un ou plusieurs électrons secondaires qui heurtent à leur tour la paroi de la deuxième dynode. Un « effet boule de neige » se produit. A l'extrémité de la série de dynodes, pour un ion qui heurte le détecteur, environ 10^8 électrons atteignent le collecteur équipé d'un préamplificateur. Le signal se traduit en nombre de coups et une interface informatique assure le transfert des données afin qu'elles soient traitées.

ANNEXE C : PRINCIPE DE L'INFRAROUGE A TRANSFORMEE DE FOURIER

Le spectromètre à Transformée de Fourier (FTIR) a trois composants fondamentaux : une source, un interféromètre et un détecteur. Le principe de cet appareil (cf. figure du principe) repose sur l'utilisation de l'interféromètre de Michelson : une lame semi transparente B divise le faisceau incident de fréquence ν en deux faisceaux identiques. La lumière est globalement reconstituée après réflexion sur deux miroirs, l'un situé à une distance BC fixe de la lame, l'autre mobile et à une distance BD variable. La différence de marche δ des deux faisceaux est alors donnée par :

δ = 2 (BD-BC)

Comme BD est une distance variable, δ est fonction du déplacement du miroir D. Les deux faisceaux interfèrent. Ils passent ensuite à travers l'échantillon où des absorptions sélectives ont lieu puis sont analysées par le détecteur E. Le détecteur enregistre donc les interférences de ces deux faisceaux.

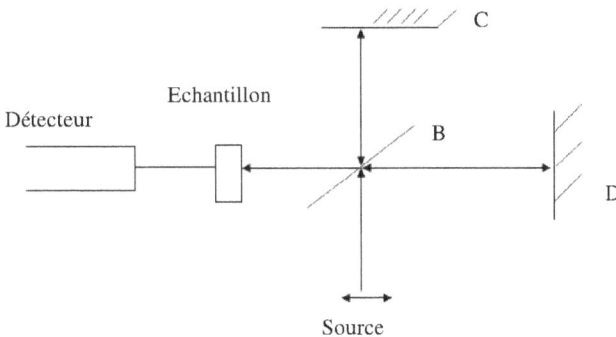

Principe du spectromètre FTIR

ANNEXE D : LA MICROSCOPIE

L'interaction des rayonnements sur les matériaux permet la production d'image. Très souvent les électrons sont utilisés car ils sont faciles à produire, à accélérer et à focaliser. De nombreuses techniques se sont donc développées comme le Microscope Electronique à Balayage ou le Microscope Electronique à Transmission. Quand un échantillon est balayé par des électrons, plusieurs phénomènes peuvent se produire telles que la diffusion et la diffraction d'électrons ou encore l'émission d'électrons secondaires et Auger engendrant divers rayonnements qui apportent des informations sur l'échantillon dont ils proviennent.(cf figure ci-dessous).

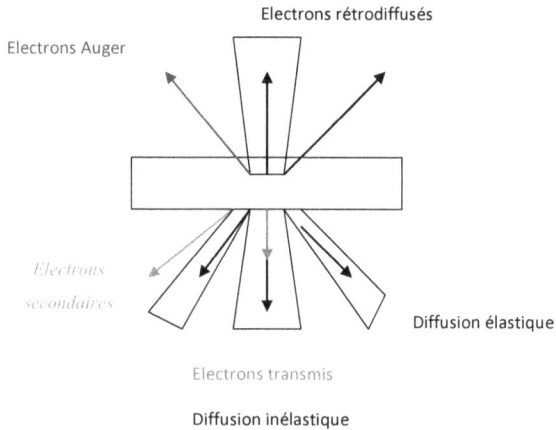

Le Microscope Electronique à Balayage

Le Microscope Electronique à Balayage a été proposé par Knoll dès 1935 mais son développement ne fut pas très rapide et il ne fut opérationnel que dans les années 60. Sa technique de formation de l'image est proche de celle utilisée en télévision avec formation d'une image séquentielle c'est pourquoi ce n'est pas un microscope conventionnel. La conception de base est la même que celle de la microsonde électronique mais un faisceau d'électrons plus fin, un dispositif de balayage complet ainsi que des détecteurs variés privilégient l'image plutôt que l'analyse quantitative.

L'appareil est constitué de plusieurs éléments :

- le système de production de la sonde qui est constitué par un canon à électron à la tension d'accélération négative V_0 de quelques dizaine de kilovolts, par un système de condenseurs électromagnétique et par une lentille objectif.

- le système de balayage qui permet de déplacer l'objet par un système de déflexion alimenté par un générateur de balayage à large gamme de période.

- l'échantillon qui est porté par une platine goniométrique.

- le système de détection et de traitement de l'image.

A chacun des phénomènes dus à l'interaction rayonnement-matière peut correspondre un mode de fonctionnement avec formation d'image. On distingue :

Les électrons secondaires : Leur intensité est fonction de l'angle du faisceau incident avec la surface de l'échantillon. Les contrastes observés sur l'image sont donc liés à la topographie de l'échantillon.

Les électrons rétrodiffusés : Leur intensité est fonction de la densité de l'échantillon. Leur nombre augmente avec le numéro atomique de la cible. Les contrastes observés sur l'image sont donc liés à la composition de l'échantillon.

Les photons X : Chaque échantillon émet sous l'impact d'un faisceau électronique un spectre X qui lui est caractéristique. L'interprétation de ce spectre par un microanalyseur X permet de définir la composition chimique exacte de l'échantillon ce qui permet une analyse quantitative.

La Microscopie Electronique à Transmission

Le Microscope Electronique à Transmission a été développé à partir d'un prototype réalisé par Ruska, von Borries et Knoll à Berlin en 1935. On étudie les électrons diffusés élastiquement (sans perte d'énergie) et les électrons transmis (aucune interaction avec la matière traversée).

Le microscope est constitué par :

- la source d'électrons : les électrons sont produits par un canon à électrons et accélérés par une tension positive V_0 stabilisée. Le microscope est dit conventionnel quand des électrons rapides (10 et 100 keV) sont produits et le microscope est dit à haute résolution pour des électrons de 1 à 3 MeV

- trois systèmes de lentilles électromagnétiques : les lentilles condenseurs qui assurent le transfert du faisceau d'électrons entre le canon et l'échantillon ; la lentille objectif qui donne la première image agrandie, les lentilles intermédiaires et projectifs qui permettent l'agrandissement de l'image en plusieurs étapes

- le système de récupération de l'image

Dans cette technique, le support doit être transparent aux électrons, supporter les effets du faisceau et ne pas introduire d'artéfact dans l'image. On utilise de fines membranes amorphes formées par des éléments légers comme le carbones ou par des matières organiques. Elles reposent sur des grilles métalliques généralement en cuivre dont le diamètre est de 3 mm.

Différentes techniques de préparation des échantillons existent suivant la nature de l'échantillon et le but à atteindre : le broyage, l'amincissement par dissolution chimique et électrolytique, le bombardement ionique ou encore les coupes ultramicrotomiques. Cette dernière méthode étant celle utilisée pour nos échantillons, elle va être quelque peu détaillée.

Pour obtenir une coupe, une résine époxy est répandue sur la surface altérée sous un vide de 10^{-2} Torr créé à l'aide d'une pompe primaire. Cette résine est synthétisée avec 100 mL d'éther glycidique $C_{12}H_{20}O_6$ mélangé à 89 mL d'anhydride méthylnorbornène dicarboxylique 2,3 $C_{10}H_{10}O_3$ et 2,8 mL de tris (diméthylaminométhyl) -2,4,6- phénol $C_{15}H_{27}N_3O$ utilisé pour accélérer la polymérisation. Quand une épaisseur de 3 mm recouvre les échantillons, les coupes sont placées dans un dessiccateur à 40°C pendant 24 h puis à 60°C jusqu'à ce que la polymérisation soit totale ce qui prend environ 3 jours. Les deux faces latérales sont sciées et la résine restante est retirée entraînant avec elle le bord altéré et de petites particules de verre non altéré. La préparation obtenue est placée dans une résine puis la même opération que précédemment est réalisée. Arrive ensuite la partie la plus délicate : la coupe avec le diamant. Le succès de cette opération dépend de la sélection de la zone qui sera coupée puisqu'il est nécessaire d'avoir le verre sain et la couche d'altération. La coupe doit être assez fine (0,1 mm) pour ne pas endommager le diamant. La coupe est faite perpendiculairement à la surface altérée.

E.1. Principe de l'analyse

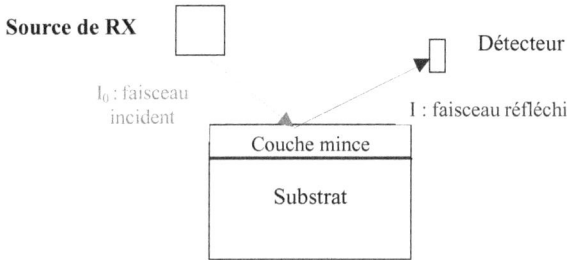

Figure 1: Principe d'analyse par réflectivité des rayons X.

La Figure 1 présente le principe de la réflectivité des rayons X. Un faisceau de RX est réfléchi par une surface en incidence rasante. La réflexion est totale tant que l'angle reste inférieur à un angle critique, caractéristique de la surface. Lorsque l'angle d'incidence est supérieur à l'angle critique, seule une partie des rayons est réfléchie. La courbe du logarithme de l'intensité reçue par le détecteur en fonction de l'angle d'incidence θ représentée dans la figure 2 renseigne sans ambiguïté sur les compositions, les épaisseurs et les rugosités (ou distances d'interdiffusion dans les couches).

Si la couche mince est moins dense que le substrat comme c'est le cas pour les gels d'altération obtenus après altération du verre SON 68, il est possible d'extraire plusieurs informations de cette courbe. Deux angles critiques θ_1 caractéristique du gel d'altération et θ_2 caractéristique du substrat peuvent être déterminés dans le cas d'une couche suffisamment épaisse (> 30 nm). Leurs valeurs sont corrélées à la densité électronique du gel et du substrat. Si la couche est épatée et homogène, la courbe de réflectivité présente des franges d'interférences aux interfaces air / film et film / substrat. La distance $\Delta\theta$ entre deux maxima ou minima permet de déterminer l'épaisseur de la couche. Dans certains cas, comme par exemple, quand les surfaces sont rugueuses ou latéralement inhomogène, les franges peuvent disparaître. L'effet d'un gradient de densité électronique du à in changement de porosité et /ou un changement de composition peut également atténuer le contraste des franges ou donner une allure concave ou convexe de la courbe de réflectivité.

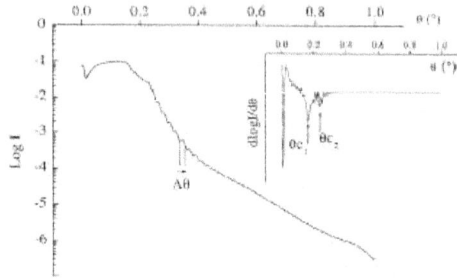

Figure 2 : Courbe de réflectivité et courbe différentielle du verre SON 68 altéré à 90°C par une solution à pH 9 avec un rapport S/V de 150 m⁻¹ d'après Rebiscoul et al.(2003).

E.2. Concentrations des expériences menées pour l'analyse par réflectivité

Temps	Solution synthétique [Si] = 120 ppm, [B] = 380 ppm, [Na] = 1015 ppm			Solution synthétique [Si] = 60 ppm, [B] = 380 ppm [Na] = 1015 ppm		
	[Li] en ppb	[Cs] en ppb	[Mo] en ppb	[Li] en ppb	[Cs] en ppb	[Mo] en ppb
1	1732	1153	1147	1718	1498	1170
4	1315	978	661	1301	1779	663
8	643	511	179	629	1363	174
11	453	398	85	439	1421	75
15	392	348	61	378	1335	58
18	325	319	56	311	1336	51
22	321	291	49	307	1229	48
25	280	281	49	266	1171	150
32	205,1	531	43,3	191,1	870,9	31,2
36	211,3	415	31,7	197,3	656,4	29,3
39	249,3	503	40,5	235,3	565,1	29,3
50	175,8	365	26,7	161,8	450,4	36,7
57	153,3	312	21,4	139,3	235	27,3

F.1. Evolution du pH (25°C)

F.1.1. Expériences d'altération du verre SON 68, en mode dynamique à 50°C, par une solution enrichie en silicium (120 ppm), bore (380 ppm) et sodium (1015 ppm) de pH initial 4,8 ; 7,2 ou 9,8

Temps (j)	pH initial 4,8			Temps (j)	pH initial 7,2			Temps (j)	pH initial 9,8	
	d20	d5	lame		d20	d5	lame		d20	lame
1	6,05	6,25	4,90	1	7,36	7,38	7,18	3	9,75	9,67
2	6,05	6,41	4,83	3	7,44	7,53	7,21	4	9,86	9,85
3	5,80	6,32	4,82	4	7,41	7,54	7,16	5	9,90	9,90
4	5,91	6,24	4,88	8	7,36	7,45	7,19	7	9,80	9,73
7	5,69	6,33	4,82	10	7,32	7,44	7,18	10	9,75	9,78
8	5,69	5,94	4,98	11	7,34	7,47	7,22	11	9,94	9,78
9	5,64	6,13	4,98	14	7,48	7,40	7,26	12	9,76	9,75
11	5,65	6,14	5,07	15	7,36	7,40	7,25	13	9,79	9,71
14	5,61	6,10	5,04	18	7,10	7,10	7,20	19	9,88	9,78
17	5,81	5,93	5,39	22	7,40	7,40	7,30	20	9,76	9,73
21	5,78	6,10	5,56	32	7,20	7,22	7,34	21	9,82	9,64
23	6,03		5,78					24	9,82	9,64
24	5,91	6,07	5,85					35	9,76	9,73
25	5,78	6,00	5,85					49	9,76	9,75
28	5,84	6,03	5,90							
29	5,77	6,21	6,08							
30	5,63	6,16	6,08							
32	5,94	6,04	6,43							
36	6,29	6,14	6,63							
39	5,96	6,55	6,49							
43	5,88	6,27	6,74							
46	5,74	5,96	6,57							
50	5,72	5,80	6,41							
53	5,64	5,85	6,42							
56	5,81	5,98	6,62							

F.1.2. Expériences d'altération du verre SON 68, en mode dynamique à 90°C, par une solution enrichie en silicium (120ppm), bore (380 ppm) et sodium (1015 ppm) de pH initial 4,8 ; 7,2 ou 9,8

Temps (j)	pH initial 4,8		
	d20	d5	lame
1	7,05	7,39	7,39
2	7,21	7,55	7,55
6	7,09	7,47	7,47
7	7,02	7,39	7,39
8	7,06	7,41	7,41
9	7,21	7,55	7,55
27	7,10	7,29	7,29
34	7,20	7,40	7,40
37	7,20	7,40	7,40
41	7,34	7,54	7,54
47	7,40	7,60	7,60

Temps (j)	pH initial 7,2		
	d20	d5	lame
1	8,46	8,43	8,43
2	8,53	8,56	8,57
5	8,63	8,64	8,62
6	8,66	8,67	8,63
7	8,68	8,69	8,69
9	8,74	8,72	8,73

Temps (j)	pH initial 9,8	
	d20	lame
1	9,58	9,58
2	9,60	9,58
3	9,60	9,59
8	9,70	9,62
18	9,67	9,68
34	9,64	9,60

F.1.3. Expériences d'altération du verre SON 68, en mode dynamique à 90°C, par une solution enrichie en silicium (240 ppm), bore (380 ppm) et sodium (1015 ppm) de pH initial 4,8 ; 7,2 ou 9,8

Temps	pH initial 4,8		pH initial 7,2		pH initial 9,8	
(j)	d20	d5	d20	d5	d20	d5
1	7,43	7,52	7,61	7,62	9,56	9,56
5	7,39	7,53	7,66	7,74	9,61	9,65
6	7,38	7,54	7,72	7,77	9,65	9,67
7	7,25	7,41	7,67	7,74	9,65	9,69
8	7,25	7,42	7,69	7,73	9,63	9,64
15	7,36	7,57	8,60	8,59	9,78	9,68
19	7,36	7,59	8,74	8,74	9,74	9,67
22	7,37	7,46	8,72	8,73	9,67	9,72
26	7,34	7,49	8,64	8,62	9,64	9,65
33	7,11	7,28	8,38	8,5	9,71	9,70
36	7,20	7,30	8,47	8,41	9,61	9,63
41	7,37	7,38	8,35	8,37	9,76	9,75
45	7,40	7,50	8,51	8,51	9,73	9,75
49	7,35	7,43	8,52	8,53	9,77	9,79
52	7,33	7,39	8,47	8,50	9,75	9,78
56	7,32	7,40	8,35	8,39	9,80	9,74
59	7,30	7,35	8,22	8,25	9,76	9,73
62	7,20	7,28	8,10	8,14	9,84	9,80
66	7,14	7,24	7,95	7,95	9,77	9,70
70	7,11	7,18	7,83	7,86	9,78	9,79
76	7,03	7,10	7,62	7,62	9,76	9,75

F.2. Concentrations, concentrations normalisées et vitesses de dissolution normalisées lors des expériences d'altération du verre SON 68, en mode dynamique à 50°C, par une solution enrichie en silicium (120 ppm), bore (380 ppm) et sodium (1015 ppm) de pH initial 4,8 ; 7,2 ou 9,8

F.2.1. Cas de la poudre d20

pH initial 4,8

Temps	[Li]	NC(Li)	NLR(Li)	[Cs]	NC(Cs)	NLR(Cs)	[Mo]	NC(Mo)	NLR(Mo)
en j	en ppb	en g.m^{-3}	en g.m^{-2}.j^{-1}	en ppb	en g.m^{-3}	en g.m^{-2}.j^{-1}	en ppb	en g.m^{-3}	en g.m^{-2}.j^{-1}
1	1423,000	154,004		1053,129	78,650		832,508	73,739	
2	1432,624	155,046	1,301E-02	1085,359	81,057	6,374E-03	627,069	55,542	8,916E-03
3	1191,915	128,995	1,707E-02	986,674	73,687	8,009E-03	451,189	39,964	7,034E-03
4	1140,798	123,463	1,181E-02	949,500	70,911	6,693E-03	322,791	28,591	5,040E-03
7	940,797	101,818	1,038E-02	852,216	63,646	6,002E-03	175,420	15,538	2,341E-03
8	833,381	90,193	1,008E-02	780,952	58,323	6,068E-03	86,968	7,703	2,255E-03
9	765,312	82,826	9,043E-03	724,146	54,081	5,753E-03	63,267	5,604	1,039E-03
11	691,686	74,858	7,338E-03	696,100	51,987	4,689E-03	55,619	4,926	5,010E-04
14	608,373	65,841	6,308E-03	613,700	45,833	4,382E-03	31,917	2,827	4,004E-04
15	522,889	56,590	6,918E-03	561,185	41,911	4,464E-03	15,480	1,371	4,449E-04
16	542,280	58,688	4,530E-03	567,572	42,388	3,512E-03	15,945	1,412	1,112E-04
17	512,103	55,422	5,380E-03	571,259	42,663	3,591E-03	14,586	1,292	1,342E-04
18	474,200	51,320	5,507E-03	537,629	40,152	4,118E-03	12,710	1,126	1,416E-04
21	474,800	51,385	4,385E-03	496,200	37,058	3,412E-03	10,846	0,961	9,522E-05
22	484,000	52,381	4,264E-03	506,800	37,849	3,066E-03	8,478	0,751	1,087E-04
23	469,600	50,823	4,717E-03	496,200	37,058	3,357E-03	7,407	0,656	7,884E-05
24	450,100	48,712	4,654E-03	483,200	36,087	3,310E-03	8,668	0,767	3,969E-05
25	404,500	43,777	4,812E-03	446,900	33,376	3,440E-03	6,972	0,618	8,519E-05
28	381,839	41,325	3,725E-03	425,500	31,777	2,842E-03	5,378	0,476	5,190E-05
29	359,233	38,878	3,794E-03	404,927	30,241	2,880E-03	9,929	0,879	
30	312,916	33,865	4,050E-03	386,066	28,832	2,789E-03	7,247	0,642	3,745E-05
32	329,099	35,617	2,846E-03	384,641	28,726	2,466E-03	8,328	0,738	5,227E-05
36	349,922	37,870	3,101E-03	376,315	28,104	2,438E-03	6,010	0,532	5,774E-05
39	348,932	37,763	3,235E-03	340,796	25,451	2,385E-03	5,088	0,451	4,500E-05
43	228,353	24,714	2,862E-03	279,988	20,910	2,048E-03	3,833	0,340	3,540E-05
46	247,448	26,780	2,130E-03	289,500	21,621	1,793E-03	7,816	0,692	3,211E-05
50	474,214	51,322	3,043E-03	473,270	35,345	2,269E-03	8,691	0,770	6,153E-05

pH initial 7,2

Temps	[Li]	NC(Li)	NLR(Li)	[Cs]	NC(Cs)	NLR(Cs)	[Mo]	NC(Mo)	NLR(Mo)
en j	en ppb	en g.m^{-3}	en g.m^{-2}.j^{-1}	en ppb	en g.m^{-3}	en g.m^{-2}.j^{-1}	en ppb	en g.m^{-3}	en g.m^{-2}.j^{-1}
1	1191,000	128,896		909,769	67,944		891,093	78,928	
2	1314,890	142,304	7,861E-03	959,000	71,621	4,632E-03	739,171	65,471	7,930E-03
3	909,445	98,425	1,777E-02	870,084	64,980	6,493E-03	539,281	47,766	7,782E-03
4	803,283	86,935	9,333E-03	763,113	56,991	6,227E-03	401,481	35,561	5,602E-03
7	597,002	64,611	6,610E-03	616,611	46,050	4,332E-03	258,459	22,893	2,705E-03
8	487,018	52,708	6,761E-03	505,911	37,783	4,785E-03	191,191	16,935	2,667E-03
10	432,054	46,759	4,260E-03	474,306	35,422	2,971E-03	168,937	14,963	1,371E-03
11	387,015	41,885	4,297E-03	429,943	32,109	3,197E-03	140,763	12,468	1,518E-03
14	631,245	68,317	3,167E-03	641,523	47,911	2,430E-03	139,363	12,344	9,470E-04
15	258,688	27,996	1,120E-02	302,623	22,601	7,414E-03	82,477	7,305	1,689E-03
18	245,809	26,603	2,128E-03	289,938	21,653	1,717E-03	67,825	6,007	5,561E-04
22	217,804	23,572	1,958E-03	259,837	19,405	1,598E-03	34,069	3,018	3,943E-04
28	196,778	21,296	1,705E-03	231,678	17,302	1,395E-03	18,209	1,613	1,765E-04
32	176,273	19,077	1,585E-03	206,127	15,394	1,286E-03	10,789	0,956	1,128E-04

pH initial 9,8

Temps	[Li]	NC(Li)	NLR(Li)	[Cs]	NC(Cs)	NLR(Cs)	[Mo]	NC(Mo)	NLR(Mo)
en j	en ppb	en g.m^{-3}	en g.m^{-2}.j^{-1}	en ppb	en g.m^{-3}	en g.m^{-2}.j^{-1}	en ppb	en g.m^{-3}	en g.m^{-2}.j^{-1}
3	1901,625	205,804	1,172E-03	1285,149	95,978	5,467E-04	1479,466	131,042	7,464E-04
4	1195,439	129,376	9,076E-03	916,275	68,430	3,913E-03	824,358	73,017	6,149E-03
5	940,583	101,795	4,882E-03	779,029	58,180	2,413E-03	707,505	62,667	2,552E-03
7	716,160	77,506	3,115E-03	636,250	47,517	1,764E-03	573,123	50,764	1,903E-03
10	411,126	44,494	2,072E-03	467,905	34,944	1,319E-03	299,278	26,508	1,341E-03
11	313,908	33,973	1,713E-03	387,624	28,949	1,259E-03	159,574	14,134	1,255E-03
12	274,892	29,750	1,150E-03	332,647	24,843	9,976E-04	152,967	13,549	4,367E-04
13	277,373	30,019	8,623E-04	303,000	22,629	8,403E-04	128,352	11,369	5,063E-04
19	257,365	27,853	8,446E-04	257,110	19,202	6,045E-04	101,992	9,034	2,927E-04
20	197,990	21,427	1,065E-03	227,620	16,999	6,490E-04	77,254	6,843	3,494E-04
21	228,669	24,748	4,946E-04	224,160	16,741	5,109E-04	65,091	5,765	2,455E-04
24	183,389	19,847	6,963E-04	212,160	15,845	4,868E-04	60,851	5,390	1,672E-04
25	159,250	17,235	6,943E-04	215,050	16,060	4,572E-04	46,403	4,110	2,126E-04
26	166,071	17,973	4,785E-04	203,940	15,231	5,050E-04	41,411	3,668	1,382E-04
28	141,500	15,314	5,327E-04	160,190	11,963	4,528E-04	36,859	3,265	1,085E-04
31	46,058	4,985	4,055E-04	116,920	8,732	3,380E-04	27,533	2,439	9,247E-05
33	45,259	4,898	1,471E-04	122,790	9,170	2,547E-04	23,845	2,112	7,347E-05
35	45,740	4,950	1,439E-04	123,620	9,232	2,696E-04	32,251	2,857	5,830E-05
38	34,813	3,768	1,381E-04	103,590	7,736	2,621E-04	15,254	1,351	7,436E-05
42	34,390	3,722	1,103E-04	105,030	7,844	2,290E-04	15,699	1,391	4,024E-05
45	25,660	2,777	1,034E-04	86,650	6,471	2,220E-04	20,456	1,812	4,364E-05
49	21,651	2,343	7,656E-05	93,200	6,960	1,963E-04	15,385	1,363	4,798E-05
55	19,789	2,142	6,532E-05	92,890	6,937	2,044E-04	17,247	1,528	4,308E-05

F.2.2. Cas de la poudre d5 du verre SON 68

pH initial 4,8

Temps en j	[Li] en ppb	NC(Li) en g.m^{-3}	NLR(Li) en g.m^{-2}.j^{-1}	[Cs] en ppb	NC(Cs) en g.m^{-3}	NLR(Cs) en g.m^{-2}.j^{-1}	[Mo] en ppb	NC(Mo) en g.m^{-3}	NLR(Mo) en g.m^{-2}.j^{-1}
1	1864,458	201,781		1282,231	95,760		875,104	77,511	
2	1884,437	203,943	1,560E-02	1337,568	99,893	2,875E-03	741,608	65,687	3,103E-03
3	1705,787	184,609	1,155E-02	1236,195	92,322	3,615E-03	533,548	47,258	3,081E-03
4	1550,490	167,802	9,313E-03	1152,592	86,079	3,293E-03	386,951	34,274	2,183E-03
7	1504,092	162,781	7,580E-03	1166,634	87,127	2,779E-03	267,722	23,713	1,063E-03
8	1098,851	118,923	5,338E-03	927,828	69,293	3,556E-03	133,718	11,844	1,262E-03
9	1082,990	117,207	5,144E-03	969,841	72,430	2,030E-03	126,177	11,176	4,250E-04
11	1012,403	109,567	4,625E-03	904,319	67,537	2,387E-03	85,381	7,563	3,991E-04
14	886,309	95,921	3,888E-03	851,009	63,556	2,158E-03	53,800	4,765	2,306E-04
15	713,071	77,172	3,097E-03	743,381	55,518	2,448E-03	32,408	2,870	2,477E-04
16	599,639	64,896	2,581E-03	659,341	49,241	2,114E-03	27,893	2,471	1,132E-04
17	583,258	63,123	2,488E-03	609,927	45,551	1,733E-03	22,987	2,036	9,683E-05
18	621,029	67,211	2,634E-03	648,508	48,432	1,274E-03	21,669	1,919	7,347E-05
21	640,121	69,277	2,670E-03	644,694	48,147	1,560E-03	24,924	2,208	6,281E-05
22	561,463	60,764	2,330E-03	599,060	44,739	1,705E-03	14,032	1,243	1,145E-04
23	564,650	61,109	2,334E-03	598,539	44,700	1,444E-03	13,443	1,191	4,293E-05
24	531,066	57,475	2,186E-03	583,601	43,585	1,499E-03	12,454	1,103	4,298E-05
25	518,702	56,137	2,127E-03	594,092	44,368	1,368E-03	11,865	1,051	3,799E-05
28	528,893	57,239	2,149E-03	543,078	40,559	1,417E-03	11,480	1,017	3,376E-05
29	497,851	53,880	2,016E-03	536,900	40,097	1,325E-03	10,946	0,970	3,457E-05
30	503,660	54,509	2,034E-03	536,900	40,097	1,292E-03	8,880	0,787	4,071E-05
32	506,256	54,790	2,035E-03	535,690	40,007	1,293E-03	8,583	0,760	2,558E-05
36	480,075	51,956	1,915E-03	524,500	39,171	1,281E-03	5,994	0,531	2,209E-05
39	419,285	45,377	1,665E-03	477,984	35,697	1,251E-03	5,521	0,489	1,697E-05
43	316,492	34,252	1,250E-03	391,132	29,211	1,077E-03	5,352	0,474	1,559E-05
46	361,372	39,110	1,422E-03	414,083	30,925	9,489E-04	9,263	0,820	1,678E-05
50	479,422	51,885	1,879E-03	477,336	35,649	1,055E-03	8,273	0,733	2,536E-05

pH initial 7,2

Temps en j	[Li] en ppb	NC(Li) en g.m^{-3}	NLR(Li) en g.m^{-2}.j^{-1}	[Cs] en ppb	NC(Cs) en g.m^{-3}	NLR(Cs) en g.m^{-2}.j^{-1}	[Mo] en ppb	NC(Mo) en g.m^{-3}	NLR(Mo) en g.m^{-2}.j^{-1}
1	1175,947	127,267		932,065	69,609		837,283	74,162	
2	1800,480	194,857		1391,121	103,893	1,296E-04	1009,705	89,434	1,250E-03
3	1884,809	203,984	4,856E-03	1461,335	109,136	2,567E-03	848,452	75,151	3,295E-03
4	1644,708	177,999	7,164E-03	1265,939	94,544	3,873E-03	609,185	53,958	3,323E-03
7	1463,485	158,386	4,920E-03	1156,744	86,389	2,613E-03	407,638	36,106	1,493E-03
8	1174,635	127,125	6,147E-03	971,990	72,591	3,168E-03	250,664	22,202	1,785E-03
10	1045,871	113,189	3,731E-03	886,047	66,172	2,106E-03	205,079	18,165	6,767E-04
11	712,408	77,100	5,134E-03	800,800	59,806	2,182E-03	171,194	15,163	6,687E-04
14	310,809	33,637	2,139E-03	356,068	26,592	1,659E-03	97,314	8,619	4,202E-04
15	318,265	34,444	8,855E-04	476,553	35,590	2,464E-04	138,489	12,267	4,023E-05
18	328,931	35,599	9,511E-04	454,351	33,932	9,838E-04	155,270	13,753	3,384E-04
22	405,612	43,897	1,046E-03	459,440	34,312	9,403E-04	106,451	9,429	3,473E-04
28	326,077	35,290	1,095E-03	378,167	28,242	8,651E-04	63,531	5,627	2,086E-04
32	290,474	31,437	9,541E-04	336,707	25,146	7,635E-04	42,963	3,805	1,456E-04

F.2.3. Cas des lames du verre SON 68

pH initial 4,8

Temps en j	[Li] en ppb	NC(Li) en g.m⁻³	NLR(Li) en g.m⁻².j⁻¹	[Cs] en ppb	NC(Cs) en g.m⁻³	NLR(Cs) en g.m⁻².j⁻¹	[Mo] en ppb	NC(Mo) en g.m⁻³	NLR(Mo) en g.m⁻².j⁻¹
1	14,961	1,619		13,002	0,971		4,812	0,426	
2	15,932	1,724	2,147E-02	19,587	1,463	2,488E-03	5,490	0,486	4,868E-03
3	16,284	1,762	2,463E-02	18,657	1,393	2,341E-02	4,999	0,443	8,289E-03
4	15,598	1,688	2,793E-02	19,547	1,460	1,907E-02	4,316	0,382	8,024E-03
7	13,307	1,440	2,464E-02	15,804	1,180	2,120E-02	3,173	0,281	5,508E-03
8	10,082	1,091	2,831E-02	12,448	0,930	2,249E-02	1,952	0,173	6,323E-03
9	12,543	1,357	8,018E-03	15,677	1,171	6,395E-03	2,114	0,187	2,126E-03
11	12,401	1,342	2,021E-02	13,898	1,038	1,807E-02	1,777	0,157	2,935E-03
14	9,074	0,982	1,921E-02	11,127	0,831	1,499E-02	1,065	0,094	2,213E-03
16	8,376	0,907	1,491E-02	8,129	0,607	1,335E-02	0,335	0,030	1,697E-03
17	8,488	0,919	1,322E-02	6,845	0,511	1,081E-02	0,152	0,013	7,450E-04
18	8,000	0,866	1,530E-02	5,232	0,391	1,141E-02	0,100	0,009	3,452E-04
21	4,615	0,499	1,238E-02	5,510	0,411	5,822E-03	0,466	0,041	1,725E-04
22	4,913	0,532	6,718E-03	5,386	0,402	6,300E-03	0,185	0,016	1,143E-03
23	5,580	0,604	6,002E-03	4,263	0,318	8,156E-03			
24	5,560	0,602	9,010E-03	4,045	0,302	5,126E-03			
28	4,592	0,497	8,408E-03	3,213	0,240	4,175E-03			
29	3,412	0,369	9,676E-03	3,791	0,283	2,779E-03	0,675	0,060	6,465E-04
30	3,061	0,331	6,410E-03	3,873	0,289	4,051E-03			
32	3,106	0,336	4,892E-03	4,548	0,340	4,072E-03	0,540	0,048	5,968E-04
36	3,353	0,363	5,111E-03	4,144	0,309	4,897E-03	0,267	0,024	3,300E-04
39	2,611	0,283	5,279E-03	3,614	0,270	4,539E-03	0,112	0,010	3,327E-04
43	1,724	0,187	3,708E-03	2,257	0,169	3,493E-03	0,037	0,003	1,136E-04
46	1,633	0,177	2,749E-03	2,215	0,165	2,494E-03			
50	2,908	0,315	3,382E-03	2,774	0,207	2,684E-03	0,035	0,003	

pH initial 7,2

| Temps | [Li] | NC(Li) | NLR(Li) | [Cs] | NC(Cs) | NLR(Cs) | [Mo] | NC(Mo) | NLR(Mo) |
en j	en ppb	en g.m^{-3}	en g.m^{-2}.j^{-1}	en ppb	en g.m^{-3}	en g.m^{-2}.j^{-1}	en ppb	en g.m^{-3}	en g.m^{-2}.j^{-1}
1	3,610	0,391		5,725	0,428		4,818	0,427	
2	4,884	0,529	2,106E-03	6,866	0,513	3,861E-03	5,357	0,474	4,738E-03
3	4,707	0,509	7,774E-03	6,139	0,458	8,477E-03	3,677	0,326	1,043E-02
4	5,870	0,635	3,636E-03	6,525	0,487	5,532E-03	4,305	0,381	2,990E-03
7	4,438	0,480	8,620E-03	4,796	0,358	6,605E-03	1,721	0,152	5,072E-03
8	3,790	0,410	8,408E-03	3,808	0,284	6,826E-03	0,260	0,023	5,426E-03
10	3,713	0,402	5,696E-03	5,123	0,383	3,268E-03			
11	3,442	0,372	6,269E-03	4,609	0,344	6,233E-03			
14	2,869	0,310	5,078E-03	2,847	0,213	4,639E-03			
15	3,472	0,376	2,662E-03	5,943	0,444				
18	1,886	0,204	5,058E-03	1,725	0,129	2,591E-03			
22	1,771	0,192	2,753E-03	1,459	0,109	1,686E-03			
28	1,711	0,185	2,589E-03	1,289	0,096	1,407E-03			
32	1,746	0,189	2,559E-03	1,632	0,122	1,410E-03			

pH initial 9,8

Temps en j	[Li] en ppb	NC(Li) en g.m^{-3}	NLR(Li) en g.m^{-2}.j^{-1}	[Cs] en ppb	NC(Cs) en g.m^{-3}	NLR(Cs) en g.m^{-2}.j^{-1}	[Mo] en ppb	NC(Mo) en g.m^{-3}	NLR(Mo) en g.m^{-2}.j^{-1}
3	2,697	0,292	2,102E-04	4,086	0,305	2,390E-04	2,572	0,228	1,641E-04
4	2,483	0,269	1,512E-03	3,019	0,225	1,990E-03	1,208	0,107	1,909E-03
5				2,595	0,194	1,279E-03			
7	1,983	0,215	1,202E-03	2,296	0,171	9,387E-04	1,113	0,099	4,977E-04
10	1,632	0,177	9,656E-04	1,803	0,135	7,791E-04	0,528	0,047	4,225E-04
11	1,403	0,152	9,831E-04	1,459	0,109	8,084E-04	0,470	0,042	2,559E-04
12	2,157	0,233	2,061E-04	1,724	0,129	3,913E-04			
13	1,163	0,126	1,988E-03	1,286	0,096	8,868E-04	0,897	0,079	1,861E-04
19	1,345	0,146	6,385E-04	1,234	0,092	4,425E-04	0,560	0,050	3,185E-04
20	0,997	0,108	9,227E-04	1,068	0,080	5,175E-04	0,686	0,061	3,612E-04
21	0,830	0,090	6,286E-04	0,000	0,000	9,462E-04	1,028	0,091	3,142E-04
24	0,814	0,088	4,156E-04	1,170	0,087	7,548E-05	0,404	0,036	3,034E-04
25	0,849	0,092	3,815E-04	0,858	0,064	5,839E-04	0,240	0,021	2,243E-04
26	0,748	0,081	5,002E-04	0,812	0,061	3,259E-04	0,752	0,067	7,934E-05
28	0,555	0,060	3,856E-04	0,698	0,052	2,903E-04	0,442	0,039	2,861E-04
31				0,619	0,046	2,432E-04			
33				0,453	0,034	2,319E-04			
35				0,449	0,034	1,599E-04			
38				0,371	0,028	1,533E-04			
42				0,323	0,024	1,243E-04			
45				0,410	0,031	1,193E-04			
49				0,337	0,025	1,349E-04			
55				0,378	0,028	1,274E-04			

F.3. Concentrations, concentrations normalisées et vitesses de dissolution normalisées lors des expériences d'altération du verre SON 68, en mode dynamique à 90°C, par une solution enrichie en silicium (120 ppm), bore (380 ppm) et sodium (1015 ppm) de pH initial 4,8 ; 7,2 ou 9,8

F.3.1. Cas de la poudre d20 du verre SON 68

pH initial 4,8

Temps en j	[Li] en ppb	NC(Li) en g.m^{-3}	NLR(Li) en g.m^{-2}.j^{-1}	[Cs] en ppb	NC(Cs) en g.m^{-3}	NLR(Cs) en g.m^{-2}.j^{-1}	[Mo] en ppb	NC(Mo) en g.m^{-3}	NLR(Mo) en g.m^{-2}.j^{-1}
1	2262,889	244,901		1704,124	127,268		994,985	88,130	
2	2527,713	273,562	1,231E-02	1910,026	142,646	6,276E-03	760,039	67,320	1,211E-02
6	2127,458	230,244	2,074E-02	1772,147	132,349	1,107E-02	403,350	35,726	4,668E-03
7	1888,228	204,354	2,212E-02	1548,734	115,663	1,298E-02	197,058	17,454	5,580E-03
8	2025,653	219,227	1,404E-02	1719,302	128,402	7,325E-03	175,940	15,584	1,649E-03
9	1558,664	168,687	2,546E-02	1526,119	113,975	1,248E-02	132,263	11,715	1,854E-03
12	1875,923	203,022	1,342E-02	1725,470	128,863	9,051E-03	103,546	9,171	9,210E-04
14	1920,087	207,802	1,589E-02	1783,102	133,167	1,004E-02	68,178	6,039	8,388E-04
15	2022,451	218,880	1,477E-02	1896,529	141,638	9,255E-03	58,992	5,225	6,007E-04
16	1730,646	187,299	2,181E-02	1862,523	139,098	1,157E-02	48,988	4,339	5,396E-04
19	1617,004	175,000	1,480E-02	1709,234	127,650	1,099E-02	38,558	3,415	3,417E-04
20	1199,223	129,786	2,028E-02	1243,455	92,864	1,505E-02	23,542	2,085	4,596E-04
21	1645,667	178,102	2,457E-03	1679,418	125,423	2,083E-03	29,519	2,615	7,938E-05
22	1779,806	192,620	1,192E-02	1723,685	128,729	9,428E-03	28,862	2,556	2,156E-04
23	1759,636	190,437	1,558E-02	1669,450	124,679	1,081E-02	25,621	2,269	2,466E-04
27	1499,307	162,263	1,446E-02	1774,530	132,526	1,003E-02	43,321	3,837	2,132E-04
34	972,750	105,276	1,020E-02	1085,037	81,033	8,103E-03	3,972	0,352	1,424E-04
37	839,833	90,891	8,282E-03	999,908	74,676	6,390E-03	3,102	0,275	2,758E-05
41	808,125	87,459	7,111E-03	1006,102	75,138	5,919E-03	1,834	0,162	1,912E-05
49	592,505	64,124	5,756E-03	759,483	56,720	5,026E-03	2,811	0,249	1,716E-05

pH initial 7,2

Temps en j	[Li] en ppb	NC(Li) en g.m^{-3}	NLR(Li) en g.m^{-2}.j^{-1}	[Cs] en ppb	NC(Cs) en g.m^{-3}	NLR(Cs) en g.m^{-2}.j^{-1}	[Mo] en ppb	NC(Mo) en g.m^{-3}	NLR(Mo) en g.m^{-2}.j^{-1}
1	1990,558	215,428		1509,102	112,704		1049,255	92,937	
2	2131,113	230,640	1,440E-02	1679,176	125,405	6,603E-03	856,974	75,906	1,084E-02
5	1556,438	168,445	1,846E-02	1306,175	97,549	1,005E-02	578,276	51,220	6,064E-03
6	1198,369	129,693	1,915E-02	1205,603	90,038	8,950E-03	373,571	33,089	6,735E-03
7	1039,811	112,533	1,312E-02	986,785	73,696	9,798E-03	387,664	34,337	2,477E-03
9	930,9565	100,752	9,490E-03	867,529	64,789	6,256E-03	177,883	15,756	3,415E-03
12	909,1769	98,395	8,122E-03	849,693	63,457	5,223E-03	97,167	8,606	1,246E-03
13	402,9351	43,607	1,603E-02	465,948	34,798	9,353E-03	27,874	2,469	1,601E-03
15	480,9095	52,046	3,235E-03	510,312	38,111	2,696E-03	25,714	2,278	2,057E-04
21	515,6208	55,803	4,362E-03	536,559	40,072	3,160E-03	27,931	2,474	1,922E-04
26	381,3216	41,268	4,001E-03	445,733	33,289	2,999E-03	27,692	2,453	1,989E-04
37	410,505	44,427	2,121E-03	507,519	37,903	1,809E-03	28,714	2,543	1,214E-04

pH initial 9,8

Temps en j	[Li] en ppb	NC(Li) en g.m^{-3}	NLR(Li) en g.m^{-2}.j^{-1}	[Cs] en ppb	NC(Cs) en g.m^{-3}	NLR(Cs) en g.m^{-2}.j^{-1}	[Mo] en ppb	NC(Mo) en g.m^{-3}	NLR(Mo) en g.m^{-2}.j^{-1}
1	1172,318	126,874		967,194	72,233		935,080	82,824	
2	1296,533	140,317	9,210E-03	1041,782	77,803	5,569E-03	781,928	69,258	9,338E-03
3	1084,761	117,398	1,560E-02	895,882	66,907	8,418E-03	580,497	51,417	8,608E-03
4	889,576	96,274	1,332E-02	760,962	56,831	7,338E-03	415,990	36,846	6,576E-03
7	698,905	75,639	8,256E-03	500,992	37,415	4,799E-03	226,276	20,042	3,051E-03
8	558,222	60,414	8,913E-03	534,195	39,895	2,951E-03	141,906	12,569	2,865E-03
9	505,783	54,738	6,304E-03	512,648	38,286	3,810E-03	115,916	10,267	1,502E-03
10	469,984	50,864	5,298E-03	487,033	36,373	3,621E-03	94,205	8,344	1,136E-03
11	428,733	46,400	5,127E-03	447,266	33,403	3,645E-03	79,325	7,026	9,241E-04
14	374,861	40,569	4,047E-03	377,996	28,230	2,913E-03	62,202	5,509	6,072E-04
18	304,799	32,987	3,321E-03	309,901	23,144	2,324E-03	53,882	4,773	4,612E-04
21	243,558	26,359	2,838E-03	260,882	19,483	2,008E-03	46,096	4,083	4,137E-04
25	217,584	23,548	2,244E-03	234,078	17,482	1,666E-03	46,292	4,100	3,613E-04
29	194,177	21,015	2,005E-03	207,692	15,511	1,490E-03	42,321	3,749	3,518E-04
32	170,167	18,416	1,834E-03	166,476	12,433	1,347E-03	36,188	3,205	3,263E-04
36	172,034	18,618	1,634E-03	179,563	13,410	1,132E-03	28,935	2,563	2,634E-04
39	143,667	15,548	1,609E-03	160,019	11,951	1,171E-03	23,850	2,112	2,212E-04
43	213,692	23,127	1,608E-03	183,786	13,726	1,114E-03	30,870	2,734	2,058E-04
46	180,352	19,519	2,001E-03	60,721	4,535	1,109E-03	32,622	2,889	2,434E-04
50	186,577	20,192	1,745E-03	178,947	13,364	6,748E-04	25,214	2,233	2,351E-04

F.3.2. Cas de la poudre d5 du verre SON 68

pH initial 4,8

Temps en j	[Li] en ppb	NC(Li) en g.m^{-3}	NLR(Li) en g.m^{-2}.j^{-1}	[Cs] en ppb	NC(Cs) en g.m^{-3}	NLR(Cs) en g.m^{-2}.j^{-1}	[Mo] en ppb	NC(Mo) en g.m^{-3}	NLR(Mo) en g.m^{-2}.j^{-1}
1	3551,147	384,323		2408,515	179,874		1192,999	105,669	
2	4509,460	488,037	2,036E-03	3003,083	224,278	1,322E-03	972,277	86,118	4,844E-03
6	3801,998	411,472	1,370E-02	2816,050	210,310	6,469E-03	545,250	48,295	2,220E-03
7	3224,877	349,013	1,547E-02	2653,277	198,154	6,832E-03	324,806	28,769	2,476E-03
8	3281,340	355,123	9,929E-03	2668,311	199,276	5,758E-03	279,268	24,736	1,052E-03
9	2628,758	284,498	1,451E-02	2276,387	170,007	7,543E-03	213,546	18,915	1,063E-03
12	2481,051	268,512	8,328E-03	2227,823	166,380	4,985E-03	177,208	15,696	5,506E-04
14	2777,947	300,644	7,478E-03	2337,398	174,563	4,781E-03	133,170	11,795	5,097E-04
15	2182,784	236,232	1,233E-02	1850,205	138,178	7,103E-03	94,393	8,361	5,331E-04
16	2027,092	219,382	7,797E-03	2032,137	151,765	3,360E-03	81,680	7,235	3,031E-04
19	2028,431	219,527	6,440E-03	1962,386	146,556	4,449E-03	64,295	5,695	2,105E-04
20	1814,859	196,413	7,628E-03	1785,500	133,346	4,978E-03	51,723	4,581	2,242E-04
21	1898,435	205,458	5,239E-03	1821,232	136,014	3,759E-03	53,511	4,740	1,253E-04
22	1891,111	204,666	6,073E-03	1725,935	128,897	4,376E-03	48,017	4,253	1,653E-04
23	2004,959	216,987	5,322E-03	1741,611	130,068	3,718E-03	45,330	4,015	1,381E-04
27	1832,367	198,308	6,212E-03	2160,602	161,359	4,080E-03	51,478	4,560	1,224E-04
34	1736,792	187,964	5,641E-03	1881,227	140,495	4,373E-03	27,548	2,440	9,696E-05
37	1662,746	179,951	5,503E-03	1827,135	136,455	4,117E-03	17,642	1,563	7,008E-05
41	1532,485	165,853	5,154E-03	1753,959	130,990	3,956E-03	10,831	0,959	4,041E-05
49	1408,624	152,449	4,617E-03	1668,188	124,585	3,725E-03	6,716	0,595	2,134E-05

pH initial 7,2

Temps en j	[Li] en ppb	NC(Li) en g.m^{-3}	NLR(Li) en g.m^{-2}.j^{-1}	[Cs] en ppb	NC(Cs) en g.m^{-3}	NLR(Cs) en g.m^{-2}.j^{-1}	[Mo] en ppb	NC(Mo) en g.m^{-3}	NLR(Mo) en g.m^{-2}.j^{-1}
1	3551,391	384,350		2724,246	203,454		1950,606	172,773	
2	4398,586	476,037	4,738E-03	3097,066	231,297	3,985E-03	1415,532	125,379	8,454E-03
5	3417,335	369,841	1,388E-02	2529,432	188,905	6,751E-03	914,789	81,027	3,640E-03
6	2438,914	263,952	1,638E-02	1893,138	141,384	8,025E-03	554,488	49,113	4,044E-03
7	2254,738	244,019	8,871E-03	1829,178	136,608	4,419E-03	482,469	42,734	1,801E-03
9	1510,894	163,517	8,178E-03	1382,888	103,278	4,430E-03	303,098	26,847	1,455E-03
12	1792,023	193,942	4,839E-03	2116,149	158,039	3,103E-03	228,012	20,196	7,793E-04
13	1011,434	109,463	1,023E-02	904,181	67,527	9,501E-03	108,296	9,592	1,162E-03
15	722,036	78,142	3,597E-03	767,504	57,319	2,107E-03	74,844	6,629	3,179E-04
21	728,751	78,869	2,305E-03	789,465	58,959	1,708E-03	65,071	5,764	1,810E-04
26	821,397	88,896	2,441E-03	898,423	67,097	1,833E-03	58,360	5,169	1,617E-04
30	774,651	83,837	2,567E-03	851,210	63,571	1,940E-03	39,807	3,526	1,380E-04
37	647,337	70,058	2,222E-03	762,348	56,934	1,751E-03	44,657	3,955	1,110E-04

pH initial 9,8

Temps en j	[Li] en ppb	NC(Li) en g.m^{-3}	NLR(Li) en g.m^{-2}.j^{-1}	[Cs] en ppb	NC(Cs) en g.m^{-3}	NLR(Cs) en g.m^{-2}.j^{-1}	[Mo] en ppb	NC(Mo) en g.m^{-3}	NLR(Mo) en g.m^{-2}.j^{-1}
1	2252,938	243,824		1535,340	114,663		1248,668	110,599	
2	2460,038	266,238	6,641E-03	1982,062	148,026	7,998E-03	1094,406	96,936	4,307E-03
3	2481,735	268,586	8,461E-03	1695,953	126,658	6,149E-03	830,630	73,572	4,313E-03
4	2051,029	221,973	1,103E-02	1541,715	115,139	4,933E-03	662,132	58,648	3,130E-03
7	1505,602	162,944	6,892E-03	1285,082	95,973	3,847E-03	443,915	39,319	1,804E-03
8	1077,856	116,651	7,724E-03	1016,730	75,932	4,339E-03	310,632	27,514	1,898E-03
9	978,313	105,878	4,428E-03	967,136	72,228	2,844E-03	286,559	25,382	1,019E-03
10	954,903	103,344	3,522E-03	991,330	74,035	2,420E-03	261,095	23,126	9,159E-04
11	792,190	85,735	4,241E-03	835,146	62,371	3,133E-03	201,806	17,875	1,017E-03
14	765,462	82,842	2,751E-03	767,589	57,326	2,121E-03	170,150	15,071	5,642E-04
18	616,799	66,753	2,473E-03	626,832	46,813	1,719E-03	116,037	10,278	4,270E-04
21	517,385	55,994	2,106E-03	538,922	40,248	1,481E-03	88,439	7,833	3,209E-04
25	426,670	46,176	1,696E-03	457,282	34,151	1,230E-03	75,476	6,685	2,398E-04
29	378,385	40,951	1,431E-03	401,154	29,959	1,055E-03	64,565	5,719	2,049E-04
36	267,278	28,926	1,079E-03	179,563	13,410	7,099E-04	37,531	3,324	1,477E-04
39	279,202	30,217	9,378E-04	160,019	11,951	4,260E-04	37,416	3,314	1,071E-04
43	327,011	35,391	1,032E-03	183,786	13,726	4,051E-04	43,111	3,818	1,125E-04
46	264,285	28,602	1,112E-03	60,721	4,535	4,033E-04	35,290	3,126	1,201E-04
50	302,368	32,724	9,682E-04	178,947	13,364	2,455E-04	43,192	3,826	1,086E-04

F.3.3. Cas des Lames

pH initial 4,8

Temps en j	[Li] en ppb	NC(Li) en g.m^{-3}	NLR(Li) en g.m^{-2}.j^{-1}	[Cs] en ppb	NC(Cs) en g.m^{-3}	NLR(Cs) en g.m^{-2}.j^{-1}	[Mo] en ppb	NC(Mo) en g.m^{-3}	NLR(Mo) en g.m^{-2}.j^{-1}
1	123,111	13,324		138,223	10,323		10,065	0,892	
2	206,886	22,390		195,000	14,563		9,957	0,882	1,156E-02
6	243,353	26,337	2,237E-01	220,693	16,482	1,562E-01	7,769	0,688	1,048E-02
7	197,369	21,360	4,560E-01	193,718	14,467	2,575E-01	5,960	0,528	1,268E-02
8	205,445	22,234	2,464E-01	194,559	14,530	1,796E-01	5,888	0,522	6,765E-03
9	174,610	18,897	3,685E-01	166,597	12,442	2,383E-01	5,614	0,497	7,186E-03
12	177,896	19,253	2,366E-01	168,894	12,613	1,558E-01	5,459	0,483	6,228E-03
14	181,873	19,683	2,383E-01	205,561	15,352	1,402E-01	5,570	0,493	5,990E-03
15	178,458	19,314	2,559E-01	168,438	12,579	2,628E-01	7,720	0,684	1,331E-03
16	168,078	18,190	2,688E-01	206,048	15,388	9,010E-02	2,398	0,212	1,987E-02
19	181,385	19,630	2,274E-01	217,475	16,242	1,925E-01	2,018	0,179	2,668E-03
20	172,238	18,640	2,696E-01	203,769	15,218	2,279E-01	1,550	0,137	3,235E-03
21	172,898	18,712	2,315E-01	200,843	14,999	1,965E-01	1,448	0,128	1,963E-03
22	173,478	18,775	2,327E-01	193,927	14,483	2,008E-01	1,334	0,118	1,860E-03
23	169,322	18,325	2,468E-01	184,210	13,757	2,002E-01	1,229	0,109	1,722E-03
27	133,413	14,439	2,177E-01	169,271	12,642	1,689E-01	2,126	0,188	1,603E-03
34	83,827	9,072	1,427E-01	101,333	7,568	1,223E-01	0,056	0,005	1,056E-03
37	63,347	6,856	1,136E-01	71,523	5,342	9,473E-02			
41	40,010	4,330	7,747E-02	46,464	3,470	6,068E-02			
49	25,054	2,712	4,176E-02	27,847	2,080	3,275E-02			

pH initial 7,2

Temps en j	[Li] en ppb	NC(Li) en g.m^{-3}	NLR(Li) en g.m^{-2}.j^{-1}	[Cs] en ppb	NC(Cs) en g.m^{-3}	NLR(Cs) en g.m^{-2}.j^{-1}	[Mo] en ppb	NC(Mo) en g.m^{-3}	NLR(Mo) en g.m^{-2}.j^{-1}
1	16,373	1,772		25,274	1,888		8,142	0,721	
2	26,721	2,892		30,601	2,285	1,252E-02	8,545	0,757	8,630E-03
5	23,190	2,510	3,917E-02	28,676	2,142	3,102E-02	5,244	0,464	1,017E-02
6	19,426	2,102	4,398E-02	19,488	1,455	4,572E-02	3,598	0,319	9,841E-03
7	17,361	1,879	3,443E-02	17,400	1,299	2,387E-02	2,831	0,251	6,111E-03
9	15,042	1,628	2,702E-02	14,556	1,087	1,891E-02	1,783	0,158	3,952E-03
12	16,181	1,751	2,221E-02	16,109	1,203	1,485E-02	1,185	0,105	2,116E-03
13	7,188	0,637	5,155E-02	9,688	0,724	2,830E-02	0,517	0,046	2,899E-03
15	6,643	0,588	8,934E-03	9,346	0,698	9,986E-03	0,307	0,027	7,286E-04
21	8,792	0,779	9,382E-03	12,899	0,963	1,142E-02	0,414	0,037	4,386E-04
26	9,537	0,845	1,097E-02	11,036	0,824	1,229E-02	0,298	0,026	4,387E-04
37	7,428	0,658	5,293E-03	10,365	0,774	6,227E-03	0,324	0,029	3,866E-04

pH initial 9,8

Temps en j	[Li] en ppb	NC(Li) en g.m^{-3}	NLR(Li) en g.m^{-2}.j^{-1}	[Cs] en ppb	NC(Cs) en g.m^{-3}	NLR(Cs) en g.m^{-2}.j^{-1}	[Mo] en ppb	NC(Mo) en g.m^{-3}	NLR(Mo) en g.m^{-2}.j^{-1}
1	6,746	0,730		8,311	0,621		5,002	0,443	
2	8,546	0,925	6,878E-03	7,703	0,575	1,135E-02	4,002	0,355	9,564E-03
3	7,747	0,838	1,726E-02	8,693	0,649	7,617E-03	2,706	0,240	8,607E-03
4	7,720	0,836	1,380E-02	6,079	0,454	1,539E-02	1,815	0,161	5,849E-03
8	8,210	0,889	1,401E-02	9,299	0,695	8,898E-03	2,850	0,252	3,191E-03
9	8,413	0,910	1,389E-02	7,556	0,564	1,527E-02	1,271	0,113	8,312E-03
10	8,366	0,905	1,502E-02	7,434	0,555	9,429E-03	0,704	0,062	2,884E-03
11	7,677	0,831	1,668E-02	7,342	0,548	9,263E-03	0,289	0,026	1,934E-03
18	6,927	0,750	1,274E-02	6,943	0,518	8,662E-03	0,809	0,072	9,104E-04
21	5,853	0,633	1,197E-02	7,014	0,524	8,505E-03	0,459	0,041	1,092E-03
25	5,639	0,610	1,024E-02	6,149	0,459	8,192E-03	1,141	0,101	1,026E-03
29	5,397	0,584	9,839E-03	6,313	0,471	7,593E-03	0,379	0,034	1,255E-03
32	4,908	0,531	9,449E-03	5,455	0,407	7,581E-03	0,338	0,030	5,423E-04
36	6,046	0,654	9,448E-03	5,712	0,427	6,788E-03			
39	5,857	0,634	1,066E-02	6,141	0,459	7,070E-03			
43	3,922	0,425	9,107E-03	5,269	0,394	7,114E-03			
46	4,725	0,511	7,182E-03	6,114	0,457	6,612E-03			
50	6,365	0,689	9,454E-03	6,072	0,453	7,459E-03			

F.4. Concentrations, concentrations normalisées et vitesses de dissolution normalisées lors des expériences d'altération du verre SON 68,en mode dynamique à 90°C, avec une solution enrichie en silicium (240 ppm), bore (380 ppm) et sodium (1015 ppm) de ph initial 4,8 ; 7,2 ou 9,8

F.4.1. Cas de la poudre d20 du verre

pH initial 4,8

Temps en j	[Li] en ppb	NC(Li) en g.m⁻³	NLR(Li) en g.m⁻².j⁻¹	[Cs] en ppb	NC(Cs) en g.m⁻³	NLR(Cs) en g.m⁻².j⁻¹	[Mo] en ppb	NC(Mo) en g.m⁻³	NLR(Mo) en g.m⁻².j⁻¹
1	2258,832	244,462		1671,771	124,852		1059,627	93,855	
4	2825,672	305,809	1,851E-02	2299,858	171,759	9,437E-03	689,060	61,033	7,160E-03
5	2428,626	262,838	2,968E-02	2139,312	159,769	1,484E-02	407,933	36,132	8,373E-03
6	2238,882	242,303	2,324E-02	2058,498	153,734	1,310E-02	325,660	28,845	3,908E-03
7	2022,533	218,889	2,208E-02	1857,786	138,744	1,403E-02	253,725	22,473	3,193E-03
8	2104,462	227,756	1,525E-02	1912,089	142,800	9,910E-03	227,261	20,129	2,070E-03
11	1822,460	197,236	1,733E-02	1659,699	123,951	1,086E-02	149,173	13,213	1,536E-03
14	2031,087	219,815	1,494E-02	1872,189	139,820	9,389E-03	127,496	11,293	1,006E-03
15	2237,213	242,123	1,324E-02	1978,573	147,765	9,389E-03	113,035	10,012	1,056E-03
16	2142,647	231,888	1,997E-02	1863,755	139,190	1,255E-02	88,260	7,818	1,100E-03
17	2288,952	247,722	1,516E-02	1979,482	147,833	9,233E-03	77,151	6,834	7,461E-04
19	1666,167	180,321	2,134E-02	1858,046	138,764	1,157E-02	55,504	4,916	5,910E-04
22	1601,727	173,347	1,371E-02	1864,775	139,266	1,054E-02	40,920	3,624	3,757E-04
26	1537,102	166,353	1,303E-02	1744,836	130,309	1,041E-02	32,366	2,867	2,610E-04
36	1416,500	153,301	1,194E-02	1476,500	110,269	8,830E-03	23,000	2,037	1,736E-04
39	1419,500	153,626	1,164E-02	1462,500	109,223	8,376E-03	22,000	1,949	1,548E-04
44	1547,500	167,478	1,208E-02	1523,500	113,779	8,431E-03	28,895	2,559	1,803E-04
49	1347,693	145,854	1,208E-02	1636,734	122,236	8,893E-03	34,532	3,059	2,131E-04
55	1550,690	167,824	1,190E-02	1553,263	116,002	9,050E-03	24,833	2,200	2,166E-04
59	1097,427	118,769	1,185E-02	1345,737	100,503	8,527E-03	23,592	2,090	1,650E-04
63	1103,875	119,467	9,033E-03	1362,658	101,767	7,656E-03	21,100	1,869	1,589E-04
66	1244,115	134,645	9,059E-03	1391,253	103,902	7,727E-03	16,451	1,457	1,423E-04
69	1125,289	121,785	9,242E-03	1249,500	93,316	7,902E-03	12,654	1,121	1,045E-04
73	1100,311	119,081	9,200E-03	1111,150	82,984	6,899E-03	13,423	1,189	8,506E-05
76	1050,851	113,729	9,049E-03	1054,840	78,778	6,307E-03	14,215	1,259	9,158E-05
80	756,985	81,925	8,057E-03	998,197	74,548	5,906E-03	9,210	0,816	9,606E-05
83	1007,468	109,033	6,196E-03	1164,159	86,942	5,650E-03	6,315	0,559	5,234E-05
89	1092,129	118,196	8,625E-03	1181,960	88,272	6,653E-03	6,638	0,588	4,333E-05
94	1247,326	134,992	9,477E-03	1213,508	90,628	6,774E-03			

pH initial 7,2

Temps	[Li]	NC(Li)	NLR(Li)	[Cs]	NC(Cs)	NLR(Cs)	[Mo]	NC(Mo)	NLR(Mo)
en j	en ppb	en g.m^{-3}	en g.m^{-2}.j^{-1}	en ppb	en g.m^{-3}	en g.m^{-2}.j^{-1}	en ppb	en g.m^{-3}	en g.m^{-2}.j^{-1}
1	2098,092	227,066		1544,430	136,796		1044,936	92,554	
4	1931,889	209,079	1,759E-02	1495,350	132,449	1,060E-02	692,658	61,351	7,157E-03
5	177,504	19,210	4,530E-02	1160,404	102,782	1,481E-02	461,259	40,855	7,897E-03
6	1203,189	130,215		1011,805	89,620	1,005E-02	389,215	34,474	4,177E-03
7	1003,418	108,595	1,327E-02	895,228	79,294	8,466E-03	849,447	75,239	
8	876,254	94,833	1,065E-02	869,272	76,995	6,521E-03	292,666	25,923	1,384E-02
11	694,882	75,204	7,335E-03	715,414	63,367	5,958E-03	186,264	16,498	2,002E-03
12	617,206	66,797	7,066E-03	649,159	57,499	5,775E-03	126,246	11,182	2,060E-03
14	573,996	62,121	5,362E-03	606,739	53,741	4,605E-03	95,436	8,453	9,741E-04
15	706,167	76,425	2,625E-03	739,213	65,475	2,369E-03	101,716	9,009	5,702E-04
19	320,500	34,686	5,097E-03	267,500	23,694	4,247E-03	34,000	3,012	5,795E-04
22	1002,500	108,496	2,735E-03	872,500	77,281	1,870E-03	103,000	9,123	2,372E-04
31	774,500	83,820	7,131E-03	718,500	63,640	5,284E-03	92,000	8,149	6,568E-04
40	682,974	73,915	5,985E-03	711,289	63,002	4,901E-03	101,990	9,034	6,777E-04
44	475,913	51,506	5,286E-03	507,313	44,935	4,526E-03	70,735	6,265	6,455E-04
47	483,389	52,315	3,994E-03	524,806	46,484	3,485E-03	72,737	6,443	4,859E-04
51	454,614	49,201	3,994E-03	515,157	45,629	3,587E-03	58,700	5,199	4,748E-04
54	391,382	42,357	3,810E-03	398,206	35,271	3,531E-03	34,644	3,069	4,018E-04
58	365,500	39,556	3,228E-03	349,152	30,926	2,648E-03	26,030	2,306	2,228E-04
61	398,206	43,096	3,069E-03	379,900	33,649	2,399E-03	18,400	1,630	1,783E-04
80	476,140	51,530	3,895E-03	475,561	42,122	3,165E-03	15,249	1,351	1,080E-04
83	951,385	102,964	4,027E-03	925,058	81,936	3,290E-03	24,577	2,177	1,052E-04
89	683,925	74,018	6,852E-03	616,827	54,635	5,286E-03	13,627	1,207	1,309E-04
94	747,109	80,856	5,953E-03	702,801	62,250	4,475E-03	9,955	0,882	8,337E-05

pH initial 9,8

Temps en j	[Li] en ppb	NC(Li) en g.m^{-3}	NLR(Li) en g.m^{-2}.j^{-1}	[Cs] en ppb	NC(Cs) en g.m^{-3}	NLR(Cs) en g.m^{-2}.j^{-1}	[Mo] en ppb	NC(Mo) en g.m^{-3}	NLR(Mo) en g.m^{-2}.j^{-1}
1	1167,991	126,406		852,653	63,678		824,444	73,024	
4	1438,337	155,664	1,006E-02	1210,195	90,381	5,097E-03	757,322	67,079	5,764E-03
5	966,664	104,617	1,982E-02	738,122	55,125	1,233E-02	304,075	26,933	1,121E-02
6	842,543	91,184	1,038E-02	662,318	49,464	5,247E-03	229,996	20,372	3,158E-03
7	709,279	76,762	9,436E-03	585,576	43,732	4,796E-03	174,951	15,496	2,363E-03
8	618,583	66,946	7,561E-03	512,005	38,238	4,293E-03	134,029	11,872	1,776E-03
11	475,777	51,491	5,262E-03	422,282	31,537	3,010E-03	88,701	7,857	9,304E-04
12	464,335	50,253	4,258E-03	404,709	30,225	2,691E-03	73,738	6,531	8,194E-04
13	445,211	48,183	4,290E-03	407,679	30,446	2,358E-03	70,253	6,223	5,635E-04
14	482,112	52,177	3,206E-03	391,979	29,274	2,587E-03	65,849	5,832	5,514E-04
15	384,596	41,623	5,728E-03	320,979	23,972	3,120E-03	60,950	5,399	5,272E-04
19	334,929	36,248	3,178E-03	339,545	25,358	1,926E-03	51,067	4,523	4,083E-04
22	295,811	32,014	2,862E-03	293,135	21,892	2,001E-03	44,020	3,899	3,570E-04
26	268,125	29,018	2,467E-03	272,266	20,333	1,698E-03	40,473	3,585	3,016E-04
29	243,082	26,308	2,293E-03	245,506	18,335	1,606E-03	37,462	3,318	2,833E-04
36	225,500	24,405	1,992E-03	224,700	16,781	1,377E-03	33,000	2,923	2,439E-04
39	225,500	24,405	1,931E-03	224,700	16,781	1,328E-03	32,000	2,834	2,311E-04
44	250,500	27,110	2,020E-03	233,700	17,453	1,350E-03	32,000	2,834	2,242E-04
49	208,119	22,524	1,994E-03	228,437	17,060	1,368E-03	29,206	2,587	2,161E-04
55	257,117	27,826	1,998E-03	266,455	19,900	1,465E-03	37,144	3,290	2,332E-04
59	170,061	18,405	2,000E-03	205,338	15,335	1,477E-03	24,670	2,185	2,366E-04
63	188,869	20,440	1,500E-03	186,106	13,899	1,182E-03	20,684	1,832	1,653E-04
66	163,850	17,733	1,611E-03	179,598	13,413	1,099E-03	19,306	1,710	1,447E-04
69	168,572	18,244	1,404E-03	172,350	12,872	1,060E-03	17,050	1,510	1,348E-04
73	166,974	18,071	1,440E-03	163,131	12,183	1,004E-03	15,040	1,332	1,157E-04
76	161,289	17,456	1,428E-03	152,886	11,418	9,622E-04	14,941	1,323	1,054E-04
80	169,351	18,328	1,400E-03	167,550	12,513	9,268E-04	13,257	1,174	1,015E-04
83	176,868	19,142	1,452E-03	172,126	12,855	9,907E-04	12,235	1,084	9,270E-05
89	199,900	21,634	1,616E-03	194,014	14,489	1,083E-03	12,447	1,102	8,650E-05
94	196,148	21,228	1,698E-03	180,088	13,449	1,112E-03	10,684	0,946	8,207E-05

236

F.4.2. Cas de la poudre d5

pH initial 4,8

Temps	[Li]	NC(Li)	NLR(Li)	[Cs]	NC(Cs)	NLR(Cs)	[Mo]	NC(Mo)	NLR(Mo)
en j	en ppb	en g.m^{-3}	en g.m^{-2}.j^{-1}	en ppb	en g.m^{-3}	en g.m^{-2}.j^{-1}	en ppb	en g.m^{-3}	en g.m^{-2}.j^{-1}
1	3381,853	366,001		2429,500	181,441		1723,706	152,676	
4	4908,768	531,252	1,005E-02	3499,500	261,352	4,984E-03	1127,989	99,910	4,236E-03
5	4013,458	434,357	1,997E-02	3082,267	230,192	8,921E-03	568,544	50,358	5,465E-03
6	3729,122	403,585	1,379E-02	3063,049	228,756	6,443E-03	456,268	40,413	1,969E-03
7	2996,527	324,299	1,568E-02	2675,179	199,789	7,976E-03	341,378	30,237	1,698E-03
8	3234,678	350,073	7,508E-03	2805,051	209,489	4,973E-03	307,812	27,264	1,003E-03
11	3073,392	332,618	9,677E-03	2632,235	196,582	5,792E-03	230,474	20,414	7,556E-04
12	3825,543	414,020	4,676E-03	3079,188	229,962	3,580E-03	241,153	21,360	5,115E-04
13	3228,876	349,445	1,507E-02	2817,664	210,430	7,453E-03	197,353	17,480	8,085E-04
14	3384,781	366,318	8,704E-03	2769,113	206,805	6,017E-03	180,919	16,025	5,649E-04
15	1772,367	191,815	1,995E-02	1481,201	110,620	1,113E-02	91,798	8,131	8,872E-04
19	2390,837	211,766	1,577E-03	2346,570	175,248	3,485E-03	115,070	10,192	2,383E-04
22	2174,385	192,594	5,863E-03	2118,419	158,209	4,852E-03	95,731	8,479	2,827E-04
26	2533,466	224,399	5,538E-03	2804,810	209,470	4,721E-03	115,369	10,219	2,461E-04
36	2557,000	226,484	6,240E-03	2196,500	164,040	4,907E-03	73,000	6,466	2,096E-04
39	2136,000	189,194	6,270E-03	2052,500	153,286	4,536E-03	71,000	6,289	1,787E-04
44	2026,000	179,451	5,121E-03	1874,500	139,993	4,091E-03	54,000	4,783	1,574E-04
49	1896,619	167,991	4,833E-03	1991,419	148,724	3,962E-03	50,919	4,510	1,292E-04
55	2470,429	218,816	5,334E-03	1735,864	129,639	3,848E-03	69,000	6,112	1,464E-04
59	1741,169	154,222	5,616E-03	2183,173	163,045	3,803E-03	64,155	5,682	1,660E-04
63	1650,220	146,166	4,207E-03	2118,057	158,182	4,472E-03	77,125	6,831	1,646E-04
69	1507,537	133,528	3,866E-03	1843,830	137,702	4,091E-03	69,206	6,130	1,792E-04
73	1489,244	131,908	3,678E-03	1842,208	137,581	3,803E-03	66,917	5,927	1,680E-04
76	1320,687	116,978	3,649E-03	1653,184	123,464	3,806E-03	57,438	5,087	1,640E-04
80	1390,174	123,133	3,273E-03	1704,354	127,286	3,436E-03	52,010	4,607	1,374E-04
83	1446,342	128,108	3,400E-03	1684,937	125,835	3,517E-03	49,291	4,366	1,273E-04
89	1355,068	120,024	3,429E-03	1664,549	124,313	3,456E-03	39,777	3,523	1,091E-04
94	1584,556	140,350	3,536E-03	1543,189	115,249	3,336E-03	34,773	3,080	9,253E-05

pH initial 7,2

Temps en j	[Li] en ppb	NC(Li) en g.m^{-3}	NLR(Li) en g.m^{-2}.j^{-1}	[Cs] en ppb	NC(Cs) en g.m^{-3}	NLR(Cs) en g.m^{-2}.j^{-1}	[Mo] en ppb	NC(Mo) en g.m^{-3}	NLR(Mo) en g.m^{-2}.j^{-1}
1	4027,556	435,883		2858,335	253,174		1839,000	162,888	
4	4043,677	437,627	1,254E-02	2779,227	246,167	7,280E-03	1090,683	96,606	4,634E-03
5	2770,124	299,797	2,020E-02	2064,948	182,901	1,057E-02	624,025	55,272	5,060E-03
6	2352,323	254,580	1,120E-02	1800,641	159,490	6,596E-03	515,471	45,657	2,138E-03
7	2002,934	216,768	9,325E-03	1596,871	141,441	5,544E-03	448,951	39,765	1,625E-03
8	1767,468	191,284	7,729E-03	1557,561	137,959	4,274E-03	429,050	38,003	1,247E-03
11	1398,698	151,374	5,469E-03	1292,651	114,495	3,949E-03	357,812	31,693	1,088E-03
12	1232,599	133,398	5,307E-03	1185,947	105,044	3,795E-03	299,493	26,527	1,185E-03
14	1054,721	114,147	4,103E-03	1048,351	92,857	3,190E-03	224,686	19,901	8,542E-04
15	1151,259	124,595	2,709E-03	1178,647	104,397	2,036E-03	216,073	19,138	6,148E-04
19	1614,500	174,729	3,976E-03	1373,500	121,656	3,139E-03	227,000	20,106	5,583E-04
22	1258,500	136,201	4,997E-03	1105,500	97,919	3,482E-03	149,000	13,198	5,731E-04
31	1177,500	127,435	3,749E-03	1053,500	93,313	2,728E-03	96,000	8,503	2,885E-04
36	1650,026	178,574	4,280E-03	1440,094	127,555	3,096E-03	122,465	10,847	2,728E-04
40	1872,904	202,695	5,327E-03	1653,500	146,457	3,818E-03	115,500	10,230	3,073E-04
44	1183,543	128,089	5,251E-03	1359,096	120,381	4,011E-03	118,293	10,478	2,963E-04
47	1413,330	152,958	3,706E-03	1537,255	136,161	3,477E-03	212,878	18,855	3,082E-04
51	1020,138	110,405	4,070E-03	1160,724	102,810	3,658E-03	148,796	13,179	4,984E-04
54	817,372	88,460	3,160E-03	1036,613	91,817	2,950E-03	105,020	9,302	3,762E-04
58	767,079	83,017	2,503E-03	980,958	86,887	2,604E-03	73,742	6,532	2,461E-04
61	1071,375	115,950	2,415E-03	1171,079	103,727	2,514E-03	157,454	13,946	1,939E-04
80	811,347	87,808	2,649E-03	850,186	75,304	2,290E-03	33,314	2,951	1,326E-04
83	509,440	55,134	2,501E-03	534,153	47,312	2,145E-03	10,667	0,945	8,331E-05
89	923,295	99,924	2,249E-03	940,193	83,277	1,893E-03	18,216	1,613	3,708E-05
94	1172,534	126,898	3,199E-03	1018,731	90,233	2,480E-03	16,604	1,471	4,472E-05

pH initial 9,8

Temps en j	[Li] en ppb	NC(Li) en g.m^{-3}	NLR(Li) en g.m^{-2}.j^{-1}	[Cs] en ppb	NC(Cs) en g.m^{-3}	NLR(Cs) en g.m^{-2}.j^{-1}	[Mo] en ppb	NC(Mo) en g.m^{-3}	NLR(Mo) en g.m^{-2}.j^{-1}
1	2368,432	256,324		1479,461	110,490		1120,635	99,259	
4	2724,028	294,808	7,068E-03	1838,666	137,316	3,043E-03	835,382	73,993	2,751E-03
5	1861,885	201,503	1,324E-02	1404,061	104,859	5,565E-03	484,629	42,926	3,740E-03
6	1740,929	188,412	6,327E-03	1270,846	94,910	3,475E-03	402,162	35,621	1,610E-03
7	1296,717	140,337	7,954E-03	1101,966	82,298	3,343E-03	325,897	28,866	1,370E-03
8	1310,434	141,822	3,793E-03	987,221	73,728	2,756E-03	280,135	24,813	1,026E-03
11	1100,488	119,100	3,926E-03	845,225	63,124	2,041E-03	211,525	18,736	6,876E-04
14	1029,834	111,454	3,295E-03	806,441	60,227	1,745E-03	172,486	15,278	5,195E-04
15	941,358	101,879	3,618E-03	789,577	58,968	1,735E-03	163,924	14,519	4,648E-04
16	953,693	103,214	2,739E-03	742,560	55,456	1,827E-03	148,355	13,140	4,788E-04
17	748,926	81,053	4,099E-03	585,528	43,729	2,192E-03	117,762	10,431	5,156E-04
19	662,515	71,701	2,367E-03	626,955	46,823	1,166E-03	109,317	9,683	2,984E-04
22	629,197	68,095	1,983E-03	601,238	44,902	1,295E-03	97,031	8,594	2,682E-04
26	497,571	53,850	1,784E-03	495,832	37,030	1,187E-03	73,219	6,485	2,230E-04
29	459,194	49,696	1,491E-03	465,348	34,753	1,025E-03	69,640	6,168	1,794E-04
36	587,500	63,582	1,595E-03	440,700	32,913	9,307E-04	83,000	7,352	1,893E-04
39	660,500	71,483	1,754E-03	472,700	35,302	9,084E-04	77,000	6,820	2,033E-04
44	281,500	30,465	1,530E-03	235,700	17,603	7,834E-04	32,000	2,834	1,452E-04
49	387,528	41,940	9,660E-04	370,508	27,671	5,954E-04	48,898	4,331	9,453E-05
55	442,817	47,924	1,240E-03	402,225	30,039	7,967E-04	53,490	4,738	1,252E-04
59	323,420	35,002	1,238E-03	330,458	24,679	7,943E-04	37,316	3,305	1,214E-04
63	309,741	33,522	9,571E-04	332,506	24,832	6,828E-04	34,714	3,075	8,978E-05
66	261,837	28,337	9,279E-04	282,149	21,072	6,873E-04	28,592	2,532	8,513E-05
69	268,808	29,092	7,826E-04	283,118	21,144	5,821E-04	29,000	2,569	6,995E-05
73	249,847	27,040	7,901E-04	257,535	19,233	5,714E-04	23,235	2,058	6,757E-05
76	228,820	24,764	7,478E-04	250,898	18,738	5,315E-04	23,227	2,057	5,685E-05
80	234,625	17,522	5,096E-04	253,710	18,948	5,190E-04	22,776	2,017	5,657E-05
83	201,861	15,075	4,849E-04	228,858	17,092	5,241E-04	17,112	1,516	5,591E-05
89	217,427	16,238	4,323E-04	238,710	17,827	4,822E-04	16,602	1,471	4,126E-05
94	259,361	19,370	4,825E-04	227,921	17,022	4,838E-04	14,000	1,240	3,813E-05

F.5. Concentrations en silicium en ppm lors des expériences d'altération du verre SON 68, en mode dynamique à 50°C, par une solution enrichie en silicium (120 ppm), bore (380 ppm) et sodium (1015 ppm) de pH initial 4,8 ; 7,2 ou 9,8

Temps (j)	pH initial 4,8			Temps (j)	pH initial 7,2			Temps (j)	pH initial 9,8	
	d20	d5	lame		d20	d5	lame		d20	lame
1	112,651	112,505	116,637	0,7	126,620	124,890	125,410	3	119,265	122,317
2	116,294	115,361	118,026	1,8	122,410	125,378	120,335	5	114,050	123,250
3	113,346	116,519	125,932	2,7	125,944	122,604	126,346	11	116,848	117,966
4		117,440	126,381	3,7	124,107	122,302	124,469	19	119,635	122,312
7		117,980	124,946	7,7	114,950	113,587	115,275	24	116,898	121,532
8		119,586	126,342	10,7	113,320	112,116	112,116	26	121,251	123,272
9	120,497	116,408	126,706	13,7	107,065	107,490	107,490	33	122,392	122,819
11	129,448	116,517	123,403	14,7	111,736	108,201	108,201	42	119,455	124,593
14	124,077	117,738	117,762	17,7	105,560	107,284	107,284			
16	115,657	127,069	118,173	21,9	107,390	105,657	121,346			
17	118,714		120,845	27,9	116,344	97,287	110,316			
18	114,771	121,314	122,218	31,7	112,409	108,412	122,132			
21	129,722	118,771	119,859	36,7	114,911	110,058	120,677			
23	124,912	117,767	117,935	39,7	108,223	101,462	115,912			
24	119,635		118,576	44,7	119,767	113,105	121,560			
25	134,856	121,813	116,705							
28	125,404	121,867	117,446							
29	126,758	113,498	123,832							
30	127,899	111,268	122,502							
50	119,280	118,780	115,540							
53	120,040	119,240	118,360							
56	119,596	118,360	117,680							

F.6. Concentrations en silicium en ppm lors des expériences d'altération du verre SON 68, en mode dynamique à 90°C, par une solution enrichie en silicium (120 ppm), bore (380 ppm) et sodium (1015 ppm) de pH initial 4,8 ; 7,2 ou 9,8

Temps	pH initial 4,8			Temps	pH initial 7,2			Temps	pH initial 9,8	
(j)	d20	d5	lame	(j)	d20	d5	lame	(j)	d20	lame
1	120,500		112,159	1	115,892	130,819	124,487	1	111,743	118,158
7	120,299	115,687	118,701	5	130,984	124,268	138,653	2	117,275	124,608
12	128,564	120,087	116,298	7	122,687	123,426	130,267	3	117,553	114,990
15	131,594	132,000	113,626	9	120,795	128,942	152,408	4	117,731	112,077
19	122,985	112,095	108,871	12	126,317	133,042	132,751	7	118,629	113,200
21	127,773	125,565	111,946	15	127,027	129,564	134,973	8	117,811	114,208
27	127,713	133,157	129,055	18	132,575	132,839	122,431	9	111,514	122,277
30	126,920	102,731	134,297	21	124,874	125,857	130,185	10	113,981	128,824
37	133,821	127,136	135,626	26	120,664	139,776	134,601	11	118,844	124,816
41	125,303	128,736	123,098	30	127,627	126,523	130,870	14	119,655	130,692
				37	125,992	123,206	132,422	18	119,091	129,396
								21	118,602	126,142
								25	117,561	128,803
								29	130,000	132,651
								32	126,417	126,521
								36	122,554	117,524
								39	126,357	123,957
								43	114,000	118,580
								46	123,086	119,360
								50	125,273	136,015

F.7. Concentrations en silicium en ppm lors des expériences d'altération du verre SON 68, en mode dynamique à 90°C, par une solution enrichie en silicium (240 ppm), bore (380 ppm) et sodium (1015 ppm) de pH initial 4,8 ; 7,2 ou 9,8

Temps	pH initial 4,8		Temps	pH initial 7,2		Temps	pH initial 9,8	
(j)	d20	d5	(j)	d20	d5	(j)	d20	d5
1	236,068	229,223	5	237,398	226,093	1	244,941	229,124
4	225,496	244,727	6	223,107	231,704	4	226,635	229,478
5	224,215	246,700	7	232,854	227,083	5	268,722	245,216
6	247,723	259,555	8	244,346	235,855	6		226,116
7	245,248	253,321	11	249,769	232,982	7	258,134	248,000
8	242,951	248,037	12	261,808	247,925	8	246,654	234,642
11	249,385	233,725	19	284,846	253,615	11	253,891	235,115
12	241,714	244,881	22	252,943	250,515	12	258,964	0,000
13	250,654	249,766	27	229,490	233,472	13	259,893	229,181
14	263,738	249,735	46	215,373	233,746	14	244,857	231,810
19	243,646	224,088	53	243,107	221,854	19	230,073	246,302
22	235,252	221,628	63	239,301	226,468	22	267,339	230,264
26	241,757	223,286	70	246,412	222,488	26	260,518	256,355
29	231,215	230,255	77	258,432	229,592	29	261,321	230,815
32	248,934	228,222	83	224,213	225,787	32	266,932	241,434
37	239,168	231,843				37	259,346	246,222
46	243,010	243,030				46	248,078	226,604
53	248,485	232,720				53	263,459	258,038
63	237,596	226,950				63	262,763	249,296
70	232,282	245,961				70	263,654	259,927
77	240,162	241,864				77	238,853	232,750
83	242,112	230,680				83	250,913	252,723

ANNEXE G : ANALYSE DU SOLIDE PAR SPECTROSCOPIE INFRAROUGE LORS DES EXPERIENCES D'ALTERATION DU VERRE SON 68 EN MODE DYNAMIQUE

G.1. Expériences d'altération du verre SON 68, en mode dynamique à 50°C, par une solution enrichie en silicium (120 ppm), bore (380 ppm) et sodium (1015 ppm) de pH initial 4,8, 7,2 ou 9,8.

G.1.1. Exemple de la poudre d20 du verre SON 68

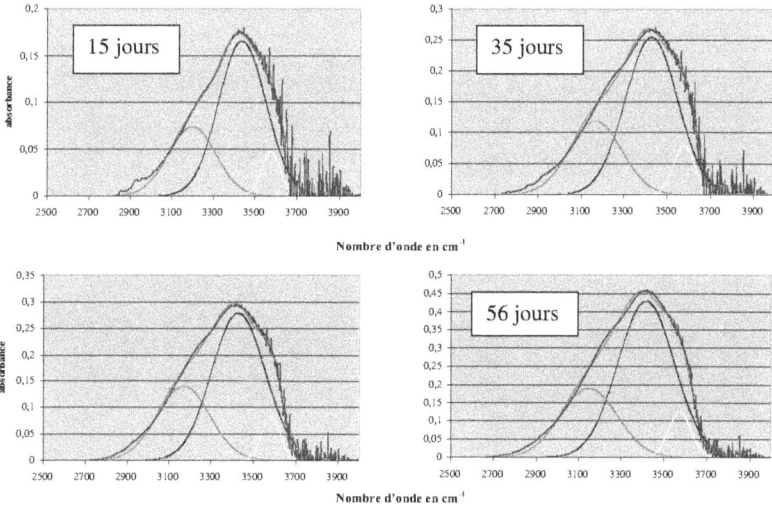

Spectres IRTF lors de l'altération, en mode dynamique (0,6 mL.h^{-1}) à 50°C, de la poudre d20 du verre SON 68 par une solution enrichie en Si (120 ppm), B et Na de pH initial 4.8.

Temps	$(H_2O)_I$			$(H_2O)_{I\&II}$			SiOH		
(j)	$\bar{\nu}$	A	1/2	$\bar{\nu}$	A	1/2	$\bar{\nu}$	A	1/2
15	3197	0,074	269	3437	0,165	269	3575	0,047	105
35	3167	0,116	293	3430	0,254	294	3580	0,072	109
49	3170	0,140	299	3432	0,278	300	3586	0,083	102
56	3148	0,190	313	3416	0,428	313	3575	0,125	123

Valeurs des nombres d'onde en cm^{-1}, des absorbances et des largeurs à mi-hauteur pour les pics déconvolués lors de l'altération, en mode dynamique (0,6 mL.h^{-1}) à 50°C, de la poudre d20 du verre SON 68 par une solution enrichie en Si (120 ppm), B et Na de pH initial 4,8.

Temps (j)	Concentration en eau	Concentration en silanol	Concentration en hydrogène
15	4,033E-03	1,912E-03	9,979E-03
35	7,125E-03	3,182E-03	1,743E-02
49	7,994E-03	3,353E-03	1,934E-02
56	1,324E-02	5,045E-03	3,152E-02

Concentrations (mol.m^{-2} de verre) en eau, en silanol, en hydrogène déterminées en IRTF lors de l'altération, en mode dynamique (0,6 mL.h^{-1}) à 50°C, de la poudre d20 du verre SON 68 par une solution enrichie en Si (120 ppm), B et Na de pH initial 4,8.

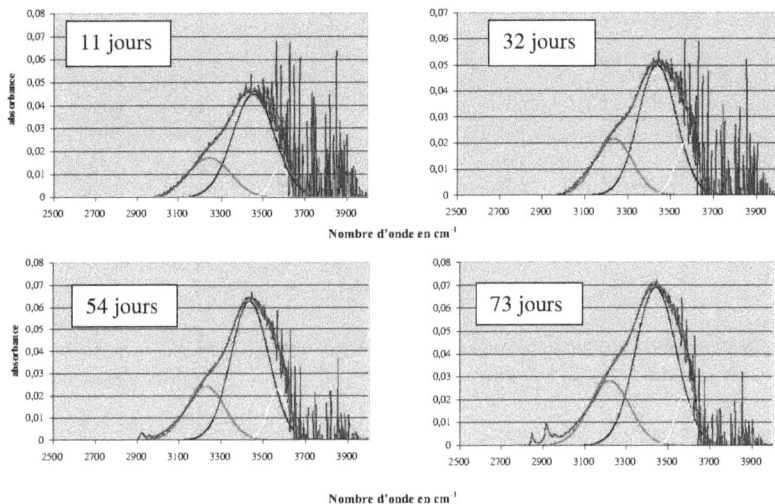

Spectres IRTF lors de l'altération, en mode dynamique (0,6 mL.h⁻¹) à 50°C, de la poudre d20 du verre SON 68 par une solution enrichie en Si (120 ppm), B et Na de pH initial 9,8.

Temps	(H₂O)ᵢ			(H₂O)ᵢ&ᵢᵢ			SiOH		
(j)	v̄	A	1/2	v̄	A	1/2	v̄	A	1/2
11	3247	0,017	236	3456	0,045	235	3583	0,013	99
32	3234	0,022	208	3438	0,049	208	3571	0,020	114
54	3228	0,024	211	3436	0,062	211	3567	0,023	106
73	3221	0,028	230	3442	0,069	229	3576	0,021	96

Valeurs des nombres d'onde en cm⁻¹, des absorbances et des largeurs à mi-hauteur pour les pics déconvolués lors de l'altération, en mode dynamique (0,6 mL.h⁻¹) à 50°C, de la poudre d20 par une solution enrichie en Si (120 ppm), B et Na de pH initial 9,8.

Temps (j)	Concentration en eau	Concentration en silanol	Concentration en hydrogène
54	3,327E-06	6,936E-06	1,359E-05
73	4,966E-06	6,409E-06	1,634E-05

Concentrations (mol.m⁻² de verre) en eau, en silanol, en hydrogène déterminées en IRTF lors de l'altération, en mode dynamique (0,6 mL.h⁻¹) à 50°C, de la poudre d20 du verre SON 68 par une solution enrichie en Si (120 ppm), B et Na de pH initial 9,8.

G.1.2. Exemple de la poudre d5 du verre SON 68

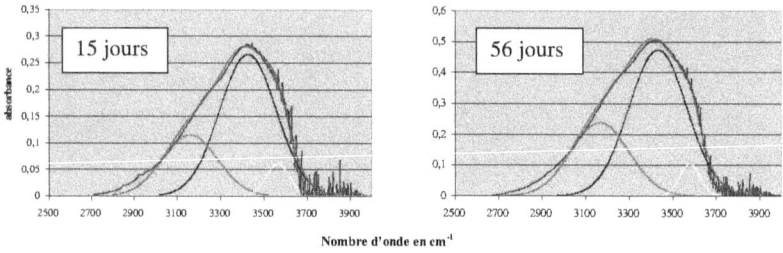

Spectres IRTF lors de l'altération, en mode dynamique (0,6 mL.h^{-1}) à 50°C, de la poudre d5 du verre SON 68 par une solution enrichie en Si (120 ppm), B et Na de pH initial 4,8.

Temps (j)	(H$_2$O)$_I$			(H$_2$O)$_{I\&II}$			SiOH		
	$\bar{v}$	A	1/2	$\bar{v}$	A	1/2	$\bar{v}$	A	1/2
15	3161	0,115	309	3428	0,266	309	3566	0,061	126
56	3167	0,238	312	3432	0,474	309	3579	0,104	112

Valeurs des nombres d'onde en cm^{-1}, des absorbances et des largeurs à mi-hauteur pour les pics déconvolués lors de l'altération, en mode dynamique (0,6 mL.h^{-1}) à 50°C, de la poudre d5 par une solution enrichie en Si (120 ppm), B et Na de pH initial 4,8.

Temps (j)	Concentration en eau	Concentration en silanol	Concentration en hydrogène
15	3,634E-04	1,187E-04	8,454E-04
56	7,129E-04	2,030E-04	1,629E-03

Concentrations (mol.m^{-2} de verre) en eau, en silanol, en hydrogène déterminées en IRTF lors de l'altération, en mode dynamique (0,6 mL.h^{-1}) à 50°C, de la poudre d5 du verre SON 68 par une solution enrichie en Si (120 ppm), B et Na de pH initial 4,8.

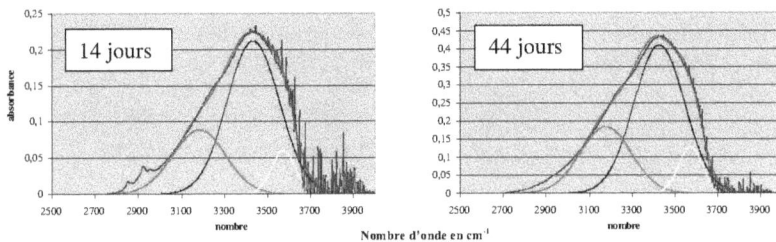

Spectres IRTF lors de l'altération, en mode dynamique (0,6 mL.h⁻¹) à 50°C, de la poudre d5 du verre SON 68 par une solution enrichie en Si (120 ppm), B et Na de pH initial 7,2.

Temps	(H₂O)ᵢ			(H₂O)ᵢ&ᵢᵢ			SiOH		
(j)	v̄	A	1/2	v̄	A	1/2	v̄	A	1/2
14	3181	0,089	288	3432	0,212	287	3573	0,060	132
44	3176	0,184	281	3426	0,409	281	3573	0,128	133

Valeurs des nombres d'onde en cm⁻¹, des absorbances et des largeurs à mi-hauteur pour les pics déconvolués lors de l'altération, en mode dynamique (0,6 mL.h⁻¹) à 50°C, de la poudre d5 par une solution enrichie en Si (120 ppm), B et Na de pH initial 7,2.

Temps (j)	Concentration en eau	Concentration en silanol	Concentration en hydrogène
14	2,721E-08	1,163E-08	6,605E-08
44	6,048E-08	2,491E-08	1,459E-07

Concentrations (mol.m⁻² de verre) en eau, en silanol, en hydrogène déterminées en IRTF lors de l'altération, en mode dynamique (0,6 mL.h⁻¹) à 50°C, de la poudre d5 du verre SON 68 par une solution enrichie en Si (120 ppm), B et Na de pH initial 7,2.

247

G.1.3. Exemple de la lame du verre SON 68

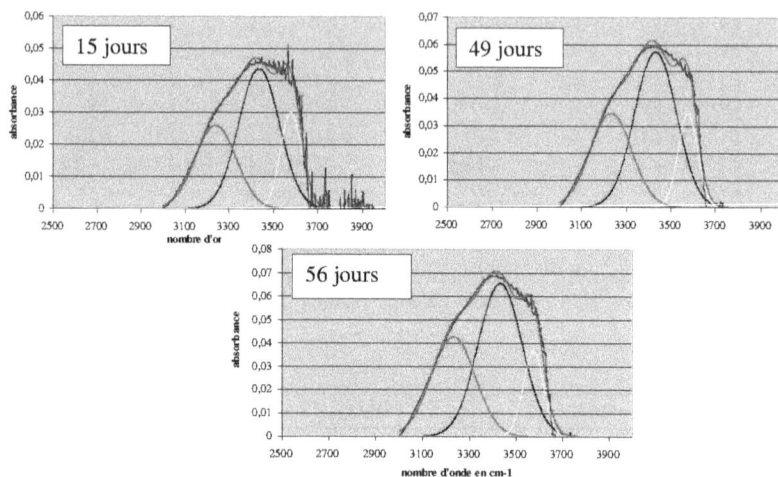

Spectres IRTF lors de l'altération, en mode dynamique (0,6 mL.h^{-1}) à 50°C, de la lame du verre SON 68 par une solution enrichie en Si (120 ppm), B et Na de pH initial 4,8.

Temps (j)	(H$_2$O)$_I$			(H$_2$O)$_{I\&II}$			SiOH		
	$\bar{\nu}$	A	1/2	$\bar{\nu}$	A	1/2	$\bar{\nu}$	A	1/2
15	3238,62	0,0261	217,88	3434,75	0,0438	217,88	3578,65	0,0300	111,83
49	3231,82	0,0346	221,74	3431,70	0,0573	220,77	3576,59	0,0346	106,05
56	3230,22	0,0428	222,70	3432,18	0,0656	223,67	3575,72	0,0365	104,12

Valeurs des nombres d'onde en cm^{-1}, des absorbances et des largeurs à mi-hauteur pour les pics déconvolués lors de l'altération, en mode dynamique (0,6 mL.h^{-1}) à 50°C, de la lame du verre SON 68 par une solution enrichie en Si (120 ppm), B et Na de pH initial 4,8.

Temps (j)	Concentration en eau	Concentration en silanol	Concentration en hydrogène
15	5,407E-03	4,293E-03	1,511E-02
49	7,080E-03	4,939E-03	1,910E-02
56	8,099E-03	5,209E-03	2,141E-02

Concentrations (mol.m^{-2} de verre) en eau, en silanol, en hydrogène déterminées en IRTF lors de l'altération, en mode dynamique (0,6 mL.h^{-1}) à 50°C, de la lame du verre SON 68 par une solution enrichie en Si (120 ppm), B et Na de pH initial 4,8.

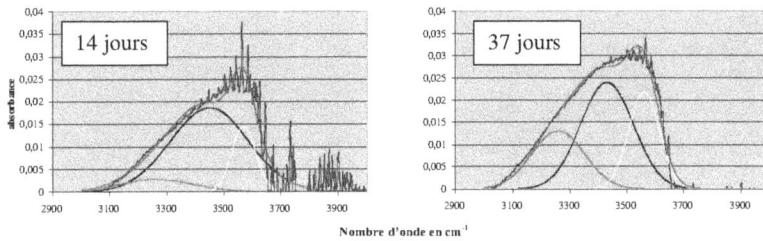

Spectres IRTF lors de l'altération, en mode dynamique (0,6 mL.h⁻¹) à 50°C, de la lame du verre SON 68 par une solution enrichie en Si (120 ppm), B et Na de pH initial 7,2.

Temps	$(H_2O)_I$			$(H_2O)_{I\&II}$			SiOH		
(j)	$\bar{v}$	A	1/2	$\bar{v}$	A	1/2	$\bar{v}$	A	1/2
14	3264	0,003	302	3449	0,019	224	3571	0,014	100
37	3260	0,013	218	3430	0,024	217	3561	0,022	128

Valeurs des nombres d'onde en cm⁻¹, des absorbances et des largeurs à mi-hauteur pour les pics déconvolués lors de l'altération, en mode dynamique (0,6 mL.h⁻¹) à 50°C, de la lame du verre SON 68 par une solution enrichie en Si (120 ppm), B et Na de pH initial 7,2.

Temps (j)	Concentration en eau	Concentration en silanol	Concentration en hydrogène
14	2,297E-03	2,008E-03	6,602E-03
37	2,970E-03	3,113E-03	9,053E-03

Concentrations (mol.m⁻² de verre) en eau, en silanol, en hydrogène déterminées en IRTF lors de l'altération, en mode dynamique (0,6 mL.h⁻¹) à 50°C, de la lame du verre SON 68 par une solution enrichie en Si (120 ppm), B et Na de pH initial 7,2.

G.2. Expériences d'altération du verre SON 68, en mode dynamique à 90°C, par une solution enrichie en silicium (120 ppm), bore (380 ppm) et sodium (1015 ppm) de pH initial 4,8 ou 7,2 ou 9,8.

G.2.1. Exemple de la poudre d20 du verre SON 68

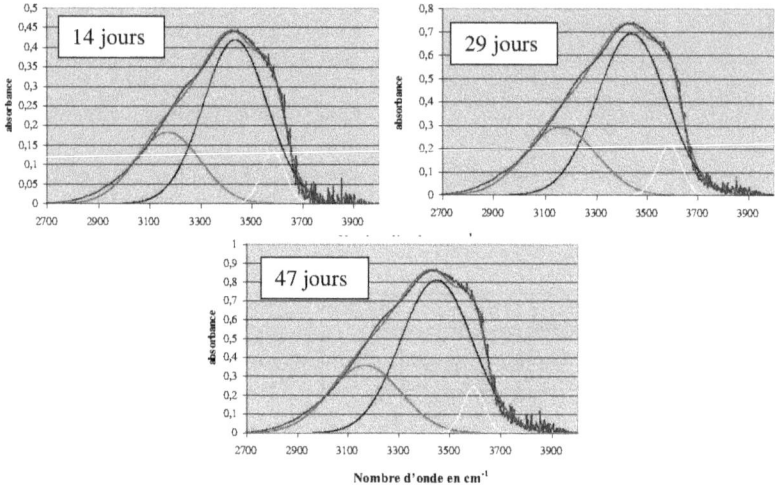

Spectres IRTF lors de l'altération, en mode dynamique (0,6 mL.h^{-1}) à 90°C, de la poudre d20 du verre SON 68 par une solution enrichie en Si (120 ppm), B et Na de pH initial 4,8.

Temps	(H$_2$O)$_I$			(H$_2$O)$_{I\&II}$			SiOH		
(j)	$\bar{\nu}$	A	1/2	$\bar{\nu}$	A	1/2	$\bar{\nu}$	A	1/2
14	3171	0,183	297	3435	0,419	297	3584	0,132	111
29	3160	0,293	322	3437	0,694	322	3587	0,217	111
47	3167	0,359	330	3447	0,812	330	3593	0,244	101

Valeurs des nombres d'onde en cm^{-1}, des absorbances et des largeurs à mi-hauteur pour les pics déconvolués lors de l'altération, en mode dynamique (0,6 mL.h^{-1}) à 90°C, de la poudre d20 du verre SON 68 par une solution enrichie en Si (120 ppm), B et Na de pH initial 4,8.

Temps (j)	Concentration en eau	Concentration en silanol	Concentration en hydrogène
14	1,707E-03	7,054E-04	4,119E-03
29	2,977E-03	1,160E-03	7,114E-03
47	3,523E-03	1,304E-03	8,350E-03

Concentrations (mol.m^{-2} de verre) en eau, en silanol, en hydrogène déterminées en IRTF lors de l'altération, en mode dynamique (0,6 mL.h^{-1}) à 90°C, de la poudre d20 du verre SON 68 par une solution enrichie en Si (120 ppm), B et Na de pH initial 4,8.

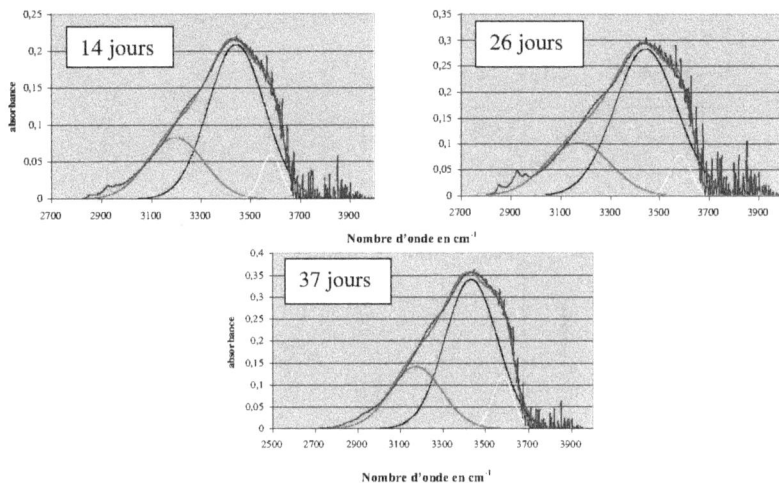

Spectres IRTF lors de l'altération, en mode dynamique (0,6 mL.h⁻¹) à 90°C, de la poudre d20 du verre SON 68 par une solution enrichie en Si (120 ppm), B et Na de pH initial 7,2.

Temps	$(H_2O)_I$			$(H_2O)_{I\&II}$			SiOH		
(j)	$\bar{\nu}$	A	1/2	$\bar{\nu}$	A	1/2	$\bar{\nu}$	A	1/2
14	3196	0,083	269	3442	0,209	268	3582	0,060	96
26	3170	0,102	300	3442	0,283	301	3584	0,079	99
37	3173	0,141	288	3432	0,340	289	3580	0,118	113

Valeurs des nombres d'onde en cm⁻¹, des absorbances et des largeurs à mi-hauteur pour les pics déconvolués lors de l'altération, en mode dynamique (0,6 mL.h⁻¹) à 90°C, de la poudre d20 du verre SON 68 par une solution enrichie en Si (120 ppm), B et Na de pH initial 7,2.

Temps (j)	Concentration en eau	Concentration en silanol	Concentration en hydrogène
14	6,873E-04	3,197E-04	1,694E-03
26	1,034E-03	4,240E-04	2,491E-03
37	1,293E-03	6,337E-04	3,220E-03

Concentrations (mol.m⁻² de verre) en eau, en silanol, en hydrogène déterminées en IRTF lors de l'altération, en mode dynamique (0,6 mL.h⁻¹) à 90°C, de la poudre d20 du verre SON 68 par une solution enrichie en Si (120 ppm), B et Na de pH initial 7,2.

251

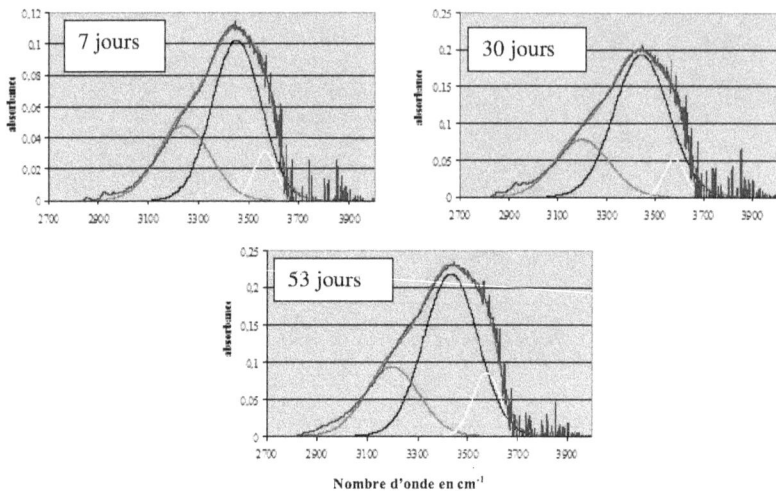

Spectres IRTF lors de l'altération, en mode dynamique (0,6 mL.h^{-1}) à 90°C, de la poudre d20 du verre SON 68 par une solution enrichie en Si (120 ppm), B et Na de pH initial 9,8.

Temps	$(H_2O)_I$			$(H_2O)_{I\&II}$			SiOH		
(j)	$\bar{v}$	A	1/2	$\bar{v}$	A	1/2	$\bar{v}$	A	1/2
7	3241	0,048	250	230	0,102	230	3566	0,031	106
30	3199	0,078	266	266	0,192	266	3581	0,052	104
53	3200	0,093	254	254	0,218	254	3576	0,086	131

Valeurs des nombres d'onde en cm^{-1}, des absorbances et des largeurs à mi-hauteur pour les pics déconvolués lors de l'altération, en mode dynamique (0,6 mL.h^{-1}) à 90°C, de la poudre d20 du verre SON 68 par une solution enrichie en Si (120 ppm), B et Na de pH initial 9,8.

Temps (j)	Concentration en eau	Concentration en silanol	Concentration en hydrogène
7	2,407E-04	1,662E-04	6,475E-04
30	6,592E-04	2,804E-04	1,599E-03
53	7,787E-04	4,583E-04	2,016E-03

Concentrations (mol.m^{-2} de verre) en eau, en silanol, en hydrogène déterminées en IRTF lors de l'altération, en mode dynamique (0,6 mL.h^{-1}) à 90°C, de la poudre d20 du verre SON 68 par une solution enrichie en Si (120 ppm), B et Na de pH initial 9,8.

G.2.2. Exemple de la poudre d5 du verre SON 68

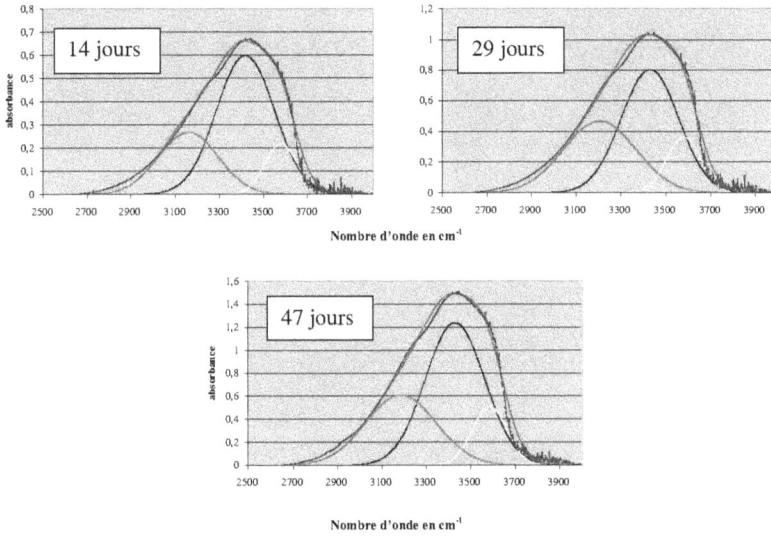

Evolution des spectres IRTF lors de l'altération, en mode dynamique (0,6 mL.h^{-1}) à 90°C, de la poudre d5 du verre SON 68 par une solution enrichie en Si (120 ppm), B, Na de pH initial 4,8.

Temps	(H$_2$O)$_I$			(H$_2$O)$_{I\&II}$			SiOH		
(j)	$\bar{v}$	A	1/2	$\bar{v}$	A	1/2	$\bar{v}$	A	1/2
14	3160	0,267	319	3418	0,600	310	3579	0,217	174
29	3205	0,466	378	3429	0,812	301	3579	0,364	182
47	3186	0,608	373	3429	1,240	313	3585	0,508	183

Valeurs des nombres d'onde en cm^{-1}, des absorbances et des largeurs à mi-hauteur pour les pics déconvolués lors de l'altération, en mode dynamique (0,6 mL.h^{-1}) à 90°C, de la poudre d5 du verre SON 68 par une solution enrichie en Si (120 ppm), B, Na de pH initial 4,8.

Temps (j)	Concentration en eau	Concentration en silanol	Concentration en hydrogène
14	9,180E-04	4,231E-04	2,259E-03
29	1,283E-03	7,084E-04	3,274E-03
47	2,001E-03	9,893E-04	4,992E-03

Concentrations (mol.m^{-2} de verre) en eau, en silanol, en hydrogène déterminées en IRTF lors de l'altération, en mode dynamique (0,6 mL.h^{-1}) à 90°C, de la poudre d5 du verre SON 68 par une solution enrichie en Si (120 ppm), B, Na de pH initial 4,8.

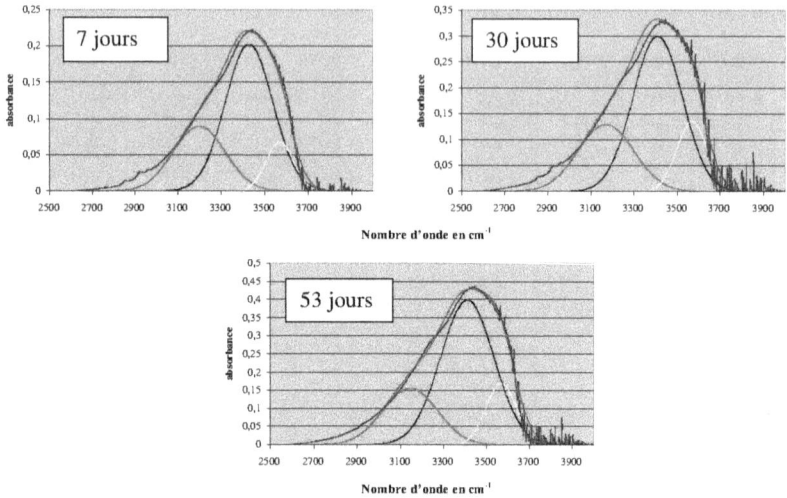

Spectres IRTF lors de l'altération, en mode dynamique (0,6 mL.h^{-1}) à 90°C, de la poudre d5 du verre SON 68 par une solution enrichie en Si (120 ppm), B, Na de pH initial 9,8.

Temps	$(H_2O)_I$			$(H_2O)_{I\&II}$			SiOH		
(j)	$\bar{\nu}$	A	1/2	$\bar{\nu}$	A	1/2	$\bar{\nu}$	A	1/2
7	3199	0,089	282	3429	0,202	258	3570	0,068	148
30	3170	0,130	305	3410	0,299	271	3570	0,135	167
53	3146	0,156	295	3411	0,398	295	3569	0,169	166

Valeurs des nombres d'onde en cm^{-1}, des absorbances et des largeurs à mi-hauteur pour les pics déconvolués lors de l'altération, en mode dynamique (0,6 mL.h^{-1}) à 90°C, de la poudre d5 du verre SON 68 par une solution enrichie en Si (120 ppm), B, Na de pH initial 9,8.

Temps (j)	Concentration en eau	Concentration en silanol	Concentration en hydrogène
7	2,565E-04	1,316E-04	6,446E-04
30	4,195E-04	2,634E-04	1,102E-03
53	5,862E-04	3,289E-04	1,501E-03

Concentrations (mol.m^{-2} de verre) en eau, en silanol, en hydrogène déterminées en IRTF lors de l'altération, en mode dynamique (0,6 mL.h^{-1}) à 90°C, de la poudre d5 du verre SON 68 par une solution enrichie en Si (120 ppm), B, Na de pH initial 9,8.

G.2.3. Exemple de la lame du verre SON 68

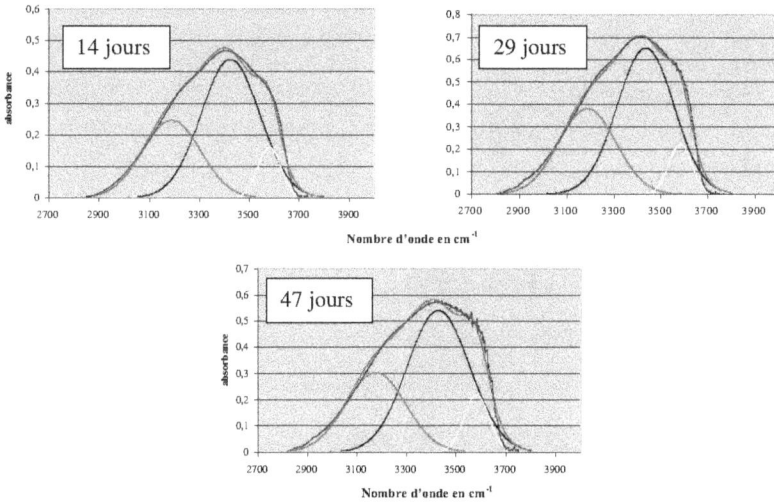

Spectres IRTF lors de l'altération, en mode dynamique (0,6 mL.h^{-1}) à 90°C, de la lame du verre SON 68 par une solution enrichie en Si (120 ppm), B et Na de pH initial 4,8.

Temps	(H$_2$O)$_I$			(H$_2$O)$_{I\&II}$			SiOH		
(j)	$\bar{v}$	A	1/2	$\bar{v}$	A	1/2	$\bar{v}$	A	1/2
14	3187	0,246	272	3424	0,440	272	3580	0,160	112
29	3187	0,381	284	3433	0,652	284	3581	0,222	115
47	3176	0,303	285	3429	0,541	297	3583	0,217	119

Valeurs des nombres d'onde en cm^{-1}, des absorbances et des largeurs à mi-hauteur pour les pics déconvolués lors de l'altération, en mode dynamique (0,6 mL.h^{-1}) à 90°C, de la lame du verre SON 68 par une solution enrichie en Si (120 ppm), B et Na de pH initial 4,8.

Temps (j)	Concentration en eau	Concentration en silanol	Concentration en hydrogène
14	5,433E-02	2,289E-02	1,315E-01
29	8,052E-02	3,175E-02	1,928E-01
47	6,685E-02	3,103E-02	1,647E-01

Concentrations (mol.m^{-2} de verre) en eau, en silanol, en hydrogène déterminées en IRTF lors de l'altération, en mode dynamique (0,6 mL.h^{-1}) à 90°C, de la lame du verre SON 68 par une solution enrichie en Si (120 ppm), B et Na de pH initial 4,8.

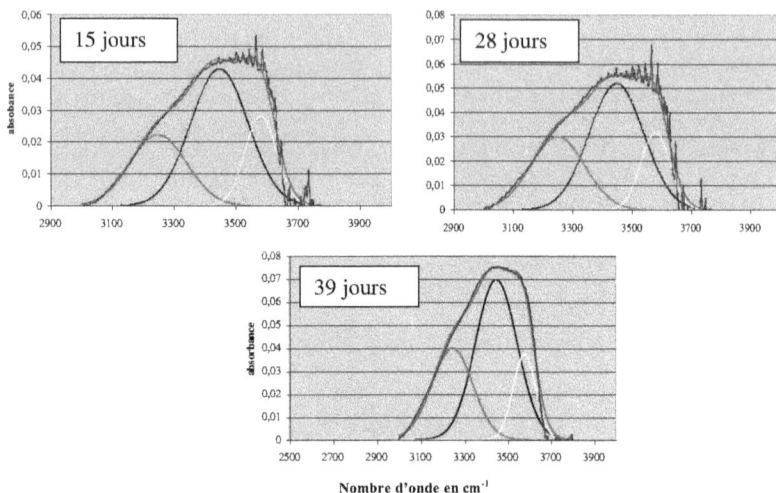

Spectres IRTF lors de l'altération, en mode dynamique (0,6 mL.h^{-1}) à 90°C, de la lame du verre SON 68 par une solution enrichie en Si (120 ppm), B et Na de pH initial 7,2.

Temps	(H$_2$O)$_I$			(H$_2$O)$_{I\&II}$			SiOH		
(j)	$\bar{\nu}$	A	1/2	$\bar{\nu}$	A	1/2	$\bar{\nu}$	A	1/2
15	3249	0,022	216	3447	0,043	219	3581	0,028	121
28	3249	0,030	214	3447	0,052	218	3578	0,032	118
39	3246	0,040	224	3449	0,069	228	3579	0,037	124

Tableau : Valeurs des nombres d'onde en cm^{-1}, des absorbances et des largeurs à mi-hauteur pour les pics déconvolués lors de l'altération, en mode dynamique (0,6 mL.h^{-1}) à 90°C, de la lame du verre SON 68 par une solution enrichie en Si (120 ppm), B et Na de pH initial 7,2.

Temps (j)	Concentration en eau	Concentration en silanol	Concentration en hydrogène
15	5,310E-03	4,028E-03	1,465E-02
28	6,408E-03	4,526E-03	1,734E-02
39	8,588E-03	5,298E-03	2,247E-02

Concentrations (mol.m^{-2} de verre) en eau, en silanol, en hydrogène déterminées en IRTF lors de l'altération en mode dynamique (0,6 mL.h^{-1}) à 90°C de la lame du verre SON 68 par une solution enrichie en Si (120 ppm), B et Na de pH initial 7,2.

G.3. Expériences d'altération du verre SON 68, en mode dynamique à 90°C, par une solution enrichie en silicium (120 ppm), bore (380 ppm) et sodium (1015 ppm) de pH initial 4,8 ; 7,2 ou 9,8

256

G.3.1. Exemple de la poudre d20 du verre SON 68

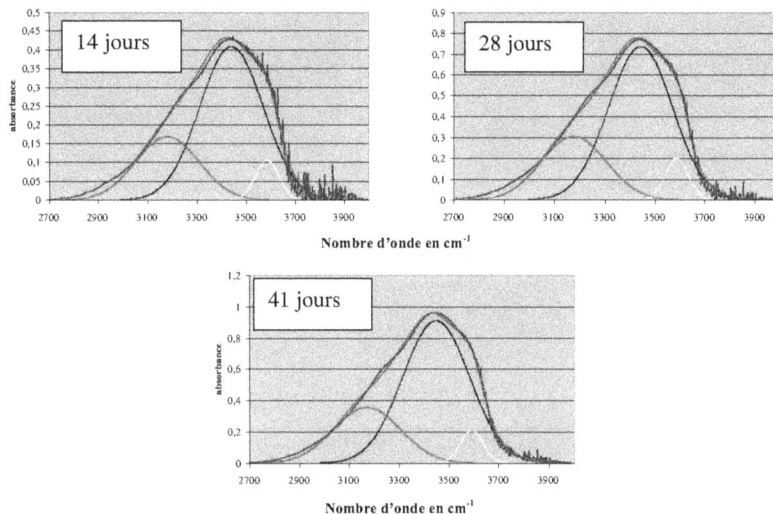

Spectres IRTF lors de l'altération, en mode dynamique (0,6 mL.h^{-1}) à 90°C, de la poudre d20 du verre SON 68 par une solution enrichie en Si (240 ppm), B et Na de pH initial 7,2.

Temps	(H$_2$O)$_I$			(H$_2$O)$_{I\&II}$			SiOH		
(j)	$\bar{\nu}$	A	1/2	$\bar{\nu}$	A	1/2	$\bar{\nu}$	A	1/2
14	3180	0,168	303	3440	0,409	305	3585	0,106	113
28	3177	0,305	302	3442	0,736	303	3588	0,201	110
41	3171	0,357	316	3448	0,913	316	3591	0,209	110

Valeurs des nombres d'onde en cm^{-1}, des absorbances et des largeurs à mi-hauteur pour les pics déconvolués lors de l'altération, en mode dynamique (0,6 mL.h^{-1}) à 90°C, de la poudre d20 du verre SON 68 par une solution enrichie en Si (240 ppm), B et Na de pH initial 4,8.

Temps (j)	Concentration en eau	Concentration en silanol	Concentration en hydrogène
14	1,660E-03	5,690E-04	3,890E-03
28	3,177E-03	1,075E-03	7,429E-03
41	3,991E-03	1,121E-03	9,102E-03

Concentrations (mol.m^{-2} de verre) en eau, en silanol, en hydrogène déterminées en IRTF lors de l'altération, en mode dynamique (0,6 mL.h^{-1}) à 90°C, de la poudre d20 du verre SON 68 par une solution enrichie en Si (240 ppm),B et Na de pH initial 4,8.

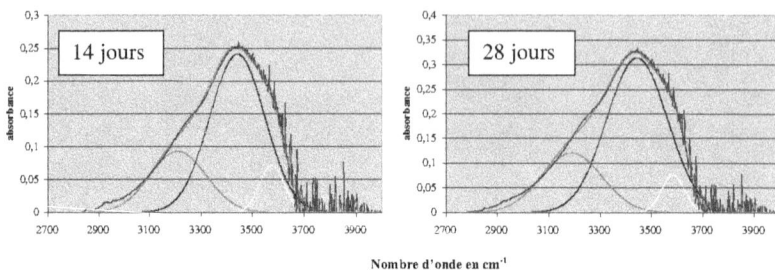

Spectres IRTF lors de l'altération, en mode dynamique (0,6 mL.h⁻¹) à 90°C, de la poudre d20 du verre SON 68 par une solution enrichie en Si (240 ppm), B et Na de pH initial 7,2.

Temps	$(H_2O)_I$			$(H_2O)_{I\&II}$			SiOH		
(j)	$\bar{v}$	A	1/2	$\bar{v}$	A	1/2	$\bar{v}$	A	1/2
14	3210	0,093	259	3441	0,093	259	3576	0,072	259
28	3189	0,120	278	3444	0,120	278	3584	0,076	278

Valeurs des nombres d'onde en cm⁻¹, des absorbances et des largeurs à mi-hauteur pour les pics déconvolués lors de l'altération, en mode dynamique (0,6 mL.h⁻¹) à 90°C, de la poudre d20 du verre SON 68 par une solution enrichie en Si (240 ppm), B et Na de pH initial 7,2.

Temps (j)	Concentration en eau	Concentration en silanol	Concentration en hydrogène
14	8,833E-04	3,863E-04	2,153E-03
28	1,221E-03	4,061E-04	2,847E-03

Concentrations (mol.m⁻² de verre) en eau, en silanol, en hydrogène déterminées en IRTF lors de l'altération, en mode dynamique (0,6 mL.h⁻¹) à 90°C, de la poudre d20 du verre SON 68 par une solution enrichie en Si (240 ppm), B et Na de pH initial 7,2.

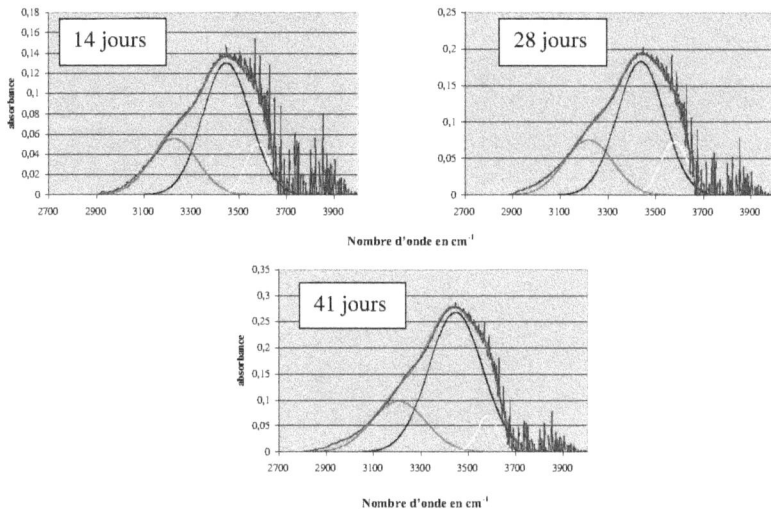

Spectres IRTF lors de l'altération, en mode dynamique (0,6 mL.h^{-1}) à 90°C, de la poudre d20 du verre SON 68 par une solution enrichie en Si (240 ppm), B et Na de pH initial 9,8.

Temps	$(H_2O)_I$			$(H_2O)_{I\&II}$			SiOH		
(j)	$\bar{\nu}$	A	1/2	$\bar{\nu}$	A	1/2	$\bar{\nu}$	A	1/2
14	3225	0,056	233	3446	0,130	234	3576	0,050	119
28	3218	0,075	239	3435	0,183	234	3577	0,072	140
41	3205	0,098	267	3446	0,268	267	3581	0,069	104

Valeurs des nombres d'onde en cm^{-1}, des absorbances et des largeurs à mi-hauteur pour les pics déconvolués lors de l'altération, en mode dynamique (0,6 mL.h^{-1}) à 90°C, de la poudre d20 du verre SON 68 par une solution enrichie en Si (240 ppm), B et Na de pH initial 9,8.

Temps (j)	Concentration en eau	Concentration en silanol	Concentration en hydrogène
14	3,710E-04	9,795E-02	1,011E-03
28	6,163E-04	1,411E-01	1,621E-03
41	1,008E-03	1,342E-01	2,385E-03

Concentrations (mol.m^{-2} de verre) en eau, en silanol, en hydrogène déterminées en IRTF lors de l'altération, en mode dynamique (0,6 mL.h^{-1}) à 90°C, de la poudre d20 du verre SON 68 par une solution enrichie en Si (240 ppm), B et Na de pH initial 9,8.

G.3.2. Exemple de la poudre d5 du verre SON 68

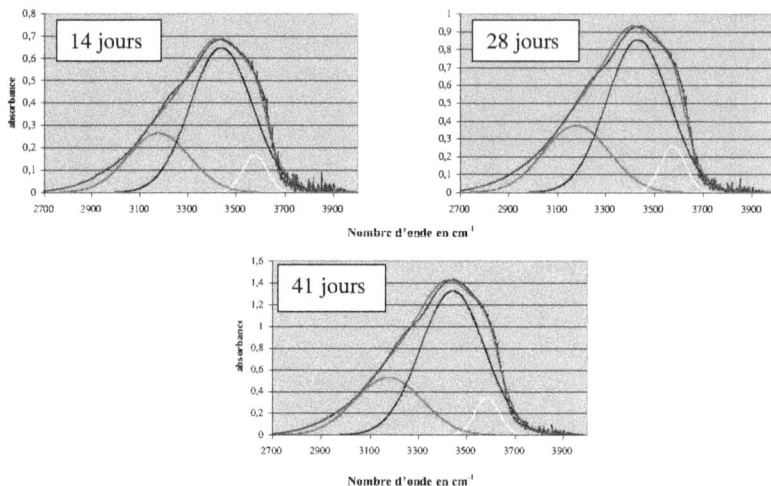

Spectres IRTF lors de l'altération, en mode dynamique (0,6 mL.h⁻¹) à 90°C, de la poudre d5 du verre SON 68 par une solution enrichie en Si (240 ppm), B et Na de pH initial 4,8.

Temps	$(H_2O)_I$			$(H_2O)_{I\&II}$			SiOH		
(j)	$\bar{\nu}$	A	1/2	$\bar{\nu}$	A	1/2	$\bar{\nu}$	A	1/2
14	3179	0,265	303	3439	0,648	300	3578	0,166	120
28	3179	0,376	319	3432	0,857	301	3576	0,260	121
41	3177	0,528	328	3441	1,327	315	3585	0,346	118

Valeurs des nombres d'onde en cm⁻¹, des absorbances et des largeurs à mi-hauteur pour les pics déconvolués lors de l'altération, en mode dynamique (0,6 mL.h⁻¹) à 90°C, de la poudre d5 du verre SON 68 par une solution enrichie en Si (240 ppm), B et Na de pH initial 4,8.

Temps (j)	Concentration en eau	Concentration en silanol	Concentration en hydrogène
14	1,006E-03	3,228E-04	2,335E-03
28	1,358E-03	5,053E-04	3,221E-03
41	2,148E-03	6,745E-04	4,971E-03

Concentrations (mol.m⁻² de verre) en eau, en silanol, en hydrogène déterminées en IRTF lors de l'altération, en mode dynamique (0,6 mL.h⁻¹) à 90°C, de la poudre d5 du verre SON 68 par une solution enrichie en Si (240 ppm), B et Na de pH initial 4,8.

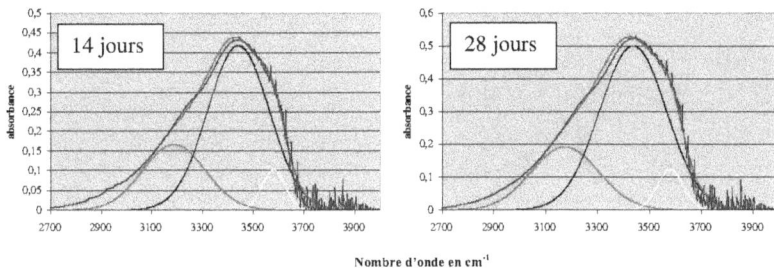

Evolution des spectres IRTF lors de l'altération,en mode dynamique(0,6 mL.h^{-1}) à 90°C, de la poudre d5 du verre SON 68 par une solution enrichie en Si (240 ppm), en B et Na de pH initial 7,2.

Temps	(H$_2$O)$_I$			(H$_2$O)$_{I\&II}$			SiOH		
(j)	$\overline{v}$	A	1/2	$\overline{v}$	A	1/2	$\overline{v}$	A	1/2
14	3188	0,166	288	3440	0,418	285	3578	0,102	108
28	3175	0,192	304	3436	0,500	302	3580	0,123	117

Valeurs des nombres d'onde en cm^{-1}, des absorbances et des largeurs à mi-hauteur pour les pics déconvolués lors de l'altération, en mode (0,6 mL.h^{-1}) à 90°C, de la poudre d5 du verre SON 68 par une solution enrichie en Si (240 ppm), B et Na de pH initial 7,2.

Temps (j)	Concentration en eau	Concentration en silanol	Concentration en hydrogène
14	6,190E-04	1,979E-04	1,436E-03
28	7,577E-04	2,400E-04	1,755E-03

Concentrations (mol.m^{-2} de verre) en eau, en silanol, en hydrogène déterminées en IRTF lors de l'altération, en mode dynamique (0,6 mL.h^{-1}) à 90°C, de la poudre d5 du verre SON 68 par une solution enrichie en Si (240 ppm), B et Na de pH initial 7,2.

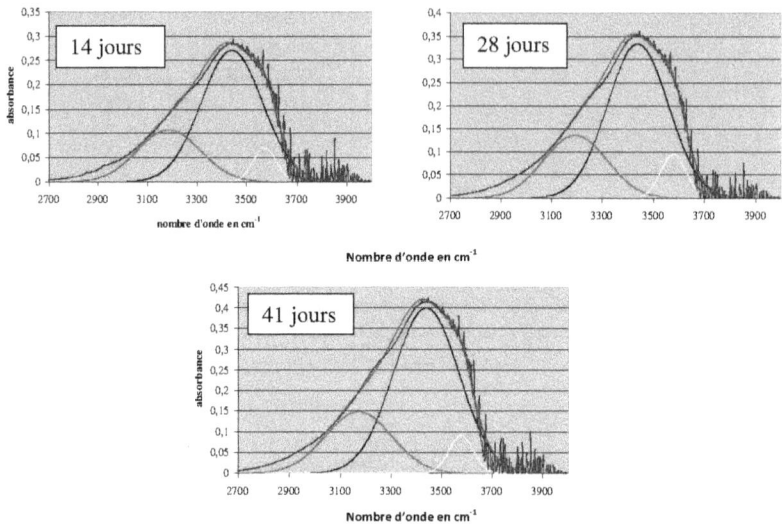

Spectres IRTF lors de l'altération, en mode dynamique (0,6 mL.h⁻¹) à 90°C, de la poudre d5 du verre SON 68 par une solution enrichie en Si (240 ppm),B et Na de pH initial 9,8.

Temps	(H₂O)ᵢ			(H₂O)ᵢ&ᵢᵢ			SiOH		
(j)	$\overline{\nu}$	A	1/2	$\overline{\nu}$	A	1/2	$\overline{\nu}$	A	1/2
14	3187	0,107	297	3440	0,271	290	3573	0,070	110
28	3193	0,136	293	3439	0,333	283	3579	0,095	118
41	3172	0,148	306	3439	0,400	306	3577	0,092	116

Valeurs des nombres d'onde en cm⁻¹, des absorbances et des largeurs à mi-hauteur pour les pics déconvolués lors de l'altération, en mode dynamique (0,6 mL.h⁻¹) à 90°C, de la poudre d5 du verre SON 68 par une solution enrichie en Si (240 ppm),B et Na de pH initial 9,8.

Temps (j)	Concentration en eau	Concentration en silanol	Concentration en hydrogène
14	3,723E-04	1,357E-04	8,804E-04
28	4,768E-04	1,846E-04	1,138E-03
41	5,897E-04	1,784E-04	1,358E-03

Concentrations (mol.m⁻² de verre) en eau, en silanol, en hydrogène déterminées en IRTF lors de l'altération, en mode dynamique (0,6 mL.h⁻¹) à 90°C, de la poudre d5 du verre SON 68 par une solution enrichie en Si (240 ppm),B et Na de pH initial 9,8.

LISTE DES FIGURES

LISTE DES TABLEAUX

ANNEXES

www.ingramcontent.com/pod-product-compliance
Lightning Source LLC
Chambersburg PA
CBHW021031210326
41598CB00016B/987